U0224854

寒地玉米栽培生理研究

李　明等　著

科学出版社
北　京

内 容 简 介

本书立足黑龙江省黑土区开展寒地玉米高产栽培及生态生理研究，从气候环境条件与基因型入手，探讨玉米群体与个体生长的矛盾、源库关系与产量形成，并涉及逆境（弱光、渍水、盐碱胁迫）对玉米生长发育的影响，还从技术、气候、经济等角度对黑龙江省近年来玉米生产快速发展进行了分析。本书包括寒地玉米的生长发育规律、环境因素对玉米生长发育的影响、寒地玉米的养分积累规律及肥料的调控影响、玉米群体结构与产量的关系、玉米的源库特点、玉米的营养品质形成与调控、苏打盐碱土对玉米的胁迫及改良剂的效果、寒地玉米产量潜力与实现高产的途径等内容。

本书可为从事玉米科学研究与技术推广的人员及农学专业的学生提供参考。

图书在版编目(CIP)数据

寒地玉米栽培生理研究/李明等著. —北京：科学出版社，2022.3

ISBN 978-7-03-070984-4

Ⅰ. ①寒…　Ⅱ. ① 李…　Ⅲ. ①玉米-栽培技术　Ⅳ. ①S513

中国版本图书馆 CIP 数据核字（2021）第 257400 号

责任编辑：李　莎　吴卓晶 / 责任校对：王　颖
责任印制：吕春珉 / 封面设计：东方人华平面设计部

科学出版社 出版
北京东黄城根北街 16 号
邮政编码：100717
http://www.sciencep.com
北京中科印刷有限公司 印刷
科学出版社发行　各地新华书店经销
*
2022 年 3 月第　一　版　开本：B5（720×1000）
2022 年 3 月第一次印刷　印张：14 3/4
字数：295 000

定价：118.00 元

（如有印装质量问题，我社负责调换〈中科〉）
销售部电话 010-62136230　编辑部电话 010-62143239（BN12）

前 言

玉米（*Zea mays* L.）是一年生禾本科作物，原产于中美洲，引入我国仅500多年。由于具有较高的产量、较广的适应性和较强的抗逆性，玉米在我国各地都有种植，成为我国主要的粮食作物。20世纪我国形成3个主要玉米产区，即东北春玉米区、华北夏玉米区和西南产区。随着生产发展和人民生活水平提高，玉米由粮食作物逐渐变为饲料作物和经济作物，玉米籽粒与豆粕配合是畜禽的重要精饲料，玉米秸秆是牲畜的粗饲料，玉米籽粒经过加工可以生产数百种化工产品，特别是过去十余年广泛用于生产车用乙醇，玉米成为一种独特的粮、饲、经、能源四元作物。目前，我国玉米种植面积和总产量在国内作物中名列第一，种植面积名列世界第一，因单产仅为美国的六成使总产量名列世界第二，我国成为仅次于美国的世界第二大玉米生产国。

黑龙江省地处我国东北，热量相对偏少，根据积温的不同划分为6个积温带：1～4积温带是玉米主产区；5积温带有少量玉米种植，是玉米生产的北限，6积温带由于热量不足仅能种植青食玉米，生产上由北至南种植早、中、晚熟品种，生育期95～130d，以充分利用有限的热量资源。玉米生产主要依靠自然降水，而黑龙江省地区间降水差异较大，从半湿润到半干旱，局部阶段性严重旱涝现象时有发生。过去20年黑龙江省玉米种植面积从全国第5位上升到第1位，尽管单产提高有限，但是总产量名列第一，成为我国重要的玉米商品粮生产基地。

作者先后主持黑龙江省科技厅项目“高产春玉米提质增效调控技术体系研究”（项目编号：G00B02032）、“优质及特用玉米优质高效栽培技术研究与示范”（项目编号：GB01B304-02），教育部高等学校博士学科点专项科研基金“松嫩平原玉米超高产的生理生态基础研究”（项目编号：20092325110002），东北农业大学横向课题“碱性低产田改良利用技术研究”，科技部“粮食丰产增效科技创新”重点专项东北北部春玉米、粳稻水热优化配置丰产增效关键技术研究与模式构建的子课题“黑龙江省玉米超高产关键技术研究”（项目编号：2017YFD0300506-2），围绕寒地玉米高产、优质、抗逆等问题进行了一系列研究，本书是部分研究成果的总结。

本书的撰写分工如下：第1章由李明、朴琳撰写；第2章由高祺、闻利威、郑东泽、李超、李明撰写；第3章由李明、于琳、朴琳撰写；第4章由张时语、李晓超、黄维、晏君瑶、李明撰写；第5章由李明、胡帅、林琪绮、张加慧撰写；第6章由李明、杨勇、郑东泽撰写；第7章由李乔、王明华、李明撰写；第8章由李明、甄善继撰写；全书由李明统稿。

作者从事玉米栽培研究二十余年，感谢李振华教授引导我进入玉米栽培研究领域，感谢李文雄教授对我开展寒地玉米栽培生理研究的精心指导。研究生付兴、李冬梅、贾新禹、高波、周亚东、苏钰、姜硕、朱涵宇、王帅等参与了部分研究工作，本科生涂风军、田峰、孙羽、刘钢、王刚、蒋慧亮、王成伟、张明、裴占江、黄鹤、叶香媛、张鹏、李帅、李雨婷、蔡龙、隋凯鹏、李秋澄等也参与了部分工作。

感谢项目 2017YFD0300506-2 负责人李文华研究员和龚士琛研究员对本书出版的支持与鼓励。

受限于时间、精力及水平，书中不足之处，敬请同行与读者批评指正。

李　明

2021 年 9 月

目　　录

第 1 章 寒地玉米的生长发育规律

东北平原北部是中温带与寒温带交接地带，自南向北积温由 3000℃减少到 2000℃以下，无霜期由 150d 减少到 100d 左右，因此玉米生产用品种的熟期变化很大，从 130d 成熟的晚熟种到 95d 成熟的早熟种均有种植，不同熟期品种间生长存在明显差异。本书以晚熟品种为主要研究材料，辅以其他熟期品种。

1.1 叶的生长发育规律

玉米叶由叶片、叶鞘和叶舌组成。叶片是玉米进行光合作用的重要器官，其面积大小、叶角、功能期及光合强度都影响光合作用。玉米头 5 片叶在胚中形成，称为胚叶，叶片光滑无毛，到生育中期多枯死。多数品种最上面 5 片叶无腋芽，称为顶叶，它们在籽粒灌浆期起作用。茎中部的叶称为茎叶，叶片有刚毛，其中着生果穗的穗位叶及上下各一片叶习惯称为棒三叶，是重要的功能叶片。玉米叶片还具有汇集雨水甚至露水的作用，让水流入茎基的土壤中。叶鞘包裹在着生的茎节节间外面，起到保护支撑、临时储存和运输光合产物等作用，因此经常将叶鞘与茎放在一起分析讨论。玉米雌穗穗柄上着生的叶称为苞叶，是变态的叶鞘，有的苞叶长有小的叶片。叶舌为一透明膜片，贴附在茎上，防止雨水或病虫的侵入。

1.1.1 叶片的形态与生长

1. 叶片的形态与大小

玉米叶片是狭长的披针形，但是第一片真叶略有不同，叶尖是近似勺形的圆弧。叶片的长度和宽度随着叶序而逐渐增加（但第二叶的叶宽可低于第一叶），最长和最宽的叶片一般是棒三叶中的某一片（有的最宽叶是最长叶的后一位），再向上的叶片长度迅速减少，而叶片宽度缓慢减少。郑单 958 的最长和最大叶片在棒三叶之下，图 1-1 中纵坐标是叶序，其中 13～15 叶为棒三叶，最长和面积最大的是第 11 叶，最宽的是第 12 叶。叶片长度、宽度和叶面积与叶序的关系可以用 Peal-Reed 方程描述（$P<0.01$，$R^2>0.985$）（表 1-1）。

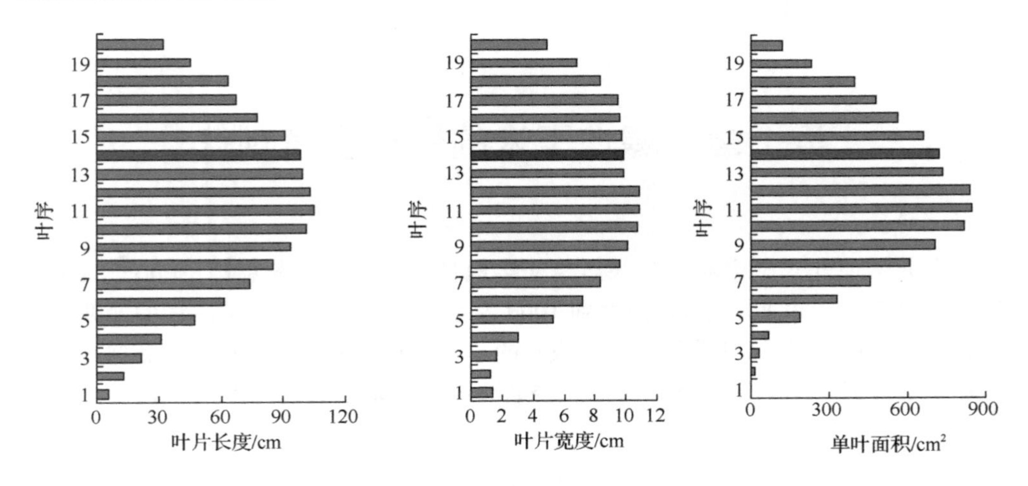

图 1-1　郑单 958 各叶片大小（第 14 叶为穗位叶）

表 1-1　玉米叶片大小与叶序关系

指标	Peal-Reed 方程	F 值	P 值	R^2
叶长	$Y=189.3/[1+58.8e^{-(0.779X-0.0395X^2+0.000348X^3)}]$	1049.8	0.0001	0.996
叶宽	$Y=11.6/[1+101.3e^{-(1.121X-0.0459X^2+0.000036X^3)}]$	253.9	0.0001	0.985
叶面积	$Y=1245.0/[1+2456.5e^{-(1.640X-0.0941X^2+0.00134X^3)}]$	518.0	0.0001	0.993

叶片的长宽比也有一定的变化规律。以郑单 958 为例，平均长宽比为 8.8；但是第 1 叶最小，仅为 4；第 2～4 叶最大，平均为 11.4；第 5～8 叶平均为 8.8，与总平均一致；第 9～15 次大，平均为 9.6；第 16～20 叶次小，平均为 7.2。

在吐丝期，玉米上部叶片完全长出并展开，下部 4～7 片叶死亡，此时达到最大叶面积，而最适最大叶面积指数（leaf area index，LAI）是确定一个品种在一个地区适宜群体大小的重要指标。从不同层次看，玉米叶面积主要集中在中上层，一般超过 60%（详见第 4 章）。品种间不同叶序的叶面积占比不同。郑单 958 吐丝期下部叶片面积约占总叶面积的 1/2，棒三叶占 1/4，上部叶片占 1/4。这与该品种熟期晚、穗位高、叶片数多且保绿性好、棒三叶不是最大叶片有关。其最长叶片可以超过 110cm，叶角小叶片挺直，因此伸展到上层。

2. 叶片的发生速率、展开速率与花后衰老速率

玉米拔节时茎顶端停止茎叶分化转为穗分化，叶片数量确定，由营养生长转为营养生长与生殖生长并进阶段。可见叶片数和展开叶片数可用发生速率和展开速率来量化描述，二者影响叶面积大小。在东北寒地玉米苗期生长较为缓慢，对 8 个晚熟品种的调查显示，出苗 20d 左右可以展开 4～5 片叶子，5 叶展后发生速率和展开速率均为 0.33 片/d；拔节前 7～10d 生长速率加快，发生速率为 0.5 片/d，而展开速率为 0.4 片/d；拔节后叶片生长速率明显下降，发生速率为 0.25 片/d，展开速率为

0.17 片/d；到吐丝前 10d 生长速率有所加快，恢复到 0.33 片/d。玉米花前死亡叶片数量为 4～7 片，如果密度适宜、水肥不缺，死亡数量较少。花后半个月玉米叶片死亡速率稍快（前期死亡少时），为 0.33 片/d；之后速率下降到 0.10～0.17 片/d；乳熟期后死亡速率有所增加，为 0.20～0.25 片/d（图 1-2）。

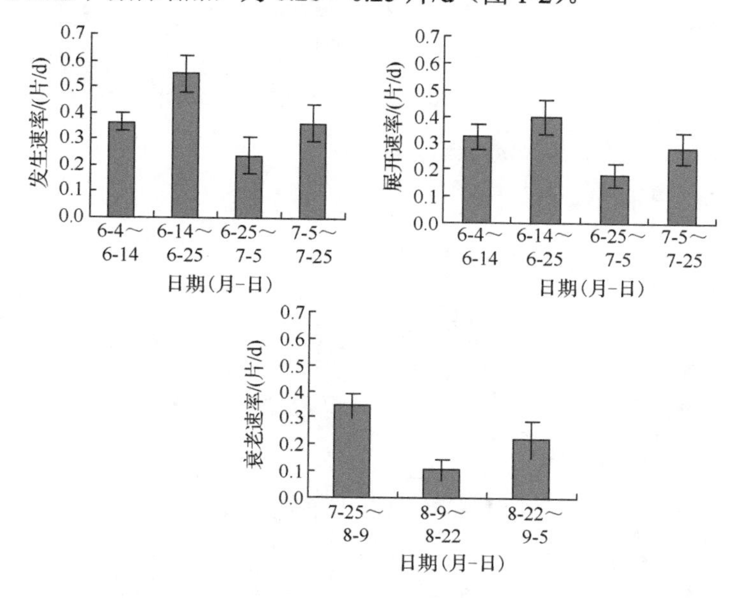

图 1-2　玉米叶片发生速率、展开速率及衰老速率

1.1.2　叶的解剖

玉米叶片由表皮、叶肉和叶脉组成（图 1-3）。叶片表皮由近似长方形且边缘呈波浪状的长、短细胞组成。气孔器间隔排列在短细胞列中，气孔器由两个哑铃形的保卫细胞和两个较大的呈等腰三角形的副卫细胞组成，使整个气孔器呈菱形。气孔是叶片与周围环境进行气体交换的主要通道，靠近气孔有较大的气室，它的开闭关系到二氧化碳的吸收和水分的散失，影响玉米的光合速率和蒸腾速率。叶片上还间隔排列着泡状细胞，泡状细胞由 4 个左右的大细胞组成，在横切面上呈扇状排列，细胞内含大的液泡，当干旱严重时会收缩使叶片打卷，避免失水过多。叶片的中央是明显的由粗逐渐变细的主脉，主脉中间由大的薄壁细胞组成，上表皮间隔排列由厚壁细胞组成的保护组织，半弧形的下表皮内密集排列着维管束，几个小的维管束间隔插入一个大的维管束，越靠近叶尖，主脉越细，维管束数量越少。主脉具有支撑叶片、储藏及运输的功能。主脉两侧有近似平行排列的侧脉，侧脉顶端与叶边缘连接，上中部侧脉的基部与主脉相连接，下部侧脉的基部与叶鞘相连接。侧脉负责光合产物的运输，其上下表皮内由小的密集厚壁细胞组成以支撑保护组织，内部有多个大的导管和众多小的细胞。

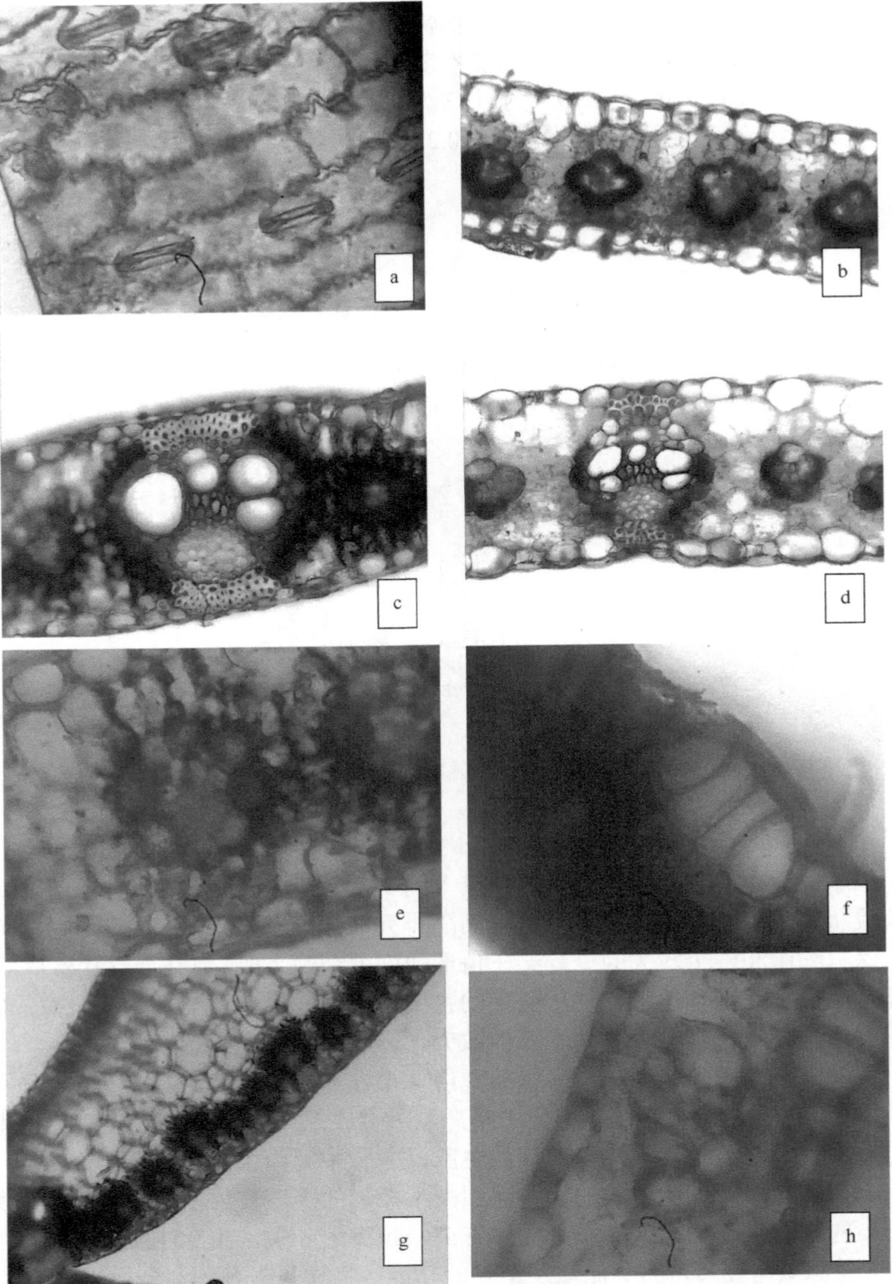

a．表皮细胞及气孔器；b．第5叶片内小维管束；c．中等维管束；d．花环状维管束鞘及气孔；e．穗位叶花环状维管束鞘；f．泡状细胞；g．主脉下侧维管束；h．黄叶花环状维管束鞘。

图1-3　玉米叶片解剖照片

注：未注明的品种均为郑单958。

两个侧脉间是由众多叶肉细胞包裹着的几个细脉，每个细脉从横截面看由 7 个左右细胞组成花环状的维管束鞘，是玉米作为 C4 植物重要的光合组织，细脉内侧有输导组织。叶肉细胞排列松散，内含叶绿体，叶绿体内可见白色的淀粉粒（图 1-4）。叶片颜色深浅与叶绿素含量、叶片氮含量高度相关。当叶片进入衰老期，叶片逐渐失绿，叶绿素被分解，氮被转移到新的生长点中。

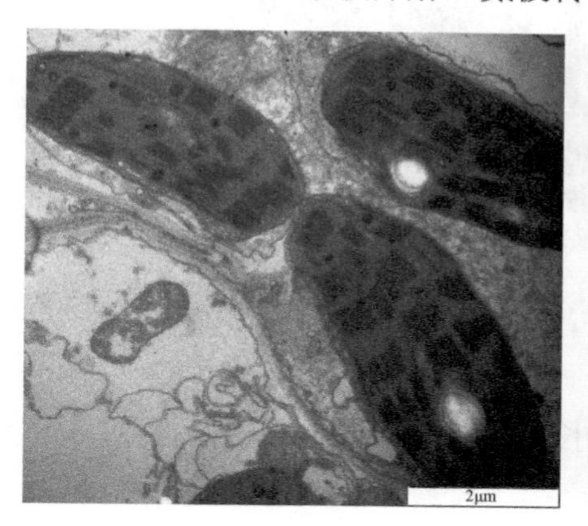

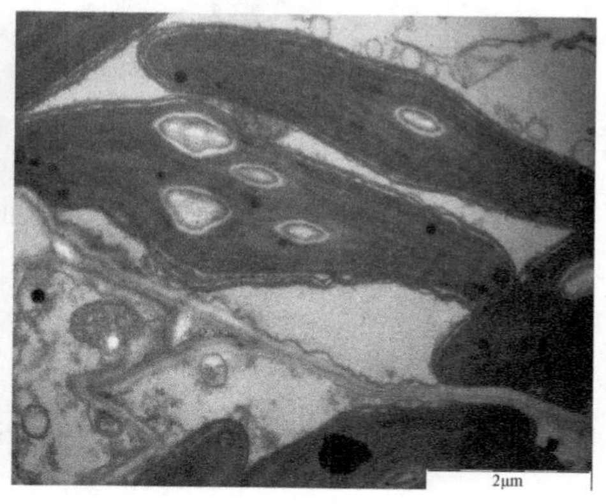

图 1-4　玉米（先玉 335）叶片叶绿体的超微结构

叶鞘由内外表皮、薄壁细胞和维管束组成，其外表皮内间隔排列着维管束，维管束同样是大小间隔排列，这些维管束上与叶片的维管束相连，下与茎节的维管束相连（图 1-5）。维管束的外侧是由厚壁细胞组成的保护组织，大的维管束对应的内表皮处也有保护组织，大维管束内部有 3～4 个大的导管负责运输，大量的薄壁细胞具有临时存储光合产物的功能。叶鞘含有少量叶绿素，但是其光合能力较弱，对籽粒没有影响。

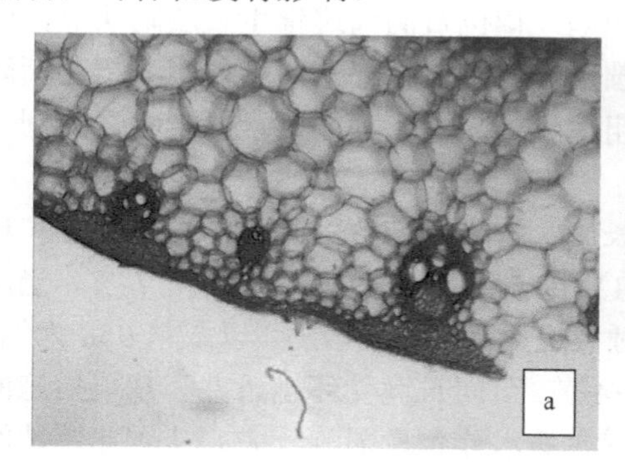

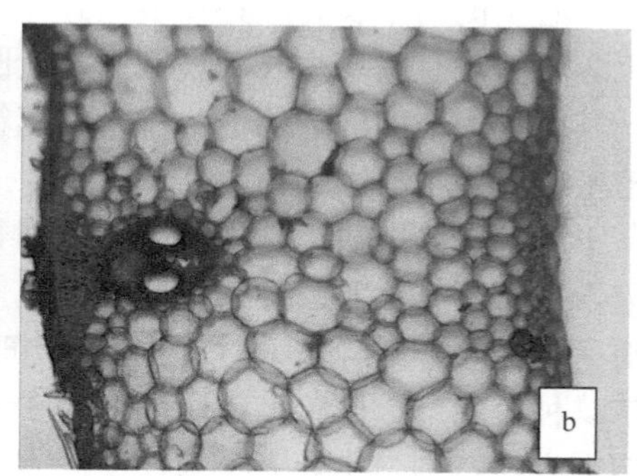

图 1-5　叶鞘解剖照片

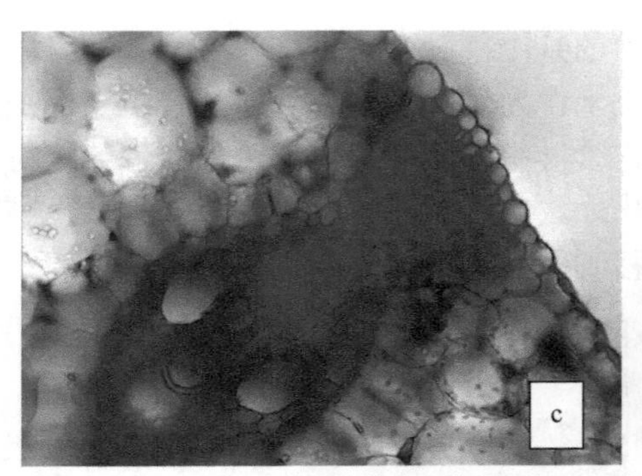

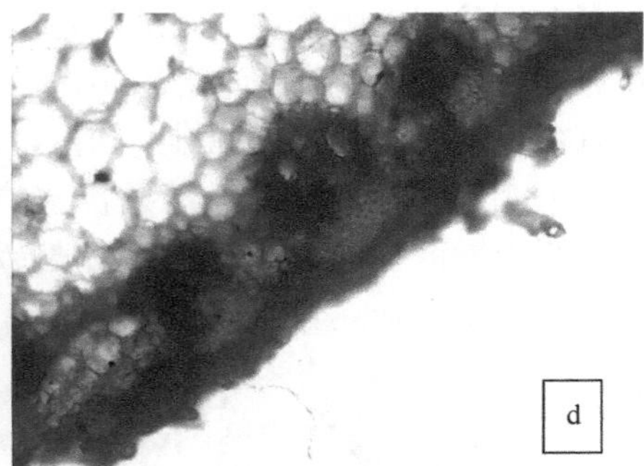

a．大小维管束及薄壁细胞；b．大维管束相对内侧的小厚壁细胞；
c．大维管束的导管及外侧保护组织；d．小维管束及外侧刚毛。

图 1-5 （续）

1.2 茎的生长发育规律

玉米茎秆粗壮高大，生产用品种的株高通常为 2.0～3.0m，低于 2.0m 为矮秆型，2.0～2.5m 为中秆型，2.5m 以上为高秆型。

1.2.1 茎的形态与生长

玉米茎由节和伸长的节间组成，基部 4 个节不伸长，5～7 节伸长有限，这些节多埋在地下，地上各节均有伸长明显的节间。东北寒地玉米早熟种地上伸长节数一般为 8～11 节，晚熟种一般为 15～17 节。下部和中部茎节的横截面近似椭圆形，叶着生侧由于长有腋芽使节间有一凹陷，穗位节间因雌穗生长凹陷明显，而穗上各节间没有腋芽生长，横截面接近圆形。随着伸长，节序增加，茎粗逐渐降低，其中穗上节间降低明显。玉米的茎粗也受到品种和环境因素的影响，特别是种植密度对茎粗的影响很大。

玉米的株高取决于地上节数和节间长度，玉米的节数由品种的遗传特性和环境因素决定。如早熟品种德美亚 2 号有 11 节，晚熟品种郑单 958 有 17 节。当两个地区日照时数差异较大时，随着日照时数增加，节数会增加。以郑单 958 为例，哈尔滨种植的节数比黄淮地区的增加 3～4 节。节间长度受环境条件和栽培措施的影响很大，特别是中、上部节间受降水或土壤水分含量影响较大。从东北寒地的生产实际看，如 6 月降水量多，则最终的株高必然偏高。

对郑单 958（种植密度 6 万株/hm^2）的调查显示，基部 5 个节间的长度依次增加，6～8 节间长度变化不大（可能受当时降水略少影响），9、10 节间长度明显增加，之后各节间长度依次减小，这可能受雌穗发育影响，但是到最上面的雄穗节间长度又有所增加（图 1-6）。其变化可以用 Peal-Reed 方程描述，$Y=18.35/\{1+14.758\exp[-(1.423X-0.129X^2+0.003\,43X^3)]\}$，$R^2=0.936$，$F=43.514$，$P=0.0001$。

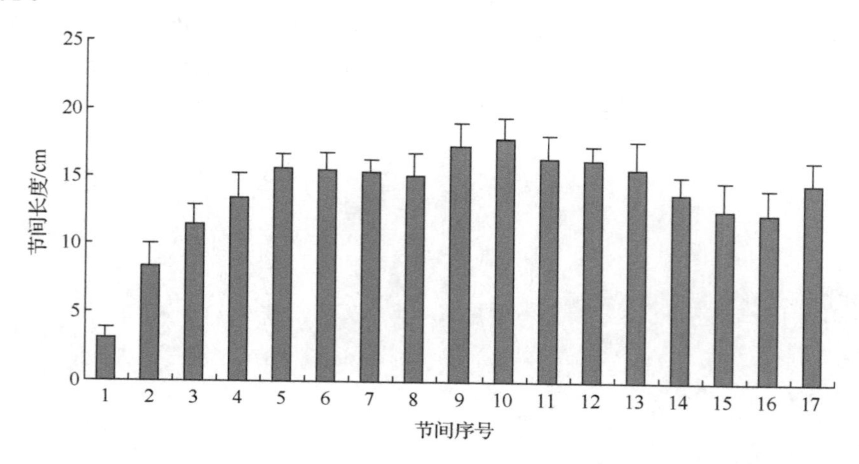

图 1-6　玉米不同茎节间长度变化

1.2.2　茎的解剖

玉米茎节间由茎皮、薄壁细胞和维管束组成，茎节生长的叶鞘紧密地包围着节间。坚硬的茎皮由表皮细胞和 3～4 层厚壁细胞组成，从横截面看，细胞都很小，而从纵切面看，细胞都是细长的（图 1-7a 和图 1-8a），对整个植株起到保护支撑作用。茎皮内侧是几层大的薄壁细胞，接着是 1～4 层小的密集维管束，层数多少与节位有关，基部茎有 3～4 层，中部茎有 2～3 层，上部茎有 1～2 层，雄穗茎只有 1 层（图 1-8e）。边缘小维管束有 2 个中等左右对称的导管、内侧 1 个小导管和相对外侧的几个薄壁细胞，维管束内侧有多层小的厚壁细胞构成月牙形保护组织（图 1-7b）；再向内侧维管束逐渐稀疏且变大，维管束有 2 个中等对称导管和 1 个大导管，导管周围是 1 层小细胞，大导管相对处也是密集的小细胞，但是这些小细胞的壁加厚不典型（图 1-7h）。从纵剖面可以清晰看到导管的螺纹和旁边细长的韧皮部细胞（图 1-8b）。维管束的韧皮部保护组织多少具有明显的规律，边缘的明显很多，而靠近茎中心的逐渐减少，茎中心的最少。维管束间是众多的薄壁细胞，具有临时贮藏营养物质的功能。

穗位节间茎皮内侧（近穗端）厚壁细胞排列整齐，内侧的小维管束只有 1 层，数量少，外侧（远穗端）的小维管束有 2～3 层，这些维管束的半月形小厚壁细胞组织对侧也有一小团厚壁细胞，几乎与两个月尖相连（图 1-7f、g）。雄穗节茎皮边缘维管束密集，中间稀少，维管束大小相似，且边缘维管束的导管较大（图 1-8e、f）。随着节位的升高，茎截面中部的维管束逐渐变小，特别是雌穗以上各节更为明显，这与茎节节间变细有一定关系。

节间的维管束顺着茎的方向生长，但是节中的维管束十分复杂，有的穿越节连接上下两个节间，有的不穿越节改为横向与叶鞘的维管束相连（图 1-8c、d）。

这些大小不一、疏密有致的维管束构成了完整的茎输导组织，通过叶鞘维管束连接源端的叶脉，将光合产物输送到生长点；也与根端的根系维管束连接，将吸收的水分和养分及合成的有机物输送到茎叶中；还通过穗柄和穗轴中的维管束与籽粒相连，把光合产物输送到籽粒中。

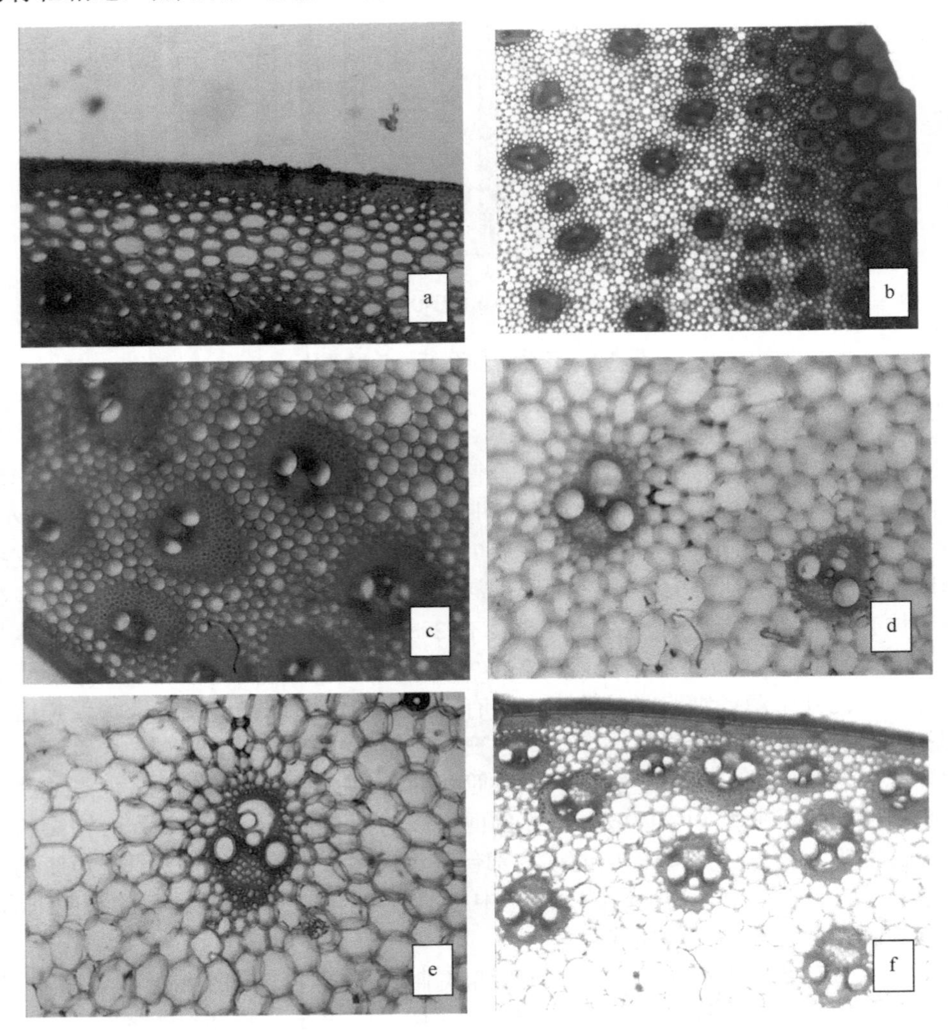

图 1-7　玉米茎解剖照片（一）

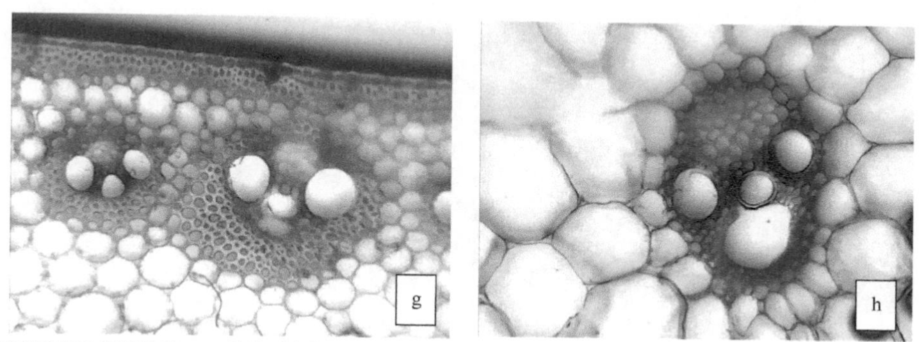

a．下部茎皮及厚壁组织；b．茎截面维管束分布；c．下部边缘维管束；d．下部过渡维管束；e．下部中心维管束；f．穗位节间外侧边缘维管束；g．穗位节间内侧茎皮、厚壁组织及维管束；h．内侧维管束放大。

图 1-7　（续）

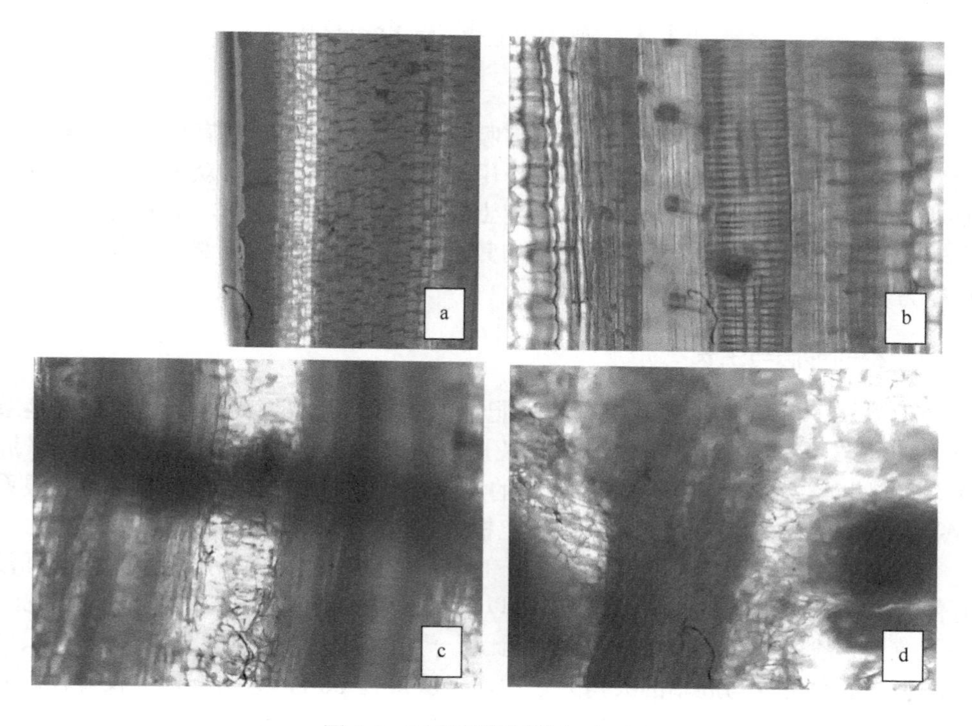

图 1-8　玉米茎解剖照片（二）

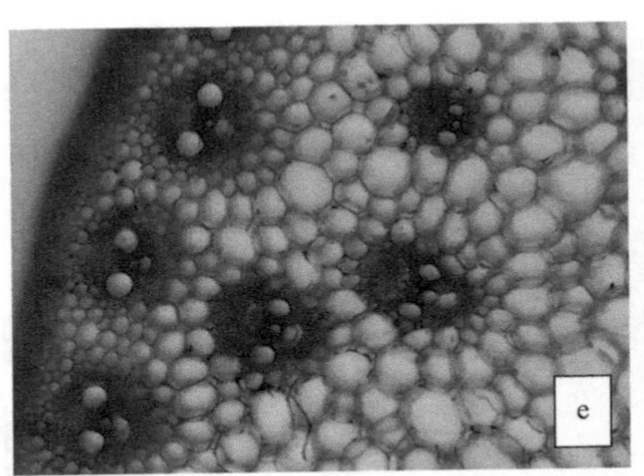

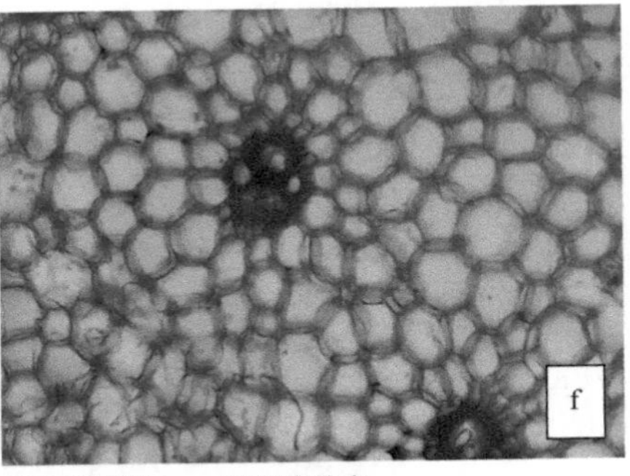

a. 纵切茎皮厚壁细胞和维管束；b. 维管束导管；c. 过节维管束；
d. 不过节维管束；e、f. 雄穗茎边缘及中心维管束茎。

图 1-8　（续）

1.3　根的生长发育规律

玉米是须根系，其根系发达，具有吸收养分及水分、合成有机氮及激素、运输到地上茎叶、固持土壤支撑植株的作用。玉米根的表面长有众多的根毛，其主要功能就是吸收养分和水分，也具有向土壤分泌有机酸等作用。根系生长好坏决定着玉米吸收养分和水分的多少，影响其抗旱性、耐瘠薄、抗倒伏等多方面的抗逆能力。

1.3.1　根的形态与生长

作为单子叶植物，玉米没有明显肥大的主根，其根系由种子根及不同茎节上生长的节根构成。种子萌发时最先长出一条略粗的胚根，随后在胚根基部（胚根与胚轴相连处）长出 2～4 条略细的种子根，这些根构成了玉米的初生根系（图 1-9a）。另外，胚轴也可以长出不定根。

玉米的次生根系由不同茎节上生长的节根构成，其中 1～4 层由于茎的节间没有伸长而密集着生在一起，但是仍然可以根据根系的粗细和着生的位置区分开来，每层数量一般为 3～5 条，高一层的根比低一层的粗（个别根也会有例外）；1、2 层次生根的角度（与胚轴的夹角）较大，一般接近 60°，这两层根上长有较短的须根（图 1-9b、c）；自第 3 层根开始其根角变小，一般小于 40°，这些根与 1、2 层根有交叉，长有较多且较长的须根（图 1-9d）。5～8 层由于茎的节间伸长而明显分开，每层的节根由 10 条增加到 20 条左右，随着生育进程，高一层节根的须根更多更长（图 1-9e、f，表 1-2）。最上面 2 层茎节往往高于地面，生长的根部分在地表上，又称为气生根（图 1-9g）。玉米气生根有无及数量多少，首先与基因型有关，其次受到环境因素、种植密度等栽培措施的影响。东北北部玉米生育中后期，雨热同季，降水集中，玉米上层节根长有密集的须根，一些须根伸向地表（甚至空中），可增加对氧气的利用，这在淹水条件下表现得更加明显（图 1-9h）。

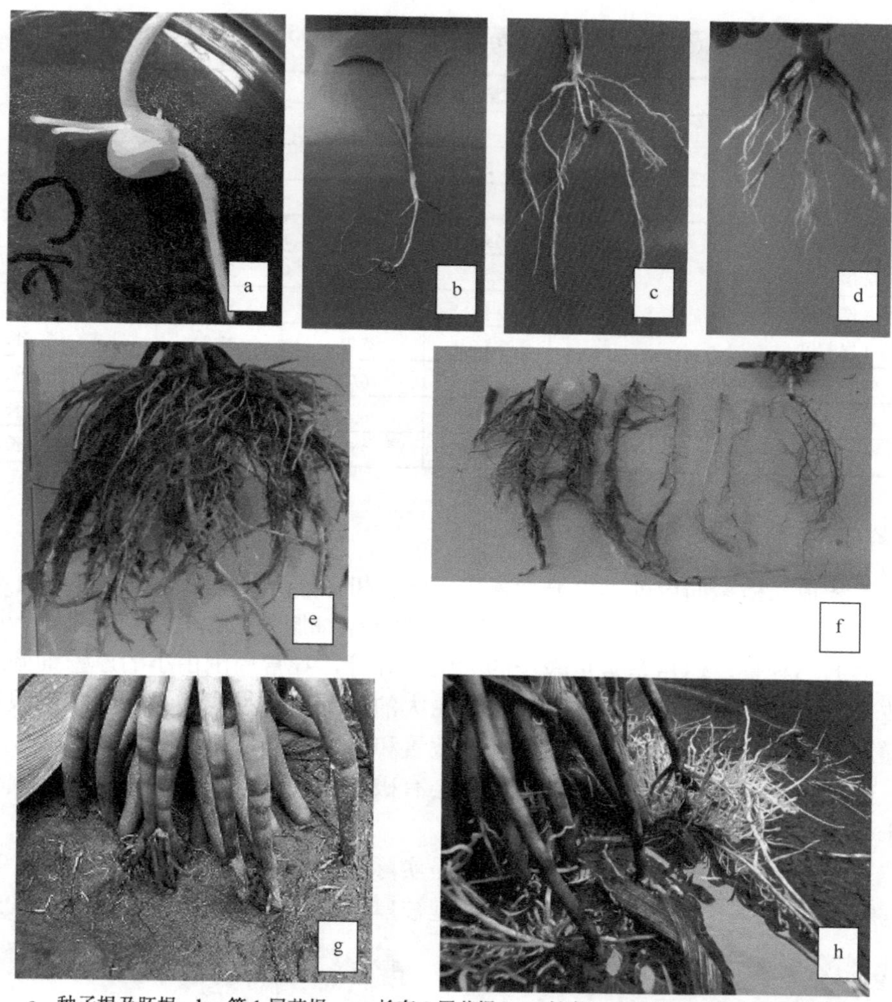

a．种子根及胚根；b．第 1 层节根；c．长有 2 层节根；d．长有 3 层节根；e．长有 7 层节根；f．不同节根粗细不同；g．气生根及伸长地表的毛根；h．淹水条件下向上生长的根系。

图 1-9　玉米根系生长照片

着生次生根的茎节，依次渐粗，到地上着生气生根的茎节不再增加。密植条件下（8 万株/hm^2），玉米根系的横截面呈椭圆形，垄向略扁，根系向两侧垄帮分布更多。

玉米根系生长与品种、环境和栽培条件关系密切。早熟品种生育期短，根系层数比晚熟品种少 1～2 层；前 4 层的根系数量受环境影响较小，主要取决于品种特性，后几层数量受环境影响较大。栽培措施中的种植密度与施肥水平及配比对根系影响大，随着密度增加，后几层的根系数量明显减少。适宜的施肥水平有利于根系的生长，而过量施肥则有不利影响。

表 1-2　高产玉米抽雄期根系生长情况（郑单 958，8 万株/hm^2）

根系	划分	数量/条	直径/mm	角度/（°）	须根情况
胚根	初生根系	1	1.28	0	少量
其他种子根		2	0.60	85	少量
胚轴			2.31		少量
1 层节根	次生根系	4	0.86	53.6	略多、短
2 层节根		5	1.72	54.0	略多、短
3 层节根		4	3.55	37.7	多、短
4 层节根		5	5.25	32.2	多、密、长
5 层节根		10	6.28	36.9	多、密、长
6 层节根		13	6.88	38.8	多、密、长
7 层节根	气生根	15	7.11	44.8	多、密、长

1.3.2　根的解剖

玉米根的横截面由外到内分为表皮、皮层和中柱。皮层靠近表皮部分由 4～5 层小的厚壁细胞组成，内侧由 10 层左右大的薄壁细胞组成；中柱鞘内先是一圈数量较多的小导管，然后是数量较少的大网纹导管，导管周围由小的厚壁细胞组成韧皮部，起到支撑作用，中心部分则是由大的薄壁细胞组成髓。随着次生根层次的增加，根系逐渐变粗，根系内导管的数量和层次有所增加（图 1-10a～f）。

玉米淹水后，根系皮层的薄壁细胞会有破裂，形成大的通气孔道，在气生根中十分明显（图 1-10g）。

玉米胚轴理论上是茎的一部分，但是实际上介于初生根和次生根之间，其结构与根系相似，不同的是其内部薄壁细胞被厚壁细胞分为 3 个区域（图 1-10h）。

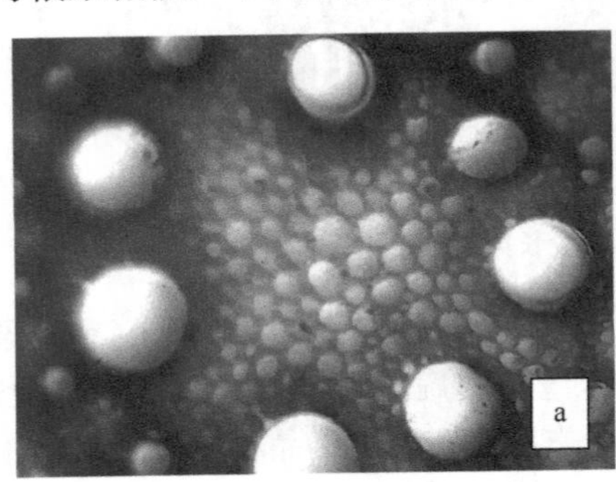

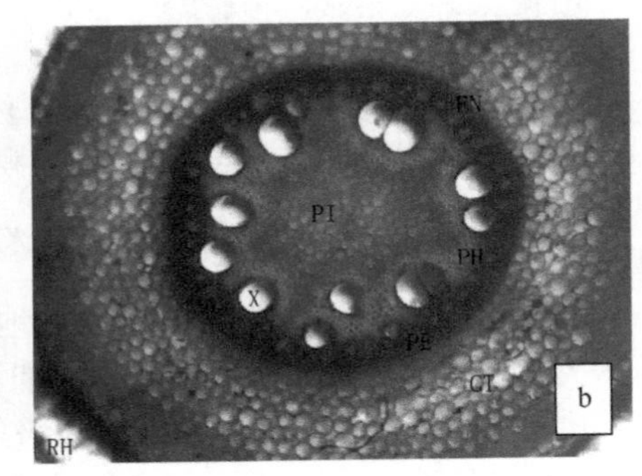

图 1-10　玉米根部解剖照片

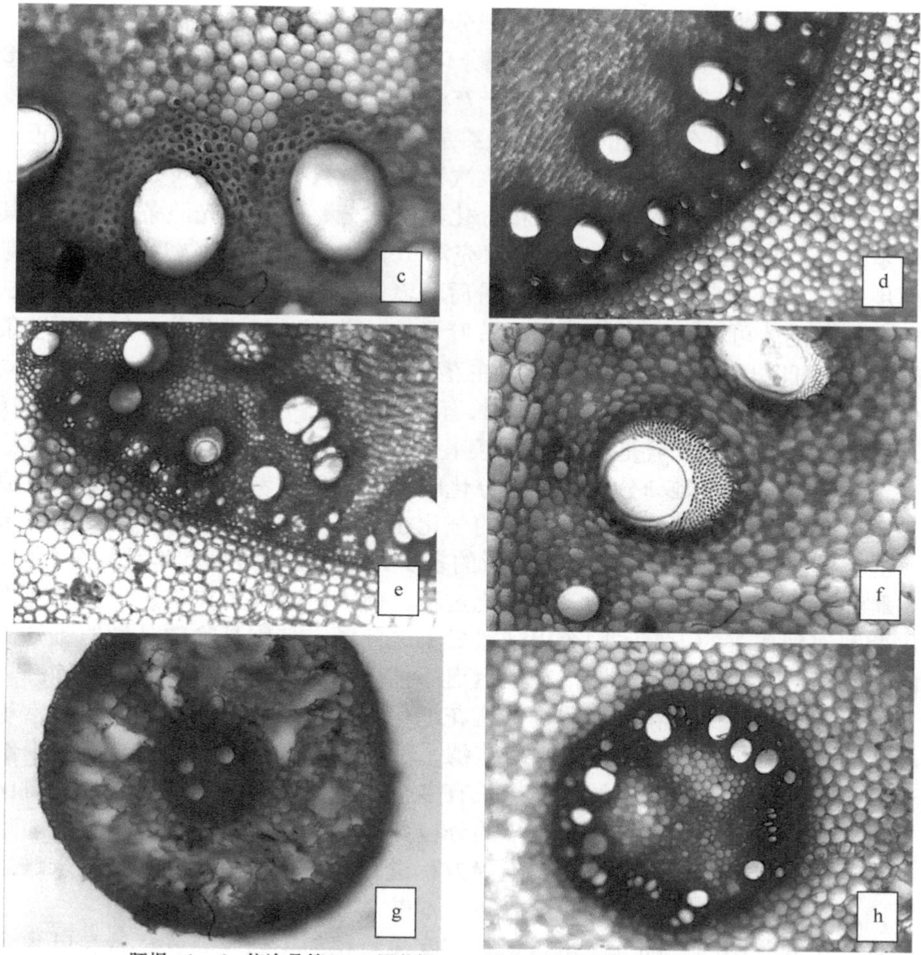

a．胚根；b～f．依次是第 1～5 层节根；g．淹水气生根须根皮层开裂；h．胚轴。
CT—皮层；EN—内皮层；PE—中柱鞘；PH—韧皮部；X—木质部导管；PI—髓；RH—网纹导管。

图 1-10　（续）

1.4　穗的生长发育规律

玉米雌雄同株异花，雄花生长在茎的顶端为圆锥花序，小花分化时雌蕊退化形成雄花和雄穗，在茎的中部各节叶腋处为肉穗花序，小花分化时雄蕊退化形成雌花和雌穗。

1.4.1　穗的形态与生长

受到光周期的影响，拔节前后茎顶端停止茎和叶的分化，开始雄穗分化与生长，随后第6叶的叶芽开始生长及雌穗分化，并随着生育进程有5～10片叶（早熟种少，晚熟种多）的叶芽依次开始穗分化（图1-11）。生长的雌穗数量受环境因素和自身营养状况影响。郑单958在3万株/hm^2、6万株/hm^2、9万株/hm^{2}密度下分别观察到6、5、4个明显的幼穗，最终成穗是最后分化的雌穗（顶穗），正常密度下偶有顶穗停止发育或发育不良导致次穗成穗。只有在稀植（如3万株/hm^2）条件下二穗甚至三穗都成穗，要求穗分化期间水分、养分和光照条件良好。其中水分是重要因素，如果玉米拔节后降水充沛（东北6月下旬到7月中旬），则雌穗间同步性好，但是真正成穗还需要授粉后环境条件依然良好，特别是日照时长、光合产物充足才可以。玉米的基部5片叶子的叶芽可以长成分蘖，如果环境条件良好，分蘖可以长大到1.5m甚至接近主茎高度，其茎顶端往往形成一个雌雄同体的穗，中间是雌穗，顶部（甚至基部）长有雄花序（图1-11i）；而上部3～7叶（因品种而异，普通玉米一般是5叶）没有叶芽的分化。

一般来说，玉米雌穗分化比雄穗分化晚几天，但是考虑到雌穗是多个且成穗是最后一个，因此成穗的雌穗与雄穗的分化在时间上相差更多。大口期是玉米穗分化的关键时期，决定小穗数和小花数的多少。关于玉米雌穗和雄穗的分化阶段，以及雌穗的雄蕊退化和雄穗的雌蕊退化过程，前人已经有经典描述。如果玉米穗分化期间遇到严重的干旱，则会出现雌雄不遇问题，特别是晚熟品种的雄穗提早长出并散粉，而雌穗生长缓慢，花丝迟迟不抽出，这样导致区域性玉米绝产。由于气候异常，雄穗的雌花或者雌穗的雄花退化异常，就会出现雌雄同体异常穗，如雌穗顶端长有小段雄穗，再长小段雌穗（葫芦穗）（图1-11l），或者雄穗上结几个玉米粒。另外，有的品种雌穗穗柄长有多个分枝穗（俗称香蕉穗）（图1-11n），但多不能成熟，偶有雌穗基部产生小的分枝并结实（图1-11k）。

雌雄穗生长的动态可以用逻辑斯谛方程进行描述，有关寒地普通玉米雌雄穗生长特点及其对环境因素的响应可以参考本书2.4.1和2.4.2小节。

苞叶作为雌穗的一部分，可以保护和支撑雌穗的生长发育。尽管苞叶也含有叶绿素，但是其光合能力有限，特别是在整株叶片正常时。苞叶的光合能力在叶片意外大量减少时能够对籽粒生长有一些影响。

1.4.2　雌穗的解剖

光合产物经过叶片端的叶脉装载和茎的输导组织运输进入玉米雌穗，最后到籽粒的尖冠中卸载。玉米穗轴中的输导组织靠近周围的小穗，穗轴中心主要是薄壁细胞，输导组织从横截面看由许多小的厚壁细胞围绕间隔几个导管构成一个整体，外形与茎中的维管束有些相似，但是缺少粗大的导管（图1-12d），从纵剖面看导管的螺纹十分清晰。这些输导组织由于要通往小穗柄和籽粒尖冠，存在分叉和弯曲的地方（图1-12e、f），靠近尖冠处小穗柄维管束呈喇叭状，可与尖冠组织很好地对接（图1-12a～c）。

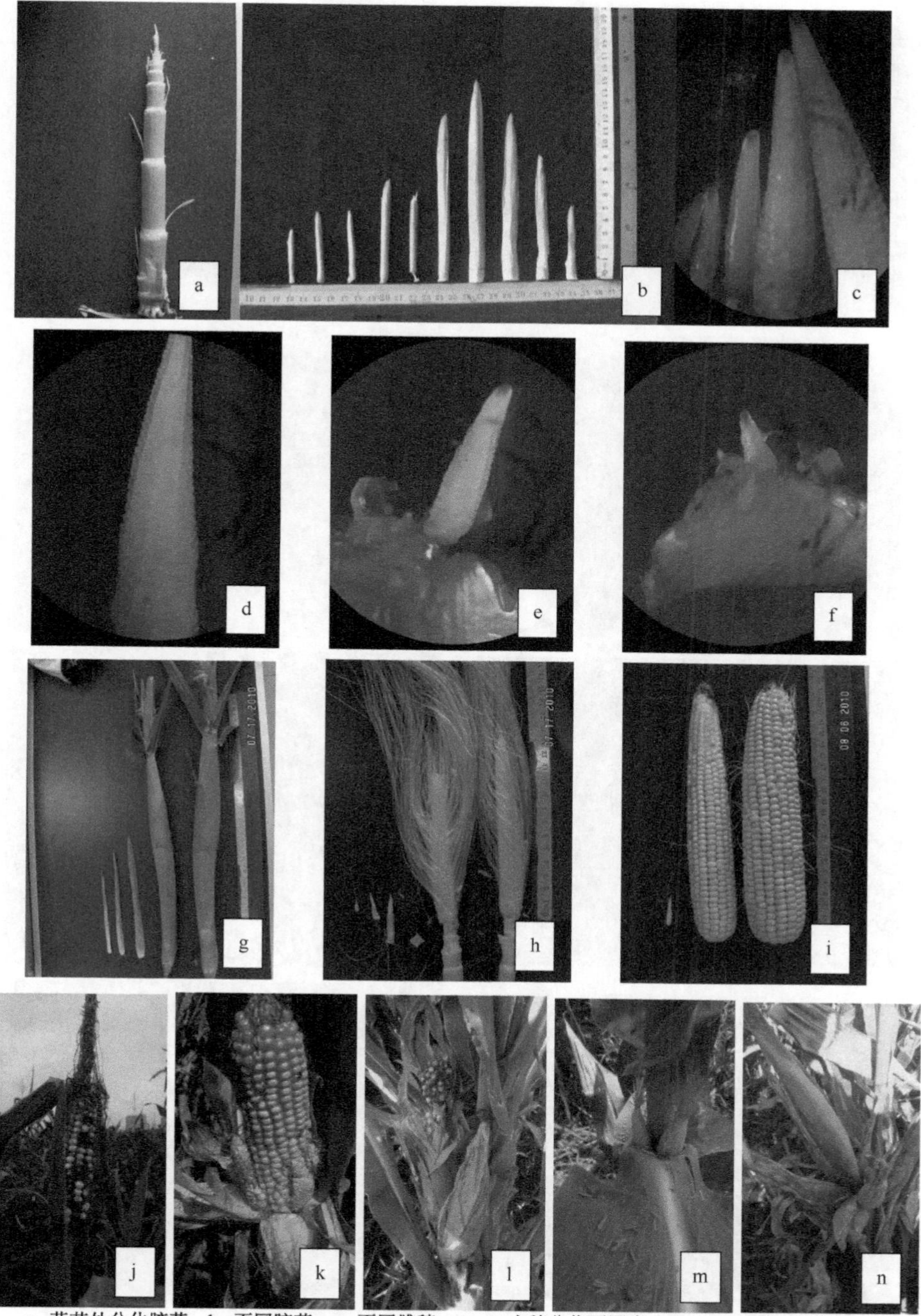

a. 茎节处分化腋芽；b. 不同腋芽；c. 不同雌穗；d～f. 小穗分化不同步；g～i. 仅 2 穗吐丝结实；j. 分蘖穗；k. 穗基部分枝；l. 葫芦穗；m. 孪生穗；n. 香蕉穗。

图 1-11　玉米雌穗生长照片

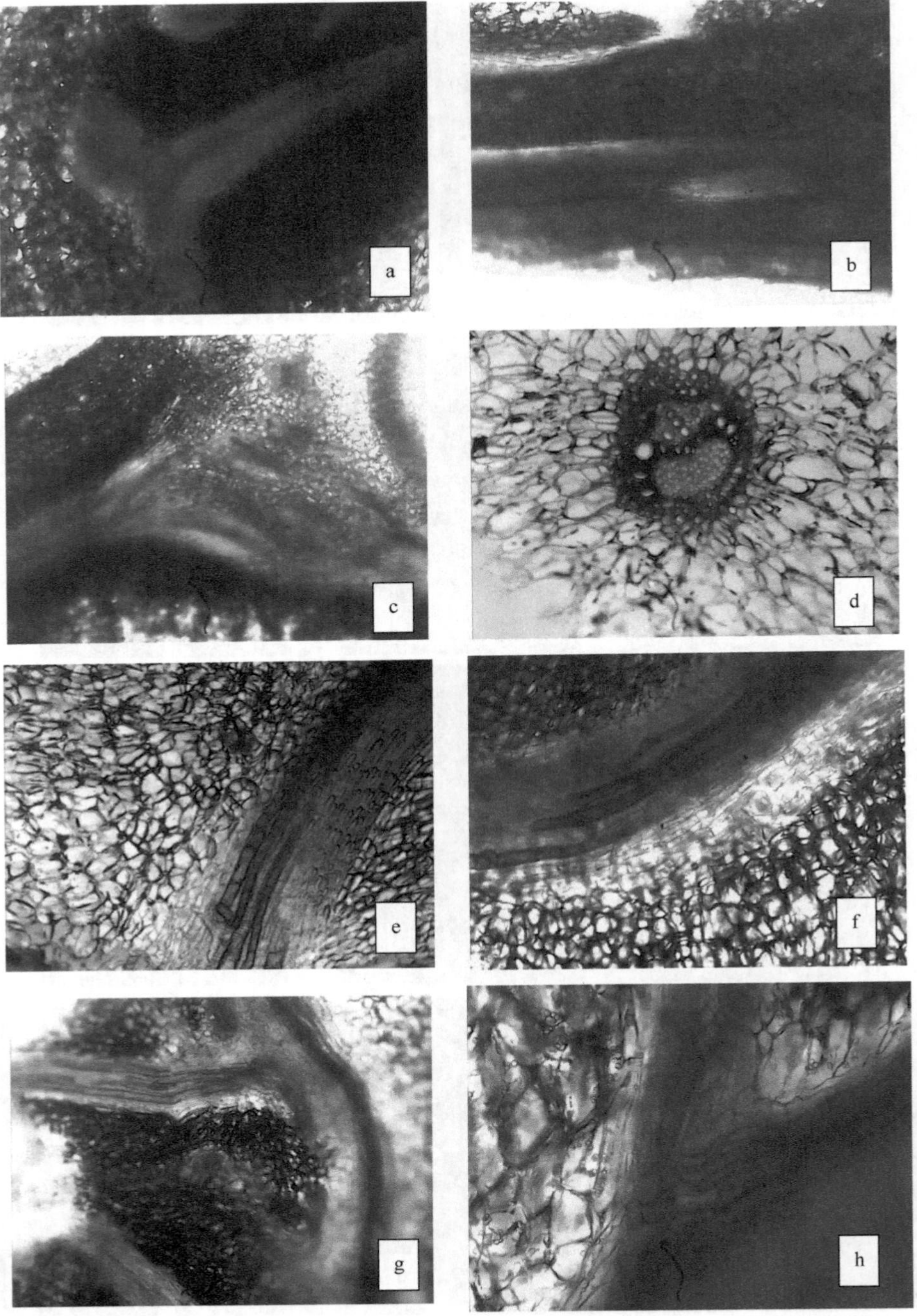

a～c. 小穗维管束基部、中部、顶部；d. 维管束中部放大；e、f. 弯曲维管束；g、h. 维管束分岔。

图 1-12　玉米雌穗解剖照片

1.5　籽粒的生长发育规律

1.5.1　籽粒的形态与粒重特点

1. 不同类型籽粒形态特征

普通玉米籽粒形态有马齿型、硬粒型和中间型。生产上主要是中间型，而糯玉米主要是硬粒型和中间型，爆裂玉米有圆型和长尖型，甜玉米籽粒明显皱缩是类马齿型。

对 51 份不同玉米籽粒材料的调查显示，普通玉米籽粒最长，平均超过 1.1cm，而其他玉米籽粒长度在 0.9cm 左右；爆裂玉米籽粒宽度最小，平均小于 0.62cm，而其他玉米籽粒宽度为 0.8～0.9cm；爆裂玉米和甜玉米的平均粒厚在 0.42cm 左右，而普通玉米和糯玉米分别为 0.481cm 和 0.472cm。玉米籽粒最长、最宽和最厚的均出现在普通玉米中，分别为 1.534cm、1.125cm 和 0.660cm，而最短的出现在糯玉米中（0.764cm），最窄和最薄的出现在爆裂玉米中（0.478cm、0.320cm）（表 1-3）。

表 1-3　不同类型玉米籽粒外观特征和商品品质特点

类型	参数	籽粒长度/cm	籽粒宽度/cm	籽粒厚度/cm	粒重/g	体积/mm^3	容重/(g/L)	体积系数
普通玉米	最大值	1.534	1.125	0.660	0.451	3.700	13.560	0.615
	最小值	0.855	0.696	0.374	0.167	1.350	11.410	0.446
	均值	1.128	0.868	0.481	0.321	2.550	12.600	0.542
	标准差	0.148	0.106	0.071	0.074	0.587	0.477	0.040
	变异系数/%	13.10	12.16	14.66	4.34	4.34	3.79	7.46
爆裂玉米	最大值	1.035	0.780	0.501	0.261	2.000	16.790	0.597
	最小值	0.815	0.478	0.320	0.087	0.600	13.030	0.389
	均值	0.939	0.618	0.415	0.170	1.222	14.120	0.486
	标准差	0.081	0.105	0.053	0.063	0.504	1.118	0.058
	变异系数/%	8.61	16.93	12.86	2.70	2.43	7.91	12.00
糯玉米	最大值	1.023	0.965	0.546	0.285	2.250	14.170	0.592
	最小值	0.764	0.656	0.359	0.182	1.400	11.340	0.504
	均值	0.894	0.807	0.472	0.239	1.850	12.960	0.545
	标准差	0.071	0.092	0.051	0.376	0.304	0.752	0.026
	变异系数/%	7.92	11.34	10.86	0.64	6.09	5.80	4.78

续表

类型	参数	籽粒长度/cm	籽粒宽度/cm	籽粒厚度/cm	粒重/g	体积/mm^3	容重/(g/L)	体积系数
甜玉米	最大值	0.958	0.962	0.422	0.134	1.250	11.620	0.393
	最小值	0.837	0.845	0.414	0.111	1.150	8.886	0.322
	均值	0.897	0.903	0.418	0.122	1.200	10.250	0.357
	标准差	0.086	0.083	0.006	0.016	0.071	1.932	0.050
	变异系数/%	9.54	9.15	1.31	7.63	16.90	18.84	14.10

从粒重、体积和体积系数均值看，表现为普通玉米＞糯玉米＞爆裂玉米＞甜玉米，最重最大的籽粒是普通玉米（0.451g、3.700mm^3），而最轻最小的籽粒是爆裂玉米（0.087g、0.600mm^3）。体积系数［体积/（长×宽×厚）］最大的是普通玉米（0.615），而最小的是甜玉米（0.322）。而反映籽粒充实程度的容重大小依次为爆裂玉米＞糯玉米＞普通玉米＞甜玉米。

从普通玉米几个指标的变异系数看，粒重、体积在4.3%左右，容重为3.79%；而籽粒长度、宽度和厚度的变异系数较大，在13%左右，三者顺序为厚度＞长度＞宽度。

2. 籽粒形态指标与粒重和体积的关系

籽粒长度、宽度和厚度与粒重的相关系数分别为0.668、0.746和0.540，三者均达到极显著水平（表1-4）。偏相关分析显示三者与粒重的偏相关系数均达到极显著正相关，与单相关系数相比，籽粒长度和籽粒厚度有所增加而籽粒宽度有所减少。偏相关程度排序为长度＞厚度＞宽度，这反映了三者对粒重的影响大小。

表1-4　籽粒长度、宽度、厚度与粒重的相关分析

相关系数	籽粒长度	籽粒宽度	籽粒厚度	粒重
籽粒长度		−0.313	−0.644**	0.780**
籽粒宽度	0.405		−0.272	0.663**
籽粒厚度	−0.022	0.349		0.717**
粒重	0.668**	0.746**	0.540**	

注：左下角为相关系数，右上角为偏相关系数。

*和**表示相关达显著或极显著水平（下同）。

玉米籽粒长度、宽度、厚度与体积的相关系数分别为0.682、0.800和0.525，均达到极显著水平（表1-5）。三者与体积的偏相关系数排序为长度＞宽度＞厚度，这与粒重的关系略有不同，籽粒长度是决定体积的首要因素。综上可知，培育高产大粒品种，需要多关注玉米籽粒的长度而不是宽度或厚度。

表 1-5　籽粒长度、宽度、厚度与体积的相关分析

相关系数	籽粒长度	籽粒宽度	籽粒厚度	体积
籽粒长度		−0.518*	−0.699**	0.834**
籽粒宽度	0.405		−0.447	0.797**
籽粒厚度	−0.022	0.349		0.755**
体积	0.682**	0.800**	0.525**	

建立籽粒长度（X_1）、宽度（X_2）、厚度（X_3）与粒重（Y）的回归方程：$Y = 0.1503 - 0.3494X_1 - 0.8434X_2 + 0.9265X_3 - 0.1185X_1^2 - 0.4428X_2^2 - 1.6423X_3^2 + 1.1142X_1X_2 + 1.5245X_2X_3$，$F$ 值为 46.3，P 值为 0.0001，显示拟合很好。

对上述回归方程进行降维分析显示，随籽粒长度增加，粒重以近似线性的二次曲线增加，在长度为 1.5cm 时，粒重达最大值；随籽粒宽度增加，粒重先升高后下降，在籽粒宽度约为 1.1cm 时，达到粒重的最大值，二者是明显的二次曲线关系，这也说明了二者的偏相关系数相对偏低的原因；随籽粒厚度增加，粒重同样以近似线性的二次曲线增加，在籽粒厚度达到 0.5cm 时粒重最大（图 1-13）。

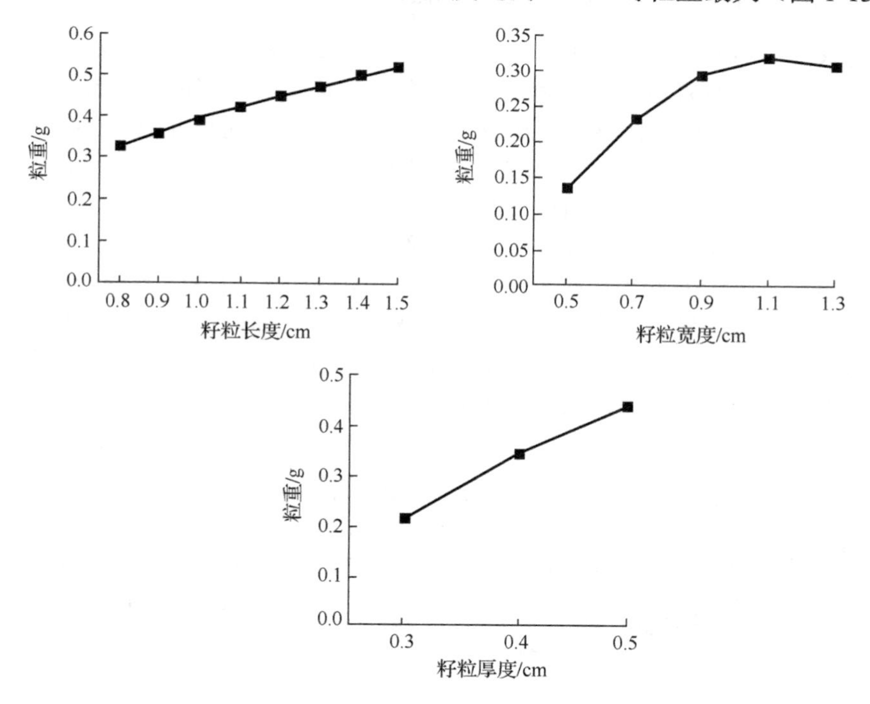

图 1-13　籽粒长度、宽度和厚度与粒重的关系

固定籽粒厚度为 0.46cm，当籽粒长度取最小值 0.8cm 时，随籽粒宽度的增加，粒重呈先升高后下降的变化趋势；当籽粒长度取样品最大值 1.5cm 时，随着籽粒

宽度的增加，粒重表现为近似线性的上升趋势，二者有明显互作［图 1-14（a）］；固定籽粒宽度为 0.81cm，随着籽粒长度增加，粒重缓慢增加，但是随着粒厚增加，粒重增加迅速，二者互作不显著［图 1-14（c）］；固定籽粒长度为 1.04cm，当籽粒厚度取最小值 0.3cm 时，随着籽粒宽度的增加，粒重先升高后降低，且变化幅度不大，当籽粒厚度取最大值 0.5cm 时，籽粒重量随籽粒宽度增加呈抛物线迅速增加，二者间互作明显［图 1-14（b）］。

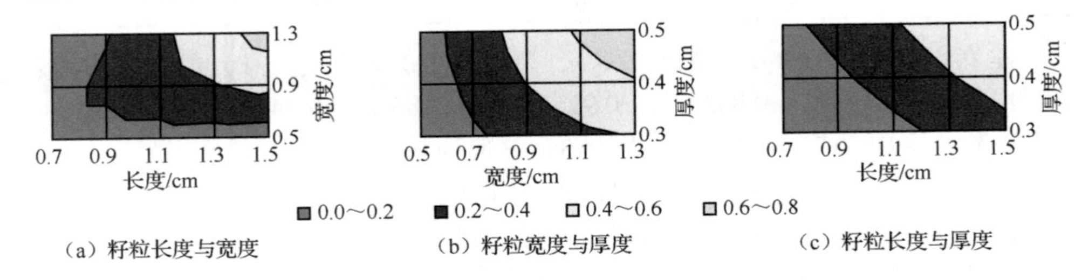

（a）籽粒长度与宽度　（b）籽粒宽度与厚度　（c）籽粒长度与厚度

图 1-14　籽粒长度、宽度、厚度对玉米粒重的互作效应

3. 不同穗位籽粒形态特征与粒重变化

玉米穗上不同粒位的籽粒外形大多相似，仅基部和顶部的差异略大。对一个典型马齿大穗 3 行籽粒（阳、阴、侧面）的调查显示，粒深近似呈抛物线变化，基部 2～3 个籽粒和顶部 10 个籽粒较短；前 38 个籽粒的宽度相近，围绕一定值略有波动，而顶部的 12 个籽粒逐渐变窄；籽粒厚度呈近似反抛物线变化，基部几粒和顶部几粒较厚，中间籽粒相似（图 1-15）。硬粒型与之相似。

粒重的变化与籽粒宽度有些相似。基部 8 个籽粒平均粒重较高，9～25 的平均粒重略低，26～36 的平均粒重回升，37～50 的粒重近似线性下降。硬粒型大穗的变化与之大同小异，粒重在波动中逐渐变小，中下部粒重最高，中上部粒重小于马齿型，顶部籽粒大于马齿型。中间型中穗的籽粒变化较小，其粒重在波动中略有降低，接近顶部升高，最后一粒降低（图 1-16）。

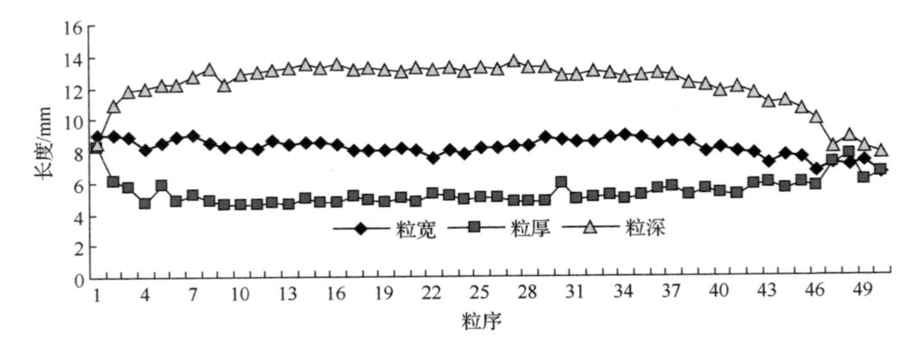

图 1-15　玉米穗（马齿型）上籽粒形态变化

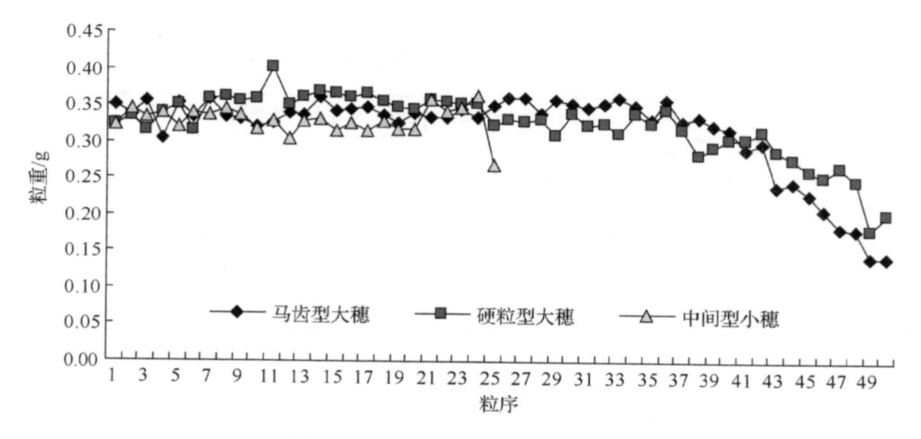

图 1-16　不同玉米穗上粒重变化

1.5.2　中部籽粒生长特点

1. 不同品种玉米籽粒生长特点

不同类型玉米品种统一按 5.5 万株/hm^2 的密度种植，在吐丝期挂牌并每 10d 取样 3 穗，取中部籽粒进行调查，结果显示玉米籽粒生长符合逻辑斯谛方程 $Y = K / (1 + a\mathrm{e}^{-bX})$，即先是缓慢指数生长阶段，主要是胚的生长及胚乳核分裂与胚乳细胞的形成；然后是快速线性生长阶段，主要是胚乳细胞的生长和主要内容物淀粉、蛋白质和油分的积累；最后是缓慢二次曲线生长阶段，主要是光合产物输入减少，籽粒开始脱水（图 1-17，表 1-6）。不同类型玉米的干物质积累速率均在 30d 左右达到最大，但是积累速率差异明显，其中高油玉米籽粒干物质的线性增长期平均积累速率和最大积累速率较小，仅 0.0055～0.0058g/d 和 0.011g/d，而高淀粉普通玉米四单 19 的最大，分别达 0.0087g/d 和 0.017g/d，所以高油玉米的单粒重较小（0.24g），四单 19 的单粒重最大（0.4g）。高油玉米的线性增长期仅 13.7～14.2d，四单 19 为 15.4d，普通高产玉米 DH808 和高赖氨酸玉米长单 58 分别为 15.2d 和 17d，但是这两个品种的灌浆速率明显低于四单 19。在授粉 20d 后，四单 19 籽粒的干物质积累明显超过其他品种，授粉 30d 后，高油玉米籽粒的干物质明显低于其他品种，授粉 40d 后，另 3 个品种的干物质积累也表现出差异。在供试材料中，单粒重最终表现为四单 19＞长单 58＞DH808＞春油 5 号＞春油 1 号。

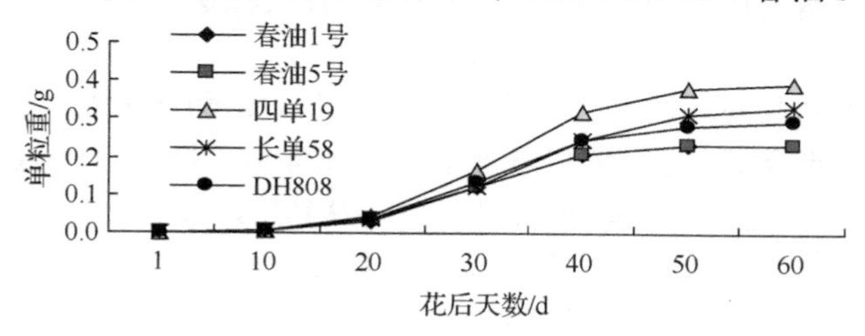

图 1-17　不同品种玉米籽粒生长理论曲线

表 1-6　不同品种玉米籽粒干物质积累动态方程

品种	方程	*F* 值	$T_{V_{max}}$ /d	V_{max} /(g/d)	T_1 /d	T_2 /d	V_t /（g/d）
春油 1 号	$Y=0.237/(1+285.883e^{-0.192X})$	91.5**	29.5	0.011	22.6	36.3	0.0058
春油 5 号	$Y=0.238/(1+217.919e^{-0.184X})$	142.6**	29.3	0.011	22.1	36.4	0.0055
四单 19	$Y=0.400/(1+235.560e^{-0.171X})$	140.8**	31.9	0.017	24.2	39.6	0.0087
长单 58	$Y=0.341/(1+179.534e^{-0.155X})$	100.6**	33.5	0.013	25.0	42.0	0.0067
DH808	$Y=0.299/(1+225.187e^{-0.173X})$	112.7**	31.3	0.013	23.7	38.9	0.0065

注：$T_{V_{max}}$ 为达到最大灌浆速率的时间；V_{max} 为最大积累速率；T_1、T_2 为两个拐点；V_t 为平均速率，下同。

2. 不同熟期普通玉米籽粒生长特点

寒地不同熟期品种间籽粒灌浆参数具有显著差异。平均灌浆速率和最大灌浆速率表现为中熟吉单 27＞早熟德美亚 1 号＞晚熟郑单 958，达到最大灌浆速率天数表现为早熟品种＜中熟品种＜晚熟品种，而灌浆活跃期表现为晚熟品种＞中熟品种＞早熟品种（表 1-7）。灌浆参数不仅与熟期有关，还与粒重有关。

表 1-7　不同品种玉米籽粒灌浆特征参数

品种	灌浆速率最大时生长量/mg	最大灌浆速率/（mg/d）	平均灌浆速率/（mg/d）	达到最大灌浆速率天数/d	灌浆活跃期/d
德美亚 1 号	138.8	11.3	4.92	28.3	36.8
吉单 27	177.5	12.3	5.77	28.6	43.1
郑单 958	148.8	9.0	4.25	32.1	49.5

1.5.3　籽粒的解剖与组成

玉米的籽粒由胚、胚乳和种皮组成。胚包括胚芽、胚轴和胚根，胚乳因类型不同分为角质胚乳和粉质胚乳。玉米籽粒颜色由胚乳的最外侧糊粉层颜色决定，种皮没有颜色，糊粉层的颜色可以渗透到胚乳的外层细胞中（图 1-18a～c）。硬粒型的角质胚乳比例高，仅中间有少量粉质胚乳，而马齿型中间有大量的粉质胚乳，背侧种皮下仅有少量角质胚乳；糯玉米没有角质胚乳，爆裂玉米没有粉质胚乳。玉米籽粒与小穗柄连接部分是尖冠，由小穗维管束输送的光合产物在此通过种皮下的传递细胞进入籽粒内部（图 1-18d～g）。

普通型玉米籽粒的胚最大且占比最大（13.1%），甜玉米籽粒的胚最轻且占比最小（8.9%）；普通玉米、糯玉米和爆裂玉米的胚乳所占比例较大且十分接近（82%左右），甜玉米胚乳占整个粒重的比例较小（69.1%），与其没有淀粉积累有关；普通玉米和糯玉米种皮比例最低（5%左右），爆裂玉米略高，与其比表面积大有关，而甜玉米显著高于其他类型（22.0%），这与其粒重太小有关，同时剥离时不可避免带有少量糖浆，也使其数值偏高（表 1-8）。

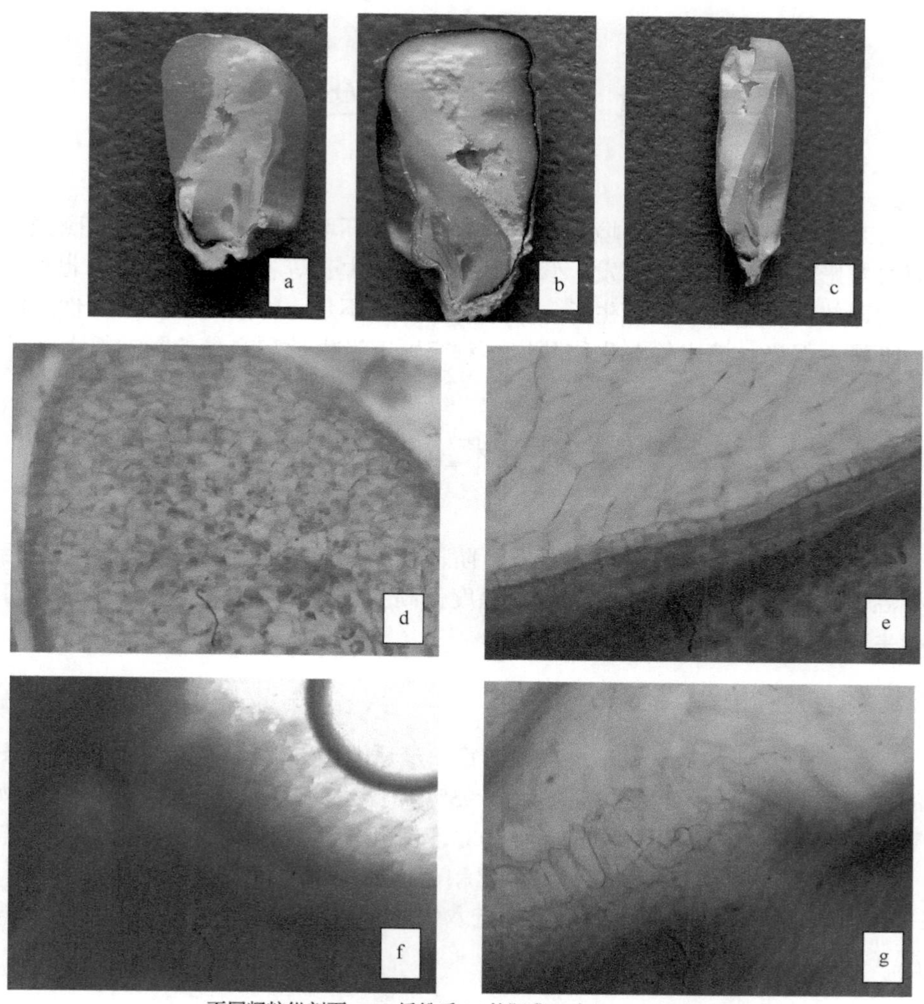

a～c．不同籽粒纵剖面；d．授粉后 8d 的胚乳、珠心；e．果皮和种皮；
f．靠近尖冠的传递细胞；g．珠心传递细胞。

图 1-18　玉米籽粒解剖照片

表 1-8　不同类型玉米籽粒组分比例

类型	粒重/g	胚比例/%	胚乳比例/%	种皮比例/%
普通玉米	0.321	13.1±0.7	82.0±0.7	4.9±0.4
糯玉米	0.239	12.1±1.7	82.8±2.2	5.1±0.7
爆裂玉米	0.170	10.9±1.4	81.1±1.6	8.0±2.3
甜玉米	0.122	8.9±0.8	69.1±2.5	22.0±1.8

第2章　寒地玉米的生态生理

玉米的生长发育受到环境条件的强烈影响，环境温度、降水量、光照强度和日照时数影响寒地玉米的萌发、营养生长和生殖生长等各个阶段。在东北寒地，夏季的雨热同季有利于玉米生长，但是总体热量不足，特别是存在局部性阶段低温、干旱、弱光、渍水等非生物胁迫，对寒地玉米生长和产量的影响很大。

2.1　温度对玉米生长发育的影响

玉米是喜温作物，在不同生长发育阶段需要相应的温度条件，需要满足相应的积温。温度偏低会推迟生育进程，温度偏高会加速生育进程，极端温度有可能引起生理障碍终止生育进程。

2.1.1　温度对种子发芽的影响

玉米种子发芽的最低温度一般是8℃，最适温度在25℃左右。不同温度条件下的发芽试验结果显示，使发芽率达到95%以上，25℃下仅需要3d，且整齐度好，20℃下需要5d，15℃下需要7d，而10℃下15d仅达到50%的发芽率，且整齐度差［图2-1（a）］。发芽率随着积温的累积而增加，该变化符合逻辑斯谛方程［图2-1（b）、表2-1］，随着温度的降低，进入快速发芽（T_1）及达到最大发芽速率的积温（T_{max}）被推迟。

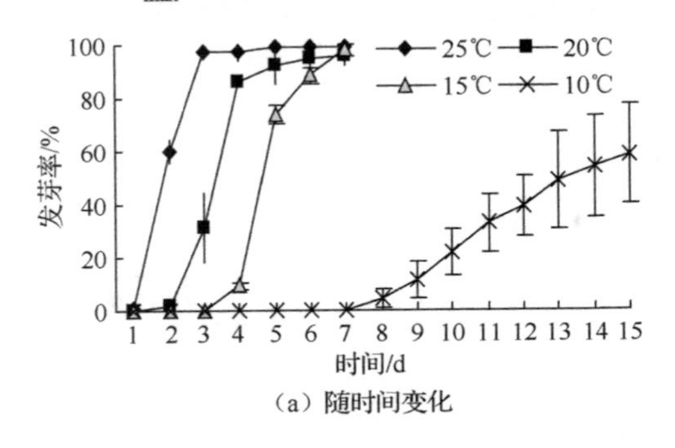

（a）随时间变化

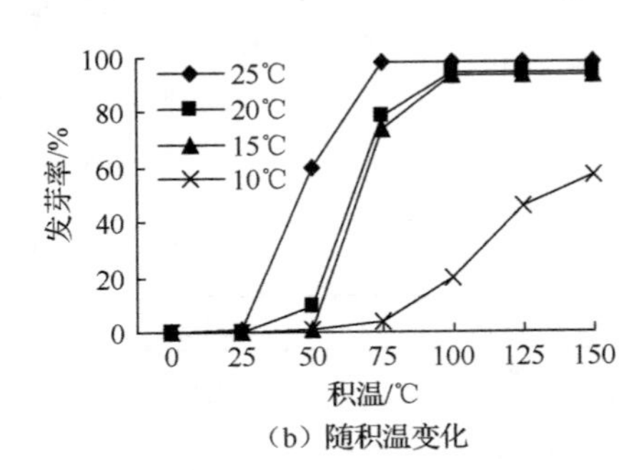

（b）随积温变化

图2-1　温度对郑单958玉米种子发芽率的影响

表 2-1　不同温度下发芽率随积温变化曲线理论方程

温度条件/℃	方程	F 值	P 值	R^2	V_{max}	T_{max}	T_1
25	$Y=0.983/(1+e^{9.028-0.190X})$	4337	0.0001	0.999	0.0466	47.64	40.69
20	$Y=0.944/(1+e^{9.817-0.152X})$	3312	0.0001	0.999	0.0358	64.65	55.97
15	$Y=0.939/(1+e^{15.951-0.230X})$	680.8	0.0001	0.997	0.0539	69.41	63.68
10	$Y=0.593/(1+e^{8.445-0.0776X})$	1401	0.0001	0.996	0.0115	108.82	91.85

注：V_{max} 为最大生长速率；T_{max} 为达到最大生长速率的积温；T_1 为生长由慢变快的拐点积温。

2.1.2　温度对寒地玉米营养生长的影响

对东北农业大学香坊试验站两个著名品种郑单 958 和先玉 335 在 6 万株/hm^2 密度下 4 年的数据进行分析。

1. 出苗–拔节期温度的影响

出苗–拔节期积温年际间差异不明显，波动范围在 864.7～966.1℃，变异系数为 6.8%。随着积温的升高，郑单 958 和先玉 335 的株高均呈增加的趋势（图 2-2），相关系数分别为 0.17 和 0.13，未达到显著水平，说明正常气候条件下此时期积温的波动对株高没有显示出明显的促进作用。

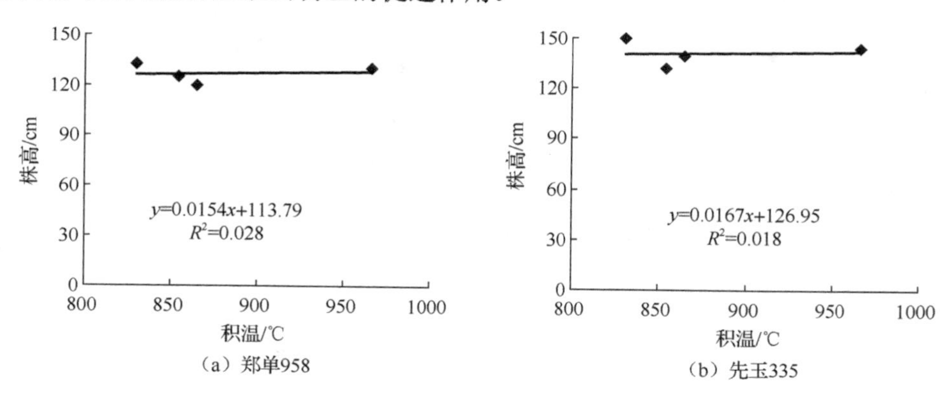

(a) 郑单958　(b) 先玉335

图 2-2　出苗–拔节期积温与株高的关系

随着积温的增加，两个品种的叶面积指数均呈上升的趋势（图 2-3），郑单 958 和先玉 335 叶面积指数与积温相关系数分别为 0.99 和 0.32，郑单 958 达到显著水平，先玉 335 未达到显著水平，说明此阶段叶面积生长受温度波动影响较大，但品种间存在差异。

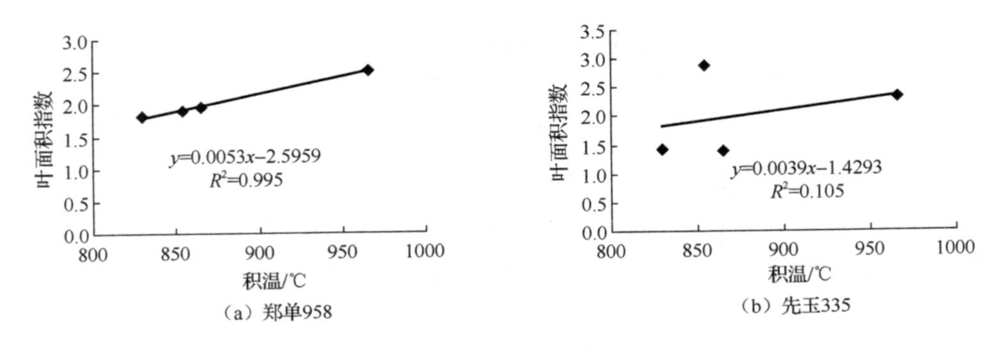

图 2-3　出苗-拔节期积温与叶面积指数的关系

2. 拔节-吐丝期积温的影响

拔节-吐丝期是玉米株高形成的关键时期。该阶段年际间积温差异更小，其范围为 675.1～712.4℃，变异系数为 2.4%。株高随积温的增加呈上升的趋势，且郑单 958 上升幅度比较大（图 2-4）。相关分析显示，郑单 958 和先玉 335 的株高与积温的相关系数分别为 0.764 和 0.323，二者均未达到显著水平。但是与前一阶段比较，温度变化对株高的影响明显增加。

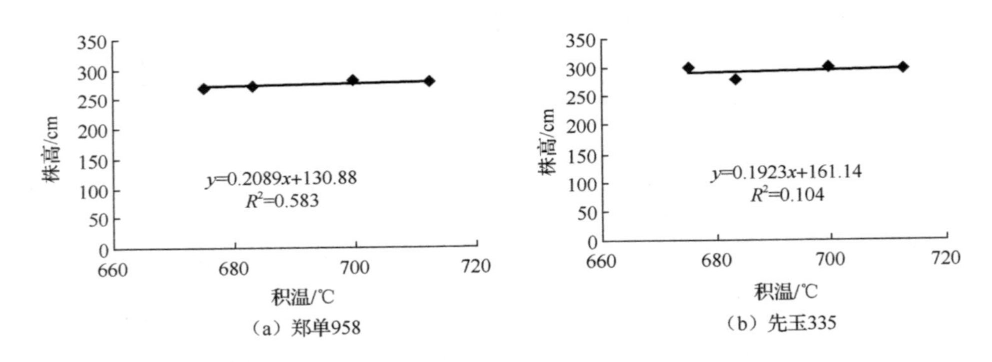

图 2-4　拔节-吐丝期积温与株高的关系

拔节-吐丝期叶面积呈线性增长，且在吐丝期达到最大。相关分析表明，郑单 958 和先玉 335 叶面积指数与积温的相关系数分别为 0.70、−0.76。此时期的积温波动对两个品种的影响不同：对郑单 958 叶面积指数增加有益，而先玉 335 则正好相反（图 2-5）。

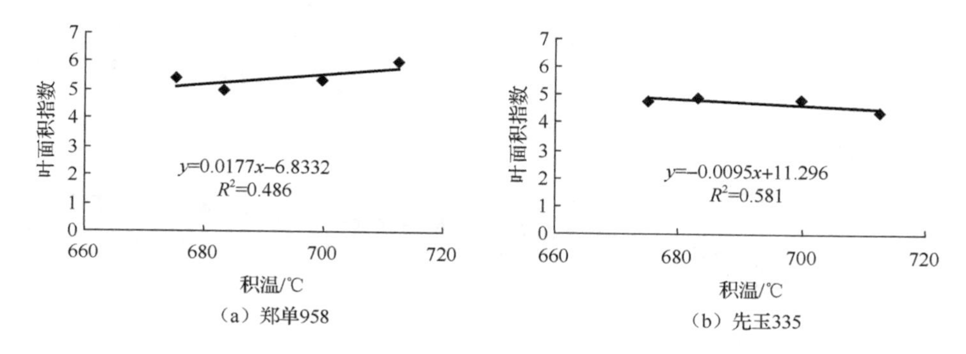

（a）郑单958　（b）先玉335

图2-5　拔节-吐丝期积温与叶面积指数的关系

2.2　水分对玉米生长发育的影响

玉米生长发育离不开水分，水分亏缺或过多对玉米生长的影响很大。东北寒地春季易出现干旱，影响种子萌发及保苗率，而伏旱或秋季干旱、春涝和夏涝在局部地区也很常见，是影响玉米产量的重要环境因素。

2.2.1　水分对种子发芽的影响

1. 玉米种子吸水特点

水分是种子萌发的必要条件，在水分状况良好情况下玉米种子吸水表现出先快后慢的特点。2h可以吸收自身重量的11%左右，4h增加到20%左右，8h增加到30%左右，接近最终吸水率的一半，24h增加到43%左右，72h增加到64%。吸水率增长可以用布维尔方程进行描述（表2-2）。不同类型玉米间吸水率有所不同，爆裂玉米和硬粒玉米种子有较多的角质胚乳，前期吸水相对较慢，而糯玉米和马齿玉米相对较快；10h后爆裂玉米吸水率接近马齿玉米，50h后超过马齿玉米和糯玉米，而硬粒玉米始终最低，甜玉米种子因含糖高具有高的水势，吸水率比其他类型高出一倍多，最终吸水量是种子重的1.6倍（图2-6）。

表2-2　不同类型玉米籽粒72h吸水率变化方程

类型	布维尔方程	F值	P值	R
糯玉米	$Y=0.686\{1-e^{-[(X-0.009\,69)/15.215]0.748}\}$	221.07	0.0001	0.997
爆裂玉米	$Y=5.265\{1-e^{-[(X-0.000\,018)/4074.949]0.480}\}$	60.53	0.0009	0.989
马齿玉米	$Y=1.016\{1-e^{-[(X-0.000\,000)/71.999]0.457}\}$	172.59	0.0001	0.996
硬粒玉米	$Y=0.752\{1-e^{-[(X-0.000\,217)/71.850]0.491}\}$	61.77	0.0008	0.989
甜玉米	$Y=2.545\{1-e^{-[(X-0.000\,117)/71.809]0.490}\}$	112.25	0.0003	0.994

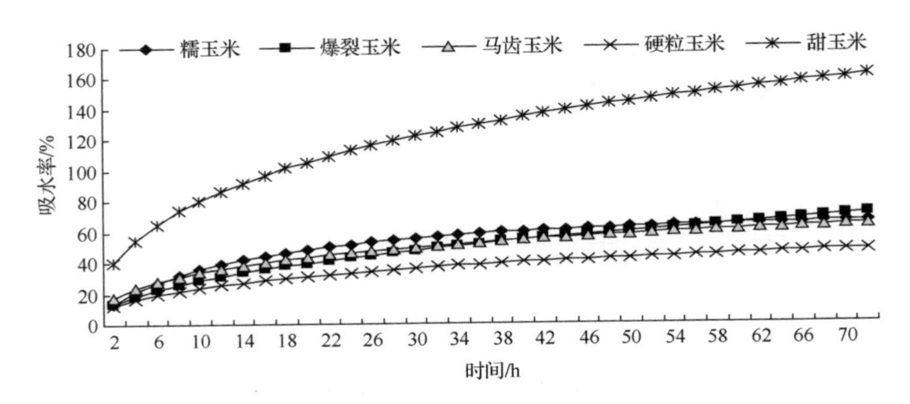

图 2-6　不同类型玉米种子吸水理论曲线

2. 干旱胁迫对种子发芽的影响

播种时干旱会导致种子吸水困难，影响出苗率、保苗数和整齐度，进而影响玉米的产量。用不同浓度 PEG 6000 溶液模拟土壤干旱胁迫，10%、20%和 30%的 PEG 6000 溶液的水势分别为-2MPa、-5MPa 和-10MPa。溶液浓度增加导致种子吸水困难，发芽数量和速率明显减少。25℃下 3d 时郑单 958 种子发芽率超过 67%，而 3 个胁迫处理的发芽率分别接近 20%、1%和 0%。干旱越严重，发芽率降低越多，7d 时发芽率由 95%逐渐降低到 10%左右（图 2-7）。

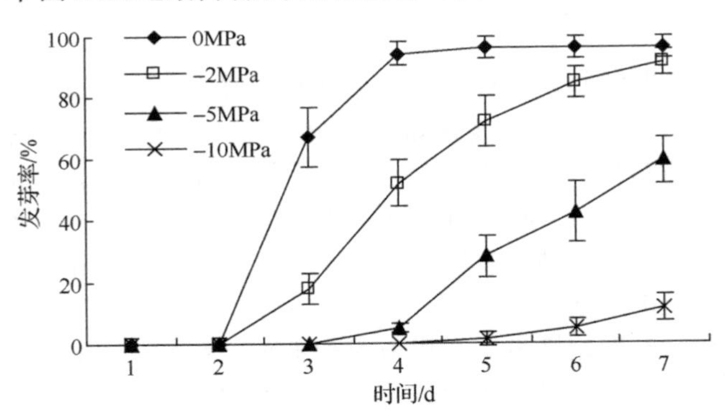

图 2-7　基于 PEG 模拟干旱对玉米种子发芽进程的影响

拟合分析显示 PEG 6000 的水势与玉米发芽率和发芽势关系均符合逻辑斯谛方程，可以分别用 $Y=1.031/(1+e^{-2.828+0.499X})$（$F$=275.88，$P$=0.0425，$R^2$=0.999）和 $Y=1.0862/(1+e^{-1.861+0.979X})$（$F$=1 894 415，$P$=0.0005，$R^2$=1.000）描述。在-4～0MPa 时，发芽势近似线性下降，之后趋缓至-6MPa 时接近零。而在-2～0MPa 时，发芽率下降较为缓慢（97%～89%），在-8～-2MPa 时，近似线性下降（每

减少 1MPa 降低约 11%），到-10MPa 时仅有约 10%（图 2-8）。

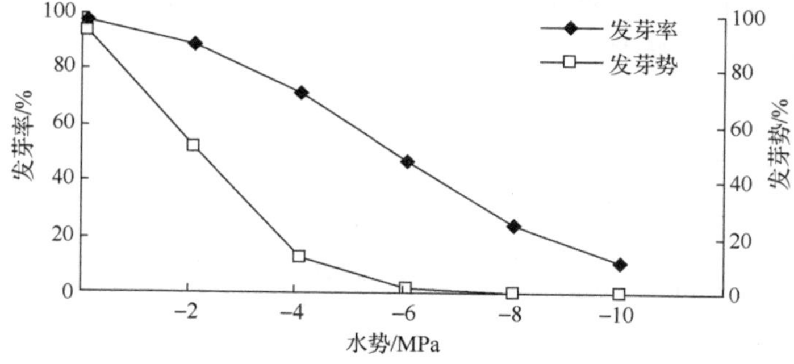

图 2-8　基于 PEG 模拟干旱的水势对玉米种子发芽率和发芽势的影响

干旱也影响了芽的大小和质量。正常条件下，单个芽的鲜重为 1.01±0.09g，芽长和根长分别为 43.7±10.5mm 和 95.6±33.2mm，而随着水势的增加，鲜重和芽长明显减少，可以用渐进回归方程 $Y = 0.557 + 0.452e^{-0.374X}$（$F$ =232.11、P =0.0464、R^2 =0.999）和 S 曲线方程 $Y = 43.255 - 10.0094X + 0.6293X$（$F$ =294.58、P =0.0412、R^2 =0.999）分别描述（图 2-9）。根长表现与芽长同样的规律。–10MPa 条件下发芽的玉米芽鲜重、芽长和根长分别为 0.56±0.02g、6.0±0.91mm 和 13.7±4.32mm，仅是对照的 55.4%、13.7%和 14.3%。

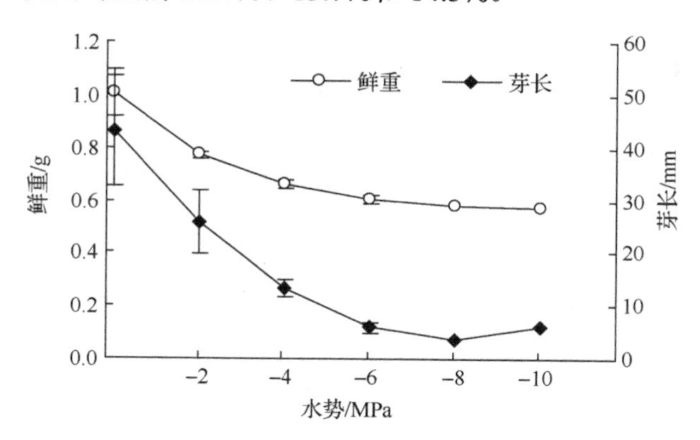

图 2-9　基于 PEG 模拟干旱对玉米种芽鲜重和芽长的影响

2.2.2　降水对寒地玉米生长的影响

1. 出苗-拔节期降水的影响

出苗-拔节期年际间降水波动较大，变异系数为 12.8%，变化范围为 71～96.9mm。其中，2013 年降水量最多，郑单 958 和先玉 335 植株均为最高。两品种均随着降水的增加，株高呈增高的趋势（图 2-10），株高与降水的相关系数分别为 0.54 和 0.22，未达到显著水平，这与出苗前土壤底墒不同有一定关系，但是比同期积温相关程度明显偏高。

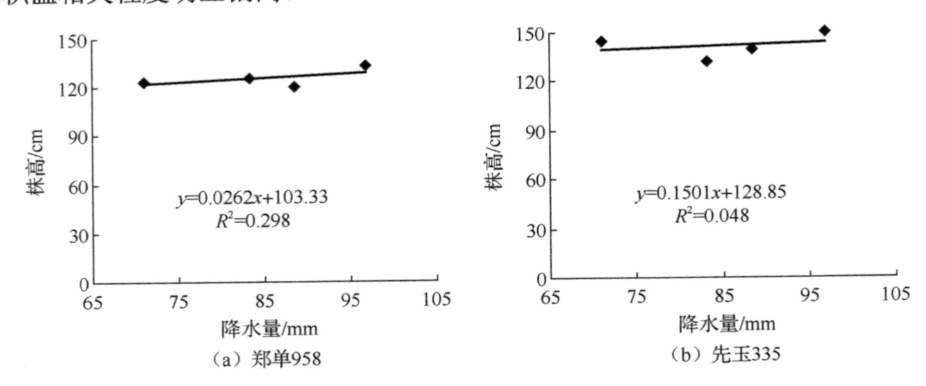

图 2-10 出苗-拔节期降水与株高的关系

在此期间，郑单 958 和先玉 335 的叶面积指数与降水的相关系数分别为-0.89 和-0.63，郑单 958 达到显著水平，先玉 335 下降的幅度比较大。试验结果表明玉米处于苗期生长阶段，植株生长需水量少，调查的年份降水均可满足植株对水分的需求，降水量由 70mm 增加到 100mm，不利于叶面积的扩展（图 2-11）。

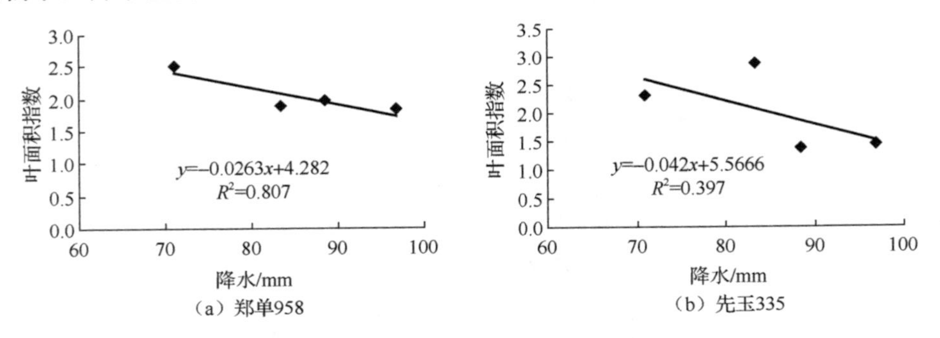

图 2-11 出苗-拔节期降水与叶面积指数的关系

2. 拔节-吐丝期间降水的影响

拔节以后，玉米植株处于快速生长阶段，对水分需求量大。此时东北开始进入雨季，但是年份间降水量差异明显，试验年际间降水量范围为 93.1～221mm，变异系数高达 35.7%，最高的 2013 年与最低的 2011 年相差 120.7mm。以先玉 335 为例，2013 年株高达 301.7cm，2011 年仅 279.7cm。随着降水量的增加，株高呈增高趋势（图 2-12），两个品种株高与降水的相关系数分别为 0.86 和 0.81，达到显著水平，先玉 335 增加幅度较大。

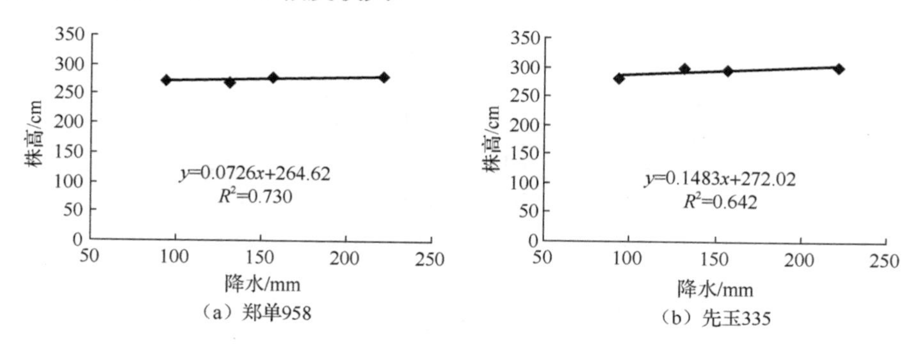

图 2-12　拔节-吐丝期降水与株高的关系

此阶段降水量由 93.1mm 增加到 221mm，有利于叶面积扩展，提高叶面积指数（图 2-13）。对此阶段叶面积指数和降水量的相关分析显示，两个品种的相关系数分别为 0.37、0.84，先玉 335 达到显著水平。

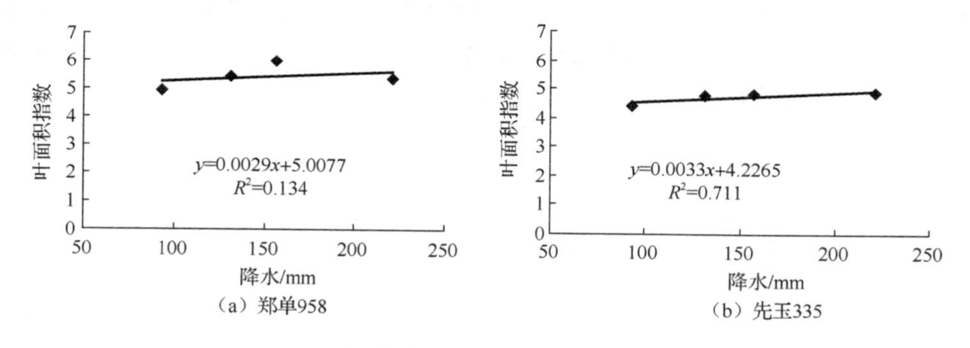

图 2-13　拔节-吐丝期降水与叶面积指数的关系

3. 拔节-完熟期降水的影响

为了进一步探讨降水多少对玉米生长的影响，在田间玉米拔节-完熟期对水分进行人为控制，设置 5 个处理，分别为在总降水量的基础上降低 40%和 20%、正常降水量、总降水量的基础上增加 20%和 40%。

水分对玉米的株高影响很大，株高随着水分的增多逐渐增高，至正常水分时株高达到最大值，再增加水分对株高影响不明显。水分减少对株高影响较大，水分减量越多，株高的降低量越大，减水处理的株高较对照株高减低幅度达到 12%～15%。增水处理的株高较对照处理略微降低，说明在水分适宜的情况下，增加水分对株高的影响不大（图 2-14）。

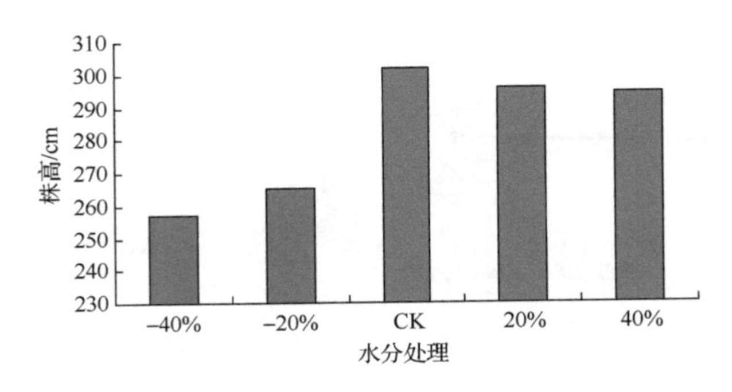

图 2-14　不同水分处理条件下玉米株高变化

吐丝期单株叶面积随着水分的增多逐渐增加，至正常水分条件下叶面积达到最大，再增加水分对叶面积的影响不大，甚至对叶面积增加产生不利影响（图 2-15）。水分减少处理较对照处理的叶面积降低较明显，且水分减少得越多，胁迫越强，叶面积减少得越多。水分对玉米干物质积累的影响也较大，单株干物质积累量随水分的增加而逐渐增加，在水分处理增加 20%时，干物质积累量最大，比最小量增加 14.2%，比适宜水分量增加 2%。因此，在此试验条件下，正常的降水量只要分布合理，就能够满足玉米生长发育对水分的需要。

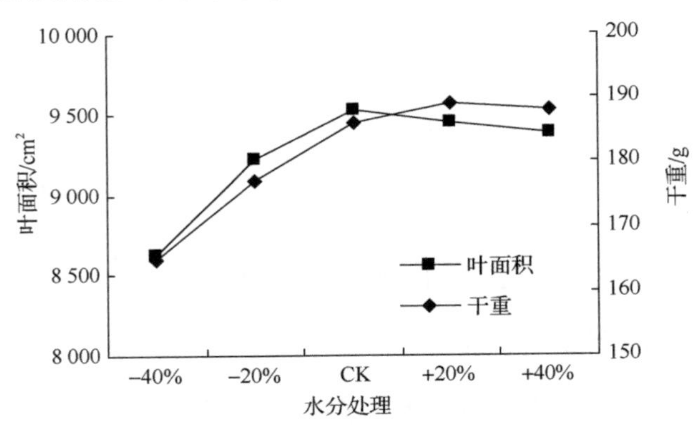

图 2-15　不同水分处理下玉米吐丝期单株叶面积和干物质积累量变化

水分对玉米穗部性状及产量影响很大（表 2-3）。随着水分的增加，穗长先逐渐增加，后逐渐变小，处理间差异不显著。穗粗对水分的响应与穗长类似。秃尖受水分的影响很大，秃尖长度随水分的减少而逐渐增加，-20%、-40%水分处理下秃尖长度与其他水分处理差异显著。行数虽然受基因型的影响较大，但是-40%水分处理的行数减少，且与其他处理差异显著。行粒数随着水分增加逐渐增多后又逐渐降低，各处理间仅-20%水分处理与其他处理间差异显著。穗粒数正常水分处理与减水处理差异显著，增水处理对穗粒数的影响不大，差异不显著。穗粒重随水分呈单峰曲线变化，最大值为正常水分处理，正常水分处理与-40%、+40%水分处理差异显著。百粒重在-40%水分处理最小，+20%水分处理最大，各处理间差异不显著。产量随水分呈单峰曲线变化，在正常水分条件下产量最大，缺水条件下产量下降7.4%～16.1%。

表2-3 不同水分处理下玉米穗部性状与产量表现

处理	穗长/cm	穗粗/cm	秃尖/cm	行数	行粒数	穗粒数	穗粒重/g	百粒重/g	产量/(kg/hm²)
+40%	16.8 aA	14.9 aA	0.4 bB	16.0 aA	40.1 abA	641.6 abAB	133.8 bcA	24.5 aA	8029.2
+20%	16.9 aA	15.0 aA	0.3 bB	15.6 abAB	41.2 aA	642.7 abAB	155.0 abA	25.7 aA	9301.2
CK	17.1 aA	15.2 aA	0.4 bB	16.6 aA	41.0 aA	680.6 aA	157.7 aA	24.7 aA	9460.2
-20%	16.6 aA	15.2 aA	0.9 aA	16.2 aA	37.1 bA	601.0 bcBC	146.0 abcA	24.7 aA	8758.2
-40%	16.1 aA	14.6 aA	1.0 aA	14.6 bB	38.3 abA	559.2 cC	131.5 cA	23.5 aA	7888.2

注：小写字母表示5%水平的差异显著性，大写字母表示1%水平的差异显著性，下同。

2.2.3 拔节孕穗期渍水对玉米生长的影响

黑龙江省局部地区夏季经常出现阴雨寡照渍涝灾害，为了探讨灾害影响进行了盆栽模拟试验，对两个品种德美亚1号和德美亚2号在拔节孕穗期进行渍水胁迫（T7、T8）、弱光胁迫（T1、T3）及弱光渍水胁迫（T3、T4），并对胁迫10d、20d及恢复后10d的生长情况进行了调查。

1. 对叶面积和干物质的影响

拔节孕穗期渍水胁迫会导致玉米叶面积的降低。德美亚1号渍水处理（T7）10d时的叶面积较CK（T5）降低19.5%，处理20d时降低37%，显示渍水的影响加剧；处理结束恢复10d时较CK降低39.4%，显示渍水效应尚未缓解（图2-16）。德美亚2号渍水处理（T8）10d时的叶面积较CK（T6）降低22.4%，处理20d时降低30%，处理结束恢复10d时较CK降低60%，表明德美亚2号受渍水的影响在持续。渍水处理导致叶面积比对照少的表现是绿色叶片数量减少。例如，处理10d时，德美亚1号叶片总数量未减少，但是下部4片叶子变黄失绿，显示根系对氮素的吸收受限，因此渍水处理影响根的功能，进而引起叶片提前衰老对叶面积造成不可逆的负面影响。

德美亚 1 号渍水处理（T7）10d 时的干重较 CK 降低 12.5%，处理 20d 时降低 33.2%，显示渍水的影响明显增加，处理结束恢复 10d 时较 CK 降低 45.5%，显示渍水效应没有缓解。成熟期时较 CK 降低 42.8%，显示有一定恢复，但是渍水的后果极其严重。德美亚 2 号渍水处理（T8）10d 时干重较 CK 降低 38.3%，处理 20d 降低 28.5%，处理结束恢复 10d 时较 CK 降低 42%，表明渍水的影响持续增加。成熟期较 CK 降低 46%，与德美亚 1 号相似。

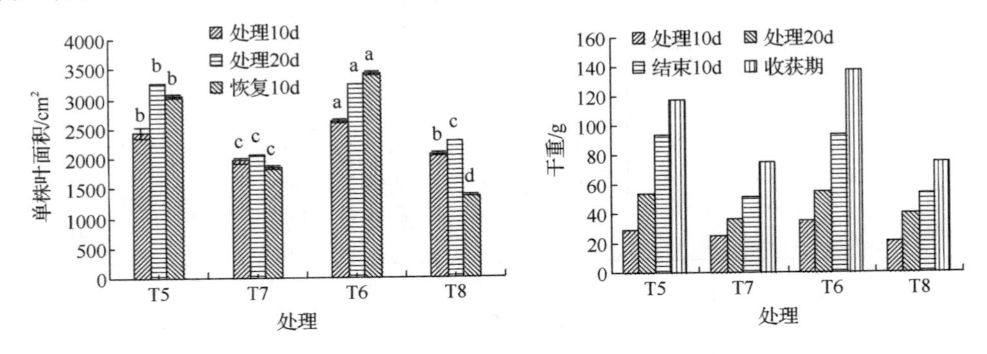

图 2-16　渍水对玉米单株叶面积和地上干重的影响

2. 对生理指标的影响

抗氧化酶 SOD（超氧化物歧化酶）、POD（过氧化物酶）、CAT（过氧化氢酶）是衡量作物受到逆境胁迫程度的重要指标。渍水处理德美亚 1 号（T7）10d 时的 SOD、CAT、POD 活性较 CK（T5）分别降低了 33.4%、37.0%和 6.4%；德美亚 2 号（T8）的 3 种酶活性较 CK（T6）分别降低 1.3%、63.4%和 11.6%。处理 20d 时德美亚 1 号的 3 种酶活性较 CK 分别降低 3.8%、30.3%和 9.4%；德美亚 2 号的 3 种酶活性较 CK 分别降低 13.7%、35.6%和 7.7%。恢复 10d 时德美亚 1 号的 3 种酶活性较 CK 分别增加 2%、降低 35.0%和降低 27.1%；德美亚 2 号的 3 种酶活性较 CK 分别降低 1%、增加 1.6%和增加 4.4%，差异很小，显示德美亚 2 号恢复得比德美亚 1 号好（表 2-4）。

逆境下植物常通过游离脯氨酸的积累来抵御不良因素影响。渍水处理德美亚 1 号和 2 号（T7、T8）10d 时的游离脯氨酸含量较 CK（T5、T6）分别降低 31.4%和 37.0%；处理 20d 时较 CK 分别降低 15.6%和增加 20.5%。恢复 10d 时两品种的游离脯氨酸含量较 CK 分别降低 8.6%和增加 2.0%，两个品种间有所不同。

实施胁迫措施后两品种的丙二醛（MDA）含量均有不同程度的增加。渍水处理德美亚 1 号（T7）和德美亚 2 号（T8）10d 时 MDA 含量较 CK 分别增加 22.5%和 19.1%；处理 20d 时较 CK 分别增加 26.8%和 5.2%；恢复 10d 时较 CK 分别增加 3.29%和 17.2%。

渍水胁迫后两品种的可溶性蛋白含量均有不同程度的降低。德美亚1号（T7）和德美亚2号（T8）渍水处理10d时的可溶性蛋白含量较CK分别降低36.7%和22.5%；处理20d时较CK分别降低20.5%和31.7%；恢复10d时较CK分别降低25.9%和增加1.75%，德美亚2号恢复较好。

表2-4　渍水胁迫对玉米叶片逆境生理指标的影响

时期	处理	SOD活性/（U/g FW）	POD活性/（U/g FW）	CAT活性/（U/g FW）	脯氨酸含量（μg/g）	MDA含量/（μmol/mg）	可溶性蛋白含量/（mg/g）
处理10d	T5	313.2	111.4	26.5	27.0	19.6	21.8
	T7	208.5	104.3	16.7	18.5	24.0	13.8
	T6	248.0	109.5	25.1	27.0	17.8	20.4
	T8	251.3	96.7	9.2	17.0	21.2	15.8
处理20d	T5	336.7	124.0	30.0	22.5	35.5	34.0
	T7	324.0	112.4	20.9	19.0	45.0	27.0
	T6	367.8	116.4	30.3	22.0	34.7	43.4
	T8	317.5	107.5	19.5	26.5	36.5	29.6
恢复10d	T5	445.0	145.9	33.4	29.0	30.4	48.6
	T7	454.2	106.3	21.7	26.5	31.4	36.0
	T6	391.2	117.8	25.1	24.5	29.6	45.6
	T8	387.0	123.0	25.5	25.0	34.7	46.4

3. 对叶绿素含量及光合速率的影响

渍水胁迫后玉米叶片色素含量明显减少（表2-5）。德美亚1号和2号渍水处理（T7、T8）10d时功能叶片的叶绿素a较CK分别降低27.6%和22.5%，叶绿素b较CK分别降低28.6%和15.3%，叶绿素a+b较CK分别降低28.3%和21.4%。渍水处理20d时的叶绿素a较CK分别降低36.6%和35.5%，叶绿素b较CK分别降低48.4%和51.1%，叶绿素a+b较CK分别降低39.1%和38.9%，与10d时相比渍水影响增加明显，而对于叶绿素a/b，两个品种均表现出比对照显著增加。

德美亚1号和2号渍水处理（T7、T8）恢复10d时功能叶片的叶绿素a较CK分别降低48.8%和16.7%，叶绿素b较CK分别降低45.2%和22.9%，叶绿素a+b较CK降低48.7%和17.6%。德美亚2号比1号恢复得更好，特别是叶绿素a含量恢复得较好，使两个品种在叶绿素a/b上渍水处理与对照相比表现不一致，德美亚1号降低了9.4%，而德美亚2号增加了9.7%。

表 2-5　渍水胁迫对叶片叶绿素含量的影响　（单位：mg/g）

时期	处理	叶绿素 a	叶绿素 b	叶绿素 a+b	叶绿素 a/b
处理 10d	T5	7.04a	2.13a	9.2a	3.3a
	T7	5.10c	1.52c	6.6d	3.3a
	T6	6.49a	1.89a	8.4a	3.4a
	T8	5.03c	1.60c	6.6b	3.1c
处理 20d	T5	10.06a	3.24a	13.3a	3.1b
	T7	6.38c	1.67d	8.1d	3.8a
	T6	10.00a	3.13a	13.1a	3.2b
	T8	6.45d	1.53c	8.0d	4.2a
恢复 10d	T5	8.6a	2.68b	11.3a	3.2a
	T7	4.4c	1.47c	5.8c	2.9b
	T6	7.8b	2.49b	10.2b	3.1b
	T8	6.5c	1.92c	8.4c	3.4a

注：表中小写字母表示 5%水平的差异显著性，下同。

渍水胁迫也影响了玉米的叶绿素荧光参数（表 2-6）。德美亚 1 号、2 号渍水处理（T7、T8）10d 的光合电子传递效率（F_m/F_0）较 CK 分别减少 24.8%和增加 5.1%（但不显著）。处理 20d 时与 CK 相比分别降低 14.6%和 13.1%，显示渍水胁迫下光合电子传递效率显著降低。处理结束 10d 时与 CK 相比两个品种分别增加 3.6%和减少 7%（但不显著），说明渍水胁迫解除后光合电子传递效率有明显的反弹。

表 2-6　渍水处理的叶绿素荧光参数

参数	时期	T5	T7	T6	T8
F_m/F_0	处理 10d	3.64b	2.74c	3.11c	3.27c
	处理 20d	4.11b	3.51c	4.19b	3.64c
	恢复 10d	2.76b	2.86b	2.85b	2.65b
F_v/F_m	处理 10d	0.71a	0.64b	0.68b	0.69b
	处理 20d	0.76a	0.72b	0.76b	0.73b
	恢复 10d	0.62b	0.65a	0.65a	0.68a

德美亚 1 号渍水处理（T7）显著降低了原初光能转换效率（F_v/F_m），10d 和 20d 时分别降低 11%和 6%；处理结束恢复 10d 时较 CK 相比显著增加了 4%。德美亚 2 号的 F_v/F_m 与 CK 相比略有增减但未达到显著。两个品种对渍水胁迫的 F_v/F_m 反应明显不同。

实施胁迫措施后，两个品种的光合速率均有不同程度的降低。处理 10d 时渍水处理（T7、T8）的功能叶片光合速率较 CK 分别降低 33.5%和 40.8%。

4. 对根系形态指标及根系活力的影响

德美亚 1 号渍水处理（T7）10d 的根系长度较 CK 降低 56.3%，实际面积降低 79.6%，根尖数降低 65.3%，平均直径降低 10.3%。德美亚 2 号渍水处理（T8）的根系长度、根尖数、实际面积和平均直径较对照分别降低 41.3%、29.1%、61.1%和 4.5%，两个品种的反应一致，这与渍水显著限制了新根的发生及促进老根的死亡有关（表 2-7）。

表 2-7 渍水对玉米根系形态的影响

时期	处理	长度/cm	实际面积/cm^2	根尖数/个	平均直径/cm
处理 10d	T5	1861a	112.9a	5045a	0.575a
	T7	815c	22.9c	1748c	0.516b
	T6	2012a	108.3a	5157a	0.513a
	T8	1182c	42.0c	3655c	0.490b
处理 20d	T5	2609a	156.0a	5455a	0.821a
	T7	824c	64.9c	2162c	0.784c
	T6	2362a	145.1a	4378a	0.777a
	T8	1244c	54.7c	2365c	0.775a
恢复 10d	T5	2461a	145.7a	5079a	0.782a
	T7	902b	54.8c	2567c	0.701c
	T6	2870a	168.0a	6068a	0.771a
	T8	592c	37.4c	1772c	0.633c

德美亚 1 号渍水处理（T7）20d 的根系长度较 CK 降低 68.4%，与 10d 比抑制程度加剧，实际面积降低 58.4%，根尖数降低 60.3%，平均直径降低 4.5%。德美亚 2 号渍水处理（T8）20d 的根系长度较 CK 降低 47.3%，实际面积降低 62.3%，根尖数降低 45.9%，平均直径降低 0.3%。

德美亚 1 号渍水处理（T7）结束恢复 10d 的根系长度较 CK 降低 63.3%，实际面积降低 62.3%，根尖数降低 49.4%，平均直径降低 10.3%。德美亚 2 号渍水处理（T8）恢复 10d 时的根系长度较 CK 降低 79.3%，实际面积降低 77.7%，根尖数降低 70.8%，平均直径降低 17.9%，4 个指标均显示渍水胁迫取消后根系进一步恶化。由此可见，渍水显著影响玉米根系生长，使其各形态指标都显著降低。

伤流量可以反映根系活力的大小，渍水胁迫导致两个品种的伤流量均有不同程度的降低（表 2-8）。德美亚 1 号渍水处理（T7）10d 时的伤流量较 CK 降低 72%，处理 20d 时较 CK 降低 94%，渍水的影响达到极显著水平，对伤流速率的影响相似。处理结束恢复 10d 时较 CK 降低 25.9%，显示渍水影响有一定程度减轻。德美亚 2 号根系伤流量对渍水的反应与德美亚 1 号一致，处理结束恢复 10d 时较 CK

降低 33.2%，渍水胁迫效果有明显减轻，这也与德美亚 1 号一致。

表 2-8　渍水处理的玉米根系伤流量

处理	伤流量/g			伤流速率/（g/h）		
	处理 10d	处理 20d	结束 10d	处理 10d	处理 20d	结束 10d
T5	17.15a	18.67a	7.04a	1.43	1.56	0.59
T7	4.81b	1.18c	5.22b	0.40	0.10	0.44
T6	17.33a	15.55a	8.33a	1.44	1.30	0.69
T8	1.62b	4.39b	5.57b	0.13	0.37	0.46

2.3　光照对玉米生长发育的影响

太阳光为作物生长提供能源，光照强弱不仅影响作物干物质积累，还影响其分配，而日照长度变化影响作物的生育进程。

2.3.1　日照时数对玉米营养生长的影响

1. 出苗-拔节期日照时数的影响

出苗-拔节期日照时数年际间差异较大，范围在 271.7～380h。随着日照时数的增加，株高呈下降趋势，其中先玉 335 下降的趋势更明显，日照时数与株高的相关系数分别为-0.27、-0.48，未达到显著水平（图 2-17）。在出苗-拔节期，积温和降水促进株高的增长，日照时数的效应与之相反，三者共同影响株高。

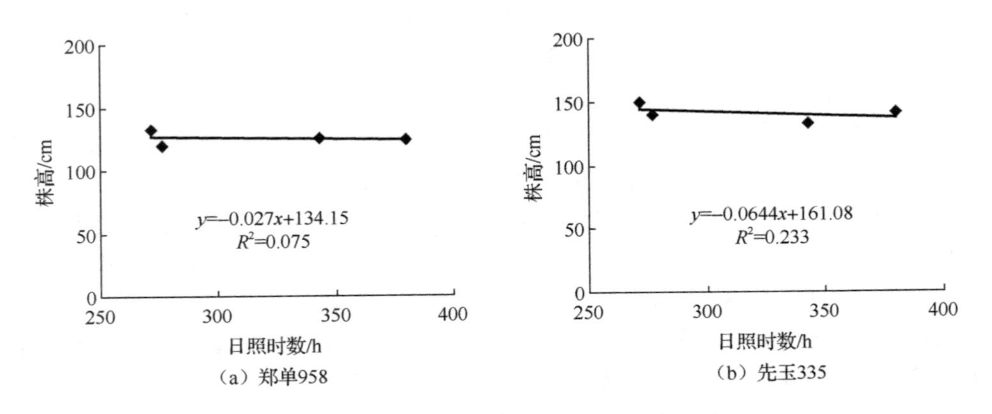

图 2-17　出苗-拔节期日照时数与株高的关系

叶面积指数随着日照时数的增加呈上升趋势，且先玉 335 上升幅度比较大（图 2-18）。郑单 958 和先玉 335 的相关系数分别为 0.78、0.82，均达到显著水平，说明此时期的日照时数增加有益于叶面积指数的增长。在出苗-拔节期环境温度较低，积温和日照时数增加有助于叶面积指数的上升，其中日照时数与叶面积指数呈显著正相关，充足的日照，为光合作用提供了能量基础。

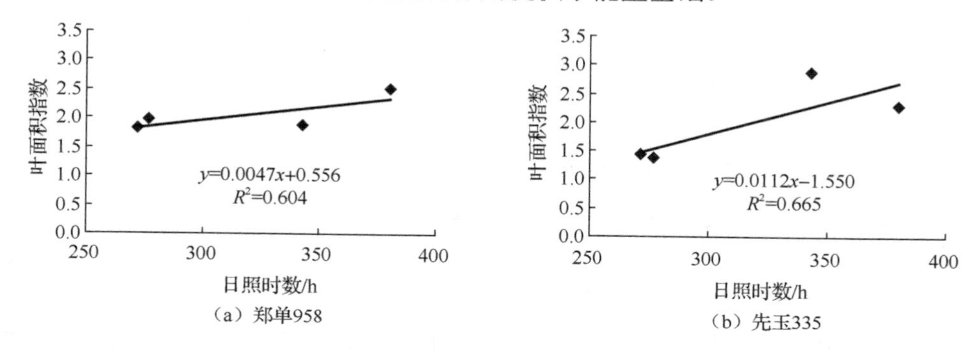

图 2-18　出苗-拔节期日照时数与叶面积指数的关系

2. 拔节-吐丝期日照的影响

拔节-吐丝期年际间日照时数的波动范围为 157～181.1h，变异系数为 7.0%。日照时数对两个品种的影响趋势不同（图 2-19），相关系数分别为 0.34、−0.37，未达到显著水平，可知日照时数与株高相关性不明显，对株高影响较小。

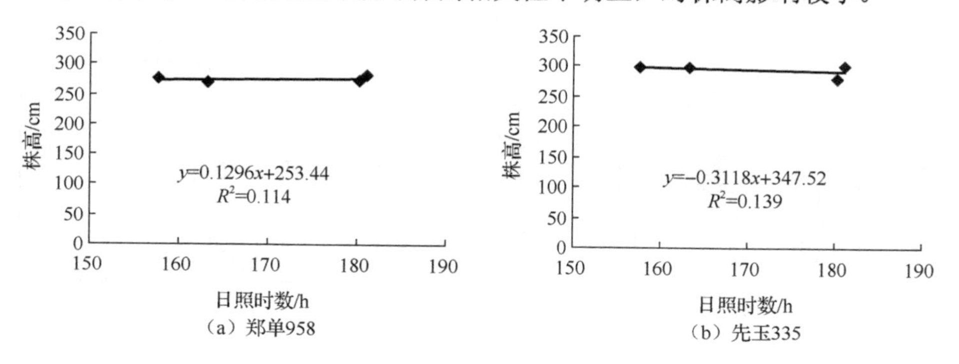

图 2-19　株高与拔节-吐丝期日照时数的关系

两个品种的叶面积指数对此时期的日照时数响应也不同，郑单 958 为下降趋势，而先玉 335 相反，相关系数分别为−0.83、0.80（图 2-20）。在拔节-吐丝期，降水对最大叶面积指数起到促进作用，积温和日照时数对其影响在品种间不一致，反映了品种对环境条件变化的适应性不同。

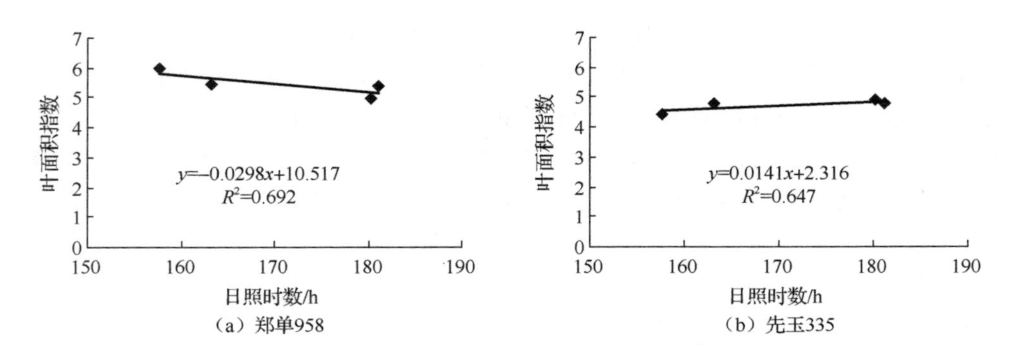

图 2-20　叶面积指数与拔节-吐丝期日照时数的关系

2.3.2　拔节孕穗期弱光胁迫对玉米生长的影响

1. 弱光胁迫对玉米叶面积及干物质的影响

弱光胁迫（利用黑色遮阳网使光照低于 1 万 lx）影响玉米叶面积的增加。德美亚 1 号弱光处理（T1）10d 时的叶面积较 CK（T5）降低 20%，处理 20d 时降低 14.8%；处理结束恢复 10d 时降低 11.9%，显示有一定恢复（图 2-21）。德美亚 2 号处理（T2）10d 时的叶面积较 CK 降低 14.8%，处理 20d 时降低 22%，表明弱光的影响增加明显，这与德美亚 1 号不同；处理结束恢复 10d 时降低 25.5%，显示进一步恶化。弱光处理引起叶面积比对照少，表现在正在生长的叶片变小，如处理 10d 时，第 8～12 片叶子表现十分明显，说明由于光合产物不足限制了叶片的伸展。

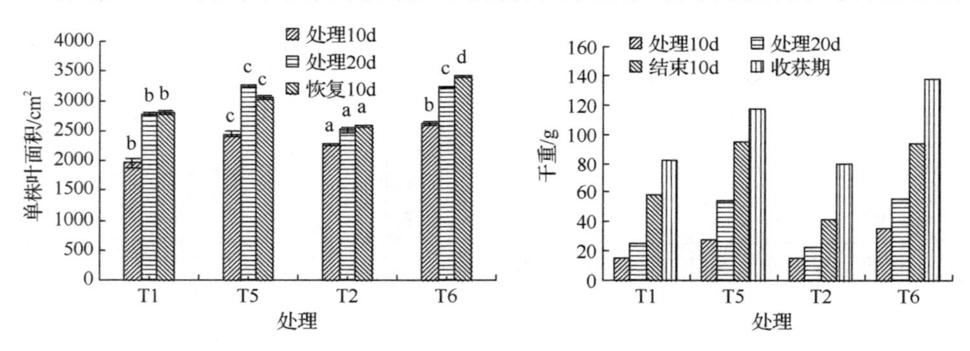

图 2-21　弱光处理的玉米单株叶面积和地上干物重变化

德美亚 1 号弱光处理（T1）10d 时的干重较 CK 降低 47.9%，处理 20d 时降低 54.6%，显示弱光的影响明显增加。处理结束恢复 10d 时降低 38.1%，显示有一定恢复。成熟期时降低 30.4%，显示逆境的后果极其严重。德美亚 2 号弱光处理（T2）10d 时的干重较 CK 降低 57.3%，处理 20d 时降低 58.7%，处理结束恢复 10d 时降低 55.7%，成熟期时较 CK 降低 42.8%，与德美亚 1 号相比恢复得更差。实施弱光胁迫措施后两品种的干重均有显著降低。

2. 弱光胁迫对逆境生理指标的影响

德美亚 1 号弱光处理(T1)10d 时 SOD、CAT、POD 活性较 CK 分别增加 28.9%、降低 46.4%和降低 6.9%，德美亚 2 号弱光处理（T2）的 SOD、CAT、POD 活性较 CK 分别增加 34.0%、降低 9.6%和降低 4.2%（表 2-9），可见弱光胁迫对 SOD 活性有正面影响，而对 CAT 和 POD 有负面影响。处理 20d 时德美亚 1 号的 3 种酶活性较 CK 分别增加 12.2%、降低 27.3%和增加 13.3%，德美亚 2 号的 3 种酶活性较 CK 减少 23.0%、增加 11.6%和增加 13.3%。可见弱光对 POD 活性的影响由负面转为正面，而 CAT 活性在两个品种间不同。弱光 20d 恢复 10d 时德美亚 1 号的弱光处理（T1）和弱光 10d 恢复 20d（T9）处理的 SOD 活性较 CK 分别增加 1.0%和降低 1.6%，CAT 活性分别降低 2.7%和增加 22.2%，POD 活性分别增加 109.9%和 97.6%。德美亚 2 号相应处理（T2 和 T10）的 SOD 活性较 CK 分别降低 2.9%和增加 7.4%，CAT 活性分别增加 72.9%和 54.2%，POD 活性分别增加 103.3%和 81.6%。对于 T9、T10 来说，玉米在经历 10d 弱光恢复正常光照 20d 后，引起 CAT 和 POD 活性的急剧增加，显示其呼吸作用和光合作用增强，也是对光照恢复的一种自我调节。

表 2-9　弱光胁迫对玉米叶片逆境生理指标的影响

时期	处理	SOD 活性/（U/g FW）	CAT 活性/（U/g FW）	POD 活性/（U/g FW）	脯氨酸含量/（μg/g）	MDA 含量/（μmol/g）	可溶性蛋白含量/（mg/g）	可溶性糖含量/（mg/g）
处理 10d	T1	403.8	14.2	103.7	24.0	25.1	15.4	1.69
	T5	313.2	26.5	111.4	27.0	19.6	21.8	5.60
	T2	332.3	22.7	104.9	25.0	22.4	18.4	6.57
	T6	248.0	25.1	109.5	27.0	17.8	20.4	4.77
处理 20d	T1	377.7	21.8	140.7	21.0	47.1	29.0	7.11
	T5	336.7	30.0	124.0	22.5	35.5	34.0	4.93
	T2	283.2	33.8	131.9	22.0	45.3	31.8	2.56
	T6	367.8	30.3	116.4	22.0	34.7	43.4	9.10
恢复 10～20d	T1	449.3	32.5	306.2	42.0	58.8	46.0	7.12
	T5	445.0	33.4	145.9	29.0	30.4	48.6	5.80
	T9	437.8	40.8	288.3	37.0	42.2	41.6	2.83
	T2	380.0	43.4	239.5	45.0	36.9	44.0	5.59
	T6	391.2	25.1	117.8	24.5	29.6	45.6	5.67
	T10	420.2	38.7	214.0	32.0	41.1	39.2	7.05

德美亚 1 号（T1）和德美亚 2 号（T2）处理 10d 时脯氨酸含量较 CK 分别降低 11.1%和 7.4%。表明弱光与干旱或低温等逆境不同，不需要脯氨酸的积累。处理 20d 时两个品种的脯氨酸含量较 CK 分别降低 6.7%和 0%，弱光影响均降低。

德美亚 1 号弱光 20d 恢复 10d（T1）、弱光 10d 恢复 20d（T9）处理的游离脯氨酸含量较 CK 分别增加 44.8%和 27.5%。德美亚 2 号相应处理（T2 和 T10）的脯氨酸含量分别增加 83.7%和 30.6%。两个品种均表现出经过长期弱光后恢复正常光照，导致脯氨酸含量的迅速增加，且随着恢复时间增加，脯氨酸含量降低的趋势。

实施弱光胁迫后两个品种的 MDA 含量均有不同程度的增加。弱光处理德美亚 1 号（T1）和德美亚 2 号（T2）10d 时的 MDA 含量较 CK 分别增加 28.1%和 25.8%，处理 20d 时两个品种的 MDA 含量较 CK 分别增加 32.7%和 30.6%，两个品种的变化趋势一致。德美亚 1 号弱光 20d 恢复 10d（T1）和弱光 10d 恢复 20d（T9）处理的 MDA 含量较 CK 分别增加 93.4%和 38.8%，弱光对德美亚 1 号的影响在持续增加。德美亚 2 号相应处理（T2 和 T10）的 MDA 含量较 CK 分别增加 24.7%和 38.9%，德美亚 1 号恢复情况不如德美亚 2 号。

实施弱光胁迫后两个品种的可溶性蛋白含量均有不同程度的降低。弱光处理德美亚 1 号（T1）和德美亚 2 号（T2）10d 时可溶性蛋白含量较 CK 降低 29.4%和 9.8%。处理 20d 时两个品种的可溶性蛋白含量较 CK 分别降低 14.7%和 26.7%。德美亚 1 号弱光 20d 恢复 10d（T1）和弱光 10d 恢复 20d（T9）处理的可溶性蛋白含量较 CK 分别降低 5.35%和 14.4%，德美亚 2 号相应处理（T2 和 T10）的可溶性蛋白含量较 CK 分别降低 3.5%和 14.0%，显示均有所恢复。

3. 弱光胁迫对叶绿素含量及光合参数的影响

德美亚 1 号和德美亚 2 号弱光处理 10d 时（T1 和 T2）功能叶片的叶绿素 a 较 CK 分别降低 13.5%和 4.0%，叶绿素 b 较 CK 分别降低 0.9%和 7.4%，叶绿素 a+b 较 CK 分别降低 10.9%和 4.8%，两个品种叶绿素 a/b 均显著降低（表 2-10）。

表 2-10　弱光处理的叶片叶绿素含量　　（单位：mg/g）

时期	处理	叶绿素 a	叶绿素 b	叶绿素 a+b	叶绿素 a/b
处理 10d	T1	6.09b	2.11a	8.2b	2.9b
	T5	7.04a	2.13a	9.2a	3.3a
	T2	6.23b	1.75b	8.0a	3.2b
	T6	6.49a	1.89a	8.4a	3.4a
处理 20d	T1	7.39b	2.48b	9.9b	3.0b
	T5	10.06a	3.24a	13.3a	3.1b
	T2	8.26b	2.65b	10.9b	3.1b
	T6	10.00a	3.13a	13.1a	3.2b
恢复 10d	T1	8.6a	3.19a	11.8a	2.7b
	T5	8.6a	2.68b	11.3a	3.2a
	T2	9.6a	2.99a	12.6a	3.2b
	T6	7.8b	2.49b	10.2b	3.1b

两个品种弱光处理 20d 时叶绿素 a 较 CK 分别降低 26.5%和 17.4%，叶绿素 b 较 CK 分别降低 23.6%和 15.3%，叶绿素 a+b 较 CK 分别降低 25.6%和 16.8%。与 10d 时相比各处理的影响增加明显。对于叶绿素 a/b，两个品种均表现出比对照减少但不显著。

德美亚 1 号和德美亚 2 号处理结束恢复 10d 时叶绿素 a 较 CK 分别降低 0%和增加 23.1%，叶绿素 b 较 CK 分别增加 19.0%和 20.1%，叶绿素 a+b 较 CK 分别增加 4.2%和 23.5%，显示弱光处理完全恢复。恢复 10d 后德美亚 1 号叶绿素 a/b 显著低于对照，德美亚 2 号与对照差异不显著。

弱光胁迫均对春玉米的叶绿素荧光参数有显著影响（表 2-11）。德美亚 1 号、德美亚 2 号弱光处理（T1 和 T2）10d 时光合电子传递效率（F_m/F_0）较 CK 分别降低 5%和增加 31%，且品种间的响应不同。处理 20d 时与 CK 相比 T1 没有变化，T2 略有增加但不显著，品种间差别变小。处理结束 10d 时与 CK 相比 T1 降低 20%，T2 降低 27%，弱光逆境解除后光合电子传递效率反而明显下降。

表 2-11　弱光处理的叶绿素荧光参数

参数	时期	T1	T5	T2	T6
F_m/F_0	处理 10d	3.47b	3.64b	4.08b	3.11c
	处理 20d	4.09b	4.11b	4.74a	4.19b
	恢复 10d	2.22c	2.76b	2.08c	2.85b
F_v/F_m	处理 10d	0.71a	0.71a	0.76a	0.68b
	处理 20d	0.76a	0.76a	0.79a	0.76b
	恢复 10d	0.54c	0.62b	0.52b	0.65a

德美亚 1 号弱光处理（T1）没有影响原初光能转换效率（F_v/F_m），处理结束恢复 10d 时较 CK 相比 T1 显著降低 13%。德美亚 2 号的反应有所不同，弱光处理（T2）10d 的 F_v/F_m 与 CK 相比显著增加了 11%，20d 时略有增加，处理结束恢复 10d 时显著降低了 20%，与德美亚 1 号相似。两个品种对弱光胁迫的响应明显不同，一个对弱光反应敏感，另一个不敏感，但是弱光胁迫取消后玉米功能叶片的 F_v/F_m 显著降低却是一致的，其原因有待进一步研究。

实施胁迫措施后两个品种的光合速率均有不同程度的降低。弱光处理 10d 时（T1 和 T2）的光合速率较 CK 分别降低 63.8%、27.9%。

4. 弱光胁迫对根系形态指标及活力的影响

弱光胁迫显著影响玉米根系生长。德美亚 1 号弱光处理（T1）10d 的根系长度较 CK（T5）降低 30%，实际面积降低 52.4%，根尖数降低 32.0%，平均直径降低 25.9%（表 2-12）。德美亚 2 号对弱光（T2）反应与德美亚 1 号一致，其根系长度、根尖数、实际面积和平均直径分别较 CK（T6）降低 24.8%、19.3%、31.6%和 5.1%。

表 2-12　不同处理的玉米根系形态指标变化

时期	处理	长度/cm	实际面积/cm^2	根尖数	平均直径/cm
处理 10d	T1	1303b	54.0b	3429b	0.426c
	T5	1861a	112.9a	5045a	0.575a
	T2	1514b	74.1b	4164b	0.487b
	T6	2012a	108.3a	5157a	0.513a
处理 20d	T1	1575b	105.0b	3518b	0.802b
	T5	2609a	156.0a	5455a	0.821a
	T2	1553b	90.9b	3823b	0.749b
	T6	2362a	145.1a	4378a	0.777a
恢复 10d	T1	2190a	121.7b	4954a	0.751b
	T5	2461a	145.7a	5079a	0.782a
	T2	1278b	87.9b	3278b	0.682b
	T6	2870a	168.0a	6068a	0.771a

德美亚 1 号弱光处理（T1）20d 的根系长度较 CK 降低 39.6%，与 10d 相比抑制程度加剧，实际面积降低 32.6%，根尖数降低 35.5%，而平均直径降低 2.3%。德美亚 2 号弱光处理(T2)20d 的根系长度较 CK 降低 34.2%，实际面积降低 37.3%，与 10d 处理相比增加程度不大。根尖数降低 12.6%，平均直径降低 3.6%。

德美亚 1 号弱光处理（T1）结束恢复 10d 的根系长度较 CK 降低 11.0%，实际面积降低 16.5%，根尖数降低 2.5%，平均直径降低 3.9%，4 个指标均显示弱光胁迫取消后有显著恢复。德美亚 2 号弱光处理（T2）恢复 10d 时的根系长度较 CK 降低 55.5%，实际面积降低 47.7%，根尖数降低 45.9%，平均直径降低 11.6%，表明弱光的影响在持续，这与德美亚 1 号不同。

弱光导致两个品种的伤流量均有不同程度的降低。德美亚 1 号弱光处理（T1）10d 时的伤流量较 CK 降低 10.5%；处理 20d 时较 CK 降低 1.6%，弱光的影响未达到显著水平；处理结束恢复 10d 时较 CK 降低 34%，显示弱光处理的根系活力有恶化的趋势（表 2-13）。德美亚 2 号根系伤流量对逆境的反应与德美亚 1 号完全一致。处理结束恢复 10d 时较 CK 分别降低 45.3%，此时弱光处理的根系活力恶化。两个品种在弱光逆境解除 10d 后根系活力恶化的原因有待进一步研究。

表 2-13　弱光处理的玉米根系伤流量

处理	伤流量/g			伤流速率/（g/h）		
	处理 10d	处理 20d	恢复 10d	处理 10d	处理 20d	恢复 10d
T1	15.35a	18.39a	4.69b	1.28	1.53	0.39
T5	17.15a	18.67a	7.04a	1.43	1.56	0.59
T2	16.36a	16.87a	4.56c	1.36	1.16	0.38
T6	17.33a	15.55a	8.33a	1.44	1.30	0.69

2.4　环境因素对玉米穗分化及发育的影响

黑龙江省正常播种（4 月末到 5 月初）的玉米，在 6 月下旬拔节开始穗分化，7 月中旬抽雄，7 月下旬吐丝。如果前期温度偏高，吐丝期会早 2～3d，如果前期低温寡照，吐丝期会晚 3～5d，但不会拖到 8 月。为了探讨环境因素的影响，对不同熟期品种（早熟品种德美亚 1 号、中熟品种吉单 27 号和晚熟品种郑单 958）播期试验结果进行分析。

2.4.1　环境因素对玉米雄穗发育的影响

受光周期、温度和降水因素的影响，同一玉米品种随着播期的推迟，进入雄穗分化的时间提前。第 5 播期（6 月 22 日）比第 1 播期（4 月 24 日）缩短 25～30d（图 2-22）。其中，光周期是主要影响因素。

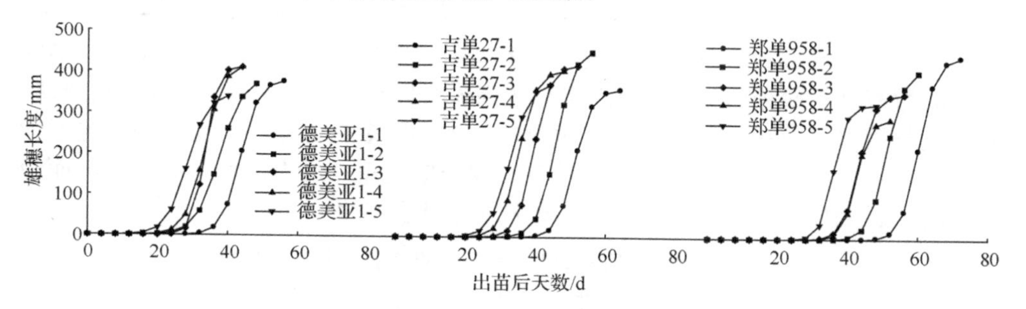

图 2-22　不同播期玉米雄穗生长动态

雄穗生长符合逻辑斯谛方程，正常播种的雄穗生长期长主要表现在前期缓慢和后期缓慢，而晚播的雄穗在这 2 个时期的时间明显缩短（表 2-14）。随着播期的推迟，3 个品种达到最大伸长速率的天数均表现为逐渐缩短的趋势，品种间表现为晚熟品种（46.49d）＞中熟品种（40.79d）＞早熟品种（35.26d）。就最大速率而言，早熟品种和中熟品种均表现为先升高后降低的趋势，在第 3 播期（5 月 24

日）达到最大，晚熟品种郑单 958 则表现出降低趋势；有效伸长期在不同品种间差异较大，早熟品种播期间波动较大，中熟品种播期间差异较小，而晚熟品种表现为逐渐减少的变化。早熟品种和中熟品种的平均生长速率呈现先升高后降低的趋势，分别在第 3 和第 4 播期达到最大，而晚熟品种不考虑第 5 播期的话呈现相似的规律，第 2 播期最大，从均值看品种间表现为早熟品种＞中熟品种＞晚熟品种。

表 2-14　不同熟期品种雄穗生长参数

品种	播期	有效伸长期/d	达到最大伸长速率的天数/d	最大伸长速率时的长度/mm	最大伸长速率/（mm/d）	平均伸长速率/（mm/d）
德美亚 1 号	4 月 24 日	15.25	43.58	189.42	37.27	6.86
	5 月 9 日	19.63	37.55	192.16	29.37	7.31
	5 月 24 日	10.20	33.46	205.55	60.45	9.96
	6 月 8 日	15.91	33.33	208.86	39.39	9.18
	6 月 22 日	17.30	28.39	172.56	29.93	8.29
吉单 27	4 月 24 日	14.40	51.15	180.93	37.69	5.82
	5 月 9 日	15.50	45.75	230.03	44.53	7.99
	5 月 24 日	13.66	39.35	210.27	46.17	8.44
	6 月 8 日	14.65	35.11	204.05	41.77	8.81
	6 月 22 日	16.35	32.61	188.80	34.65	8.37
郑单 958	4 月 24 日	14.43	60.12	223.42	46.46	6.28
	5 月 9 日	14.75	50.94	208.30	42.35	6.70
	5 月 24 日	13.47	43.05	177.54	39.55	6.66
	6 月 8 日	11.28	42.41	147.01	39.11	5.76
	6 月 22 日	11.07	43.58	189.42	37.27	7.42

雄穗生长参数和环境因素相关性分析显示（表 2-15），较少的降水量和较多的日照时数有利于雄穗的生长。降水量与达到最大伸长速率的天数、最大伸长速率、雄穗的长度多是负相关关系，日照时数与几个参数多是正相关关系，而积温增加对不同熟期品种影响不同，早熟品种有效伸长期变短，最大伸长速率加快，而晚熟品种伸长期增加，这与各自对温度条件要求不同有关。

表 2-15　环境因素与不同熟期品种雄穗生长参数的相关分析

品种	环境因素	达到最大伸长速率的天数/d	最大伸长速率时的长度/mm	最大伸长速率/（mm/d）	有效伸长期/d	平均伸长速率/（mm/d）
德美亚 1 号	积温	−0.14	−0.95*	−0.59	0.37	−0.50
	降水	−0.82	−0.55	−0.42	0.31	0.19
	日照	0.80	0.15	0.37	−0.36	−0.33
吉单 27	积温	0.36	−0.53	−0.02	−0.73	−0.5
	降水	−0.98**	0.06	−0.1	0.35	0.86
	日照	0.78	−0.03	0.4	−0.8	−0.61

续表

品种	环境因素	达到最大伸长速率的天数/d	最大伸长速率时的长度/mm	最大伸长速率/（mm/d）	有效伸长期/d	平均伸长速率/（mm/d）
郑单 958	积温	0.65	0.41	0.25	0.34	-0.51
	降水	-0.93*	-0.83	-0.17	-0.93*	0.45
	日照	0.85	0.66	0	0.8	-0.59

2.4.2 环境因素对玉米雌穗发育的影响

随着播期的推迟，进入雌穗分化的时间提前（图 2-23）。第 5 播期比第 1 播期缩短 25～30d。不同熟期品种间，早熟品种德美亚 1 号进入雌穗分化提前最多，而晚熟品种郑单 958 提前相对较少。

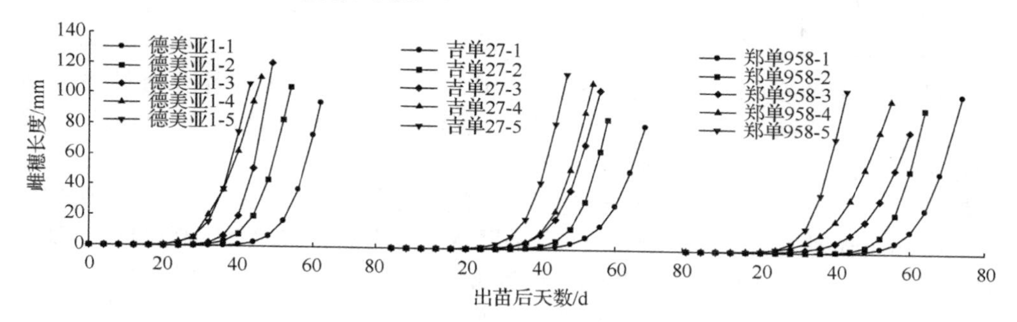

图 2-23　不同播期玉米雌穗生长情况

同一品种随着播期的推迟，有效伸长期、达到最大伸长速率的天数及活跃期呈现先减少后增加的趋势，第 3 播期所用时间最短，而平均伸长速率呈相反趋势。对于吉单 27 和郑单 958，其最大伸长速率时的长度呈现逐渐降低的趋势，吉单 27 各个播期分别下降 1.37mm、1.92mm、2.67mm、9.62mm，郑单 958 各个播期分别下降为 1.95mm、7.33mm、3.95mm、4.47mm。而对于德美亚 1 号而言，除第 2 播期外，其最大伸长速率时的长度呈现先升高后降低的趋势。对于不同品种而言，同一播期，有效伸长期和达到最大伸长速率的天数，为晚熟品种＞中熟品种＞早熟品种，平均伸长速率为早熟品种＞中熟品种＞晚熟品种（表 2-16）。

表 2-16　不同品种不同播期雌穗生长参数

品种	播期	有效伸长期/d	达到最大伸长速率的天数/d	最大伸长速率时的长度/mm	最大伸长速率/（mm/d）	活跃期/d	平均伸长速率/（mm/d）
德美亚 1 号	4 月 24 日	20.22	20.22	103.71	19.84	15.68	10.26
	5 月 9 日	17.96	17.86	99.07	14.06	21.15	11.03
	5 月 24 日	16.29	16.21	162.39	26.42	18.44	19.94
	6 月 8 日	17.93	17.93	105.81	21.77	14.58	11.80
	6 月 22 日	25.99	25.85	96.11	9.44	30.54	7.40

续表

品种	播期	有效伸长期/d	达到最大伸长速率的天数/d	最大伸长速率时的长度/mm	最大伸长速率/（mm/d）	活跃期/d	平均伸长速率/（mm/d）
吉单27	4月24日	27.90	27.79	87.57	8.53	30.80	6.28
	5月9日	21.80	21.62	86.20	9.47	27.32	7.91
	5月24日	20.60	20.51	85.65	11.09	23.17	8.32
	6月8日	21.48	21.45	84.90	12.77	19.95	7.91
	6月22日	18.71	18.58	77.95	10.27	22.77	8.33
郑单958	4月24日	30.03	30.02	92.63	12.63	22.00	6.17
	5月9日	25.68	25.58	90.68	9.53	28.55	7.06
	5月24日	24.60	24.57	85.30	11.10	23.05	6.93
	6月8日	26.97	26.97	88.68	12.96	20.53	6.58
	6月22日	25.53	25.47	88.16	10.16	26.03	6.91

环境因素的变化对玉米穗生长发育具有显著影响。相关性分析结果表明（表2-17），对于德美亚1号，生长速率与积温呈显著负相关性，与日均高温显著正相关，即在一定范围内，温度升高不利于早熟品种雌穗伸长；对于吉单27，吐丝期穗长与降水显著正相关，生长速率与日照及辐射显著负相关，在一定范围内，日照时间及辐射增加不利于雌穗生长，而降水增加有利于吉单27雌穗伸长；对于郑单958，吐丝期穗长与积温和辐射均显著负相关。进一步消除品种间差异，可知生长速率及吐丝期雌穗长均与积温、日照、辐射呈极显著负相关。因此，在一定范围内，温度过高、辐射过大、日照过多均不利于雌穗分化发育。

表2-17　环境因素与吐丝期雌穗长度及生长速率相关性分析

品种	参数	积温	降水	日照	辐射	日均高温	日均低温	温差
德美亚1号	吐丝期穗长	−0.82	0.46	−0.38	−0.64	0.81	0.62	0.16
	生长速率	−0.953*	0.53	−0.48	−0.78	0.946*	0.73	0.18
吉单27	吐丝期穗长	−0.27	0.918*	−0.71	−0.50	−0.28	0.76	−0.76
	生长速率	−0.76	0.54	−0.961**	−0.902*	−0.47	0.64	−0.87
郑单958	吐丝期穗长	−0.912*	−0.20	−0.55	−0.935*	−0.66	−0.82	−0.31
	生长速率	−0.34	0.40	−0.66	−0.66	−0.45	−0.15	−0.52
消除品种差异	吐丝期穗长	−0.670**	−0.02	−0.650**	−0.737**	−0.09	0.18	−0.27
	生长速率	−0.856**	−0.17	−0.686**	−0.895**	0.10	0.30	−0.14

2.4.3　拔节孕穗期弱光渍水对玉米穗发育的影响

拔节孕穗期德美亚1号弱光（T1）、渍水（T7）和弱光渍水（T3）处理的雌穗长度和雄穗长度比对照（T5）显著降低，其中T1、T3处理降低最明显，德美亚2号的相应处理（T2、T8、T4）结果与德美亚1号相似，影响规律一致（表2-18）。

表 2-18　不同处理的玉米雌穗和雄穗长度

处理	7月15日		7月25日		8月5日		8月15日	
	雌穗长/cm	雄穗长/cm	雌穗长/cm	雄穗长/cm	雌穗长/cm	雄穗长/cm	雌穗长/cm	雄穗长/cm
T1	0.2c	5.1c	0.5d	10.2c	1.5c	12.2c	3.2c	13.1c
T3	0.15d	7.2c	0.3c	12.1c	1.3d	13.1c	2.8d	14.2c
T5	0.5a	19.3a	1.0a	25.3a	4a	28.3a	7.8a	28.8a
T7	0.45b	15.1b	0.8b	20.1b	3.2b	23.1b	5.9b	25.1b
T2	0.40c	12.2c	1.0c	17.2d	2.5c	18.2	5.2b	18.1c
T4	0.3d	10.1d	0.9d	15.1c	1.8d	16.3	3.4d	16.2c
T6	0.6a	25.3a	1.6a	30.3a	6.1a	35.1	9.3a	36.7a
T8	0.5b	20.1b	1.2b	25.4b	4.2b	27.2	6b	27.3b

德美亚1号弱光（T1）、渍水（T7）和弱光渍水（T3）处理的抽雄率和散粉率显著降低，其中T1、T3处理散粉率降低最明显，德美亚2号相应处理（T2、T8、T4）的抽雄率和散粉率降低趋势与德美亚1号相似（表2-19）。

表 2-19　不同处理的玉米穗发育情况

日期	处理	总株	抽雄	散粉	吐丝	抽雄率/%	散粉率/%	吐丝率/%
7月26日	T1	14	1	0		7.14	0.00	0.00
	T3	14	2	1		14.29	7.14	0.00
	T5	14	3	0		21.43	0.00	0.00
	T7	16	2	0		12.50	0.00	0.00
	T9	14	3	1		21.43	7.14	0.00
	T11	14	1	0		7.14	0.00	0.00
	T2	14	4	2		28.57	14.29	0.00
	T4	14	2	1		14.29	7.14	0.00
	T6	14	8	0		57.14	0.00	0.00
	T8	16	2	1		12.50	6.25	0.00
	T10	14	4	1		28.57	7.14	0.00
	T12	14	5	2		35.71	14.29	0.00
8月3日	T1	14	13	5	2	92.86	35.71	14.29
	T3	14	7	6	1	50.00	42.86	7.14
	T5	14	14	14	5	100.00	100.00	35.71
	T7	16	15	15	1	93.75	93.75	6.25
	T9	14	10	6	3	71.43	42.86	21.43
	T11	14	14	7	4	100.00	50.00	28.57
	T2	14	13	9	9	92.86	64.29	64.29

续表

日期	处理	总株	抽雄	散粉	吐丝	抽雄率/%	散粉率/%	吐丝率/%
8月3日	T4	14	8	5	7	57.14	35.71	50.00
	T6	14	13	13	9	92.86	92.86	64.29
	T8	16	16	16	0	100.00	100.00	0.00
	T10	14	13	8	10	92.86	57.14	71.43
	T12	14	12	7	5	85.71	50.00	35.71

德美亚 1 号弱光（T1）、渍水（T7）和弱光渍水（T3）处理的穗粒数较 CK 分别降低 59.3%、32.2%和 68.0%，表明弱光对穗粒数的影响明显大于渍水；百粒重较 CK 分别降低 41.2%、30.4%、22.7%，表明弱光的影响明显大于渍水；产量较 CK 分别降低 68.8%、60.0%、75.4%，表明弱光对产量的影响明显大于渍水，且二者有一定的互作。德美亚 2 号弱光（T2）、渍水（T8）和弱光渍水（T4）处理的穗粒数较 CK 分别降低 32.9%、42.9%、43.1%，渍水的影响稍大于弱光，这与德美亚 1 号不同；百粒重较 CK 分别降低 37.9%、28.9%、50.1%，弱光对粒重的影响大于渍水；产量较 CK 分别降低 43.1%、54.4%、61.8%，表明胁迫处理后德美亚 2 号产量显著降低，渍水的影响大于弱光，而二者有一定的互作。处理 10d 结束时，单独取出 4 个处理跟踪调查，德美亚 1 号弱光（T9）、德美亚 1 号弱光渍水（T11）穗粒数较 CK 分别降低 53.5%和 52.5%，百粒重较 CK 分别降低 11.5%和 15.4%，产量较 CK 分别降低 59.8%和 58.8%。德美亚 2 号弱光（T10）、德美亚 2 号弱光渍水（T12）穗粒数较 CK 分别降低 37.8%和 50.5%，百粒重较 CK 分别降低 18.1%和 21.3%，产量较 CK 分别降低 48.2%和 55.9%。受胁迫影响各产量因素的下降趋势与 20d 处理相同，但下降幅度较低，说明胁迫时间越长，植株受到的影响越严重（表 2-20）。

表 2-20　不同处理的产量及构成因素

处理	穗粒数	百粒重/g	空杆率/%	单株产量/g	减产率/%
T1	168	15.3	70	28.52c	68.8
T3	132	20.1	70	22.58d	75.4
T5	413	26.0	0	91.58a	0.0
T7	280	18.1	40	36.63b	60.0
T2	263	17.8	40	43.91b	43.1
T4	223	14.3	40	29.50c	61.8
T6	392	28.7	0	77.29a	0.0
T8	224	20.4	20	35.20b	54.4
T9	192	23.0	60	36.80b	59.8
T10	244	23.5	30	40.05b	48.2
T11	196	22.0	20	37.76b	58.8
T12	194	22.6	60	34.08b	55.9

2.4.4 吐丝前后环境因素对穗粒数的影响

吐丝前后 1 个月（前后各 15d）是玉米雌穗小花发育、授粉与籽粒败育的关键时期，利用东北农业大学香坊试验站的定点试验结果，建立郑单 958 穗粒数与吐丝前后各 15d 环境因素的逐步回归方程，得到 $Y = 646.53 - 0.0118X_2^2 + 0.0019X_1X_2$，$R = 0.998$，$F$ 值为 17.1，显著水平 $P = 0.054$，当积温（X_1）和降水（X_2）分别在 796.2℃和 106.9mm 时，获得最大穗粒数 673。日照时数没有纳入回归方程，说明其变化对穗粒数影响很小。

通过图 2-24 可知，此期间降水量处在试验范围的最小值和最大值时，积温与穗粒数呈线性关系，即随着积温的增加，穗粒数增加，且在降水最小值时最大积温下穗粒数最多；降水与穗粒数呈二次抛物线关系，随着降水量的增加，穗粒数减少，在积温最大值和最小值间差异不明显。由此可知，郑单 958 在吐丝前后各 15d 内，降水对穗粒数影响最大，降水量偏多（105～165mm）不利于穗粒数增加，其次是积温的影响，较高的积温对穗粒数有利。

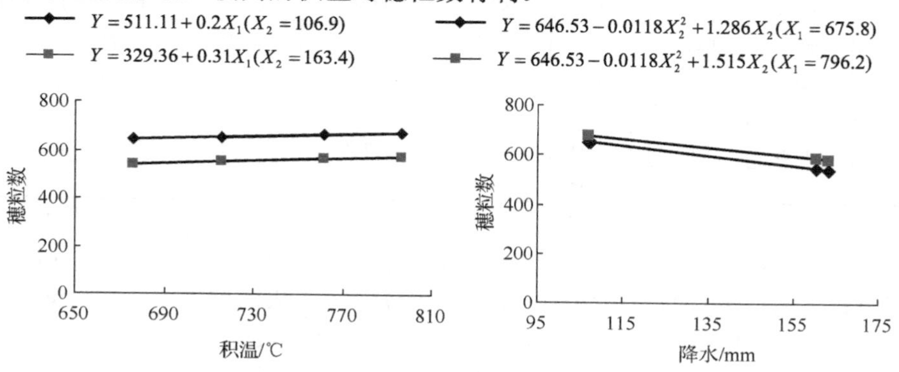

图 2-24　郑单 958 吐丝前后 15d 环境因素与穗粒数的关系

2.5 环境因素对玉米籽粒灌浆特性的影响

2.5.1 基于播期试验的粒重、籽粒灌浆参数和环境因素相关性分析

早熟品种德美亚 1 号的粒重与积温呈正相关，与辐射及饱和水气压差呈显著正相关，而与降水呈负相关；中熟品种吉单 27 粒重与积温、辐射均呈显著正相关，而与饱和水气压差及降水呈正相关，但并不显著；晚熟品种郑单 958 粒重与积温、日均高温、辐射均呈显著正相关，与日均低温、降水均呈负相关（表 2-21）。对于籽粒灌浆参数与环境因素的关系，3 个不同熟期品种的最大灌浆速率和平均灌浆

速率与积温、辐射及饱和水气压差均呈显著正相关（吉单 27 与饱和水气压差呈正相关，但不显著）。此外，对于早熟品种德美亚 1 号，最大灌浆速率和平均灌浆速率与日均高温、日均低温均呈显著正相关；而对于吉单 27 和郑单 958，最大灌浆速率和平均灌浆速率与日均高温、日均低温均呈正相关，但并不显著，即温度较高有利于提高籽粒灌浆速率。因此，可以明确从吐丝到成熟期间的积温、辐射和饱和水气压差是影响籽粒灌浆的主要环境因素。

表 2-21　环境因素与籽粒灌浆参数相关性

品种	参数	降水	积温	辐射	饱和水气压差	日均高温	日均低温	温差
德美亚 1 号	KW	−0.46	0.49	0.755*	0.811**	0.565	0.437	0.032
	Wmax	0	0.33	0.452*	0.11	0.307	0.217	0.088
	Gmax	0.1	0.792**	0.722**	0.602**	0.743*	0.704*	−0.419
	Gmean	0.1	0.792**	0.722**	0.602**	0.743*	0.704*	−0.419
吉单 27	KW	0.23	0.711*	0.911**	0.69	0.372	0.243	0.281
	Wmax	−0.4	0.17	0.39	0.51	0.239	0.175	0.112
	Gmax	0.03	0.841**	0.707*	0.53	0.703	0.572	0.117
	Gmean	0.02	0.841**	0.707*	0.53	0.703	0.571	0.117
郑单 958	KW	−0.48	0.905*	0.877*	0.41	0.868*	0.748	−0.140
	Wmax	0.5	0.69	0.803*	0.46	0.296	0.671	−0.955**
	Gmax	−0.05	0.916**	0.923**	0.867**	0.791	0.670	−0.100
	Gmean	−0.05	0.916**	0.923**	0.867**	0.793	0.671	−0.100

注：KW 为粒重；Wmax 为最大灌浆速率时的粒重；Gmax 为最大灌浆速率；Gmean 为平均灌浆速率。

进一步分析不同阶段下环境因素对灌浆速率的影响，籽粒灌浆前期（前 30d）环境因素与灌浆参数的相关分析显示：德美亚 1 号最大灌浆速率、平均灌浆速率与前期积温和总辐射呈显著正相关（0.693*、0.712*，0.693*、0.712*），灌浆活跃期与前期积温及温差呈负相关；吉单 27 最大灌浆速率、平均灌浆速率与前期积温、日均高温、日均低温均呈显著正相关（0.901**、0.802*、0.940**，0.901**、0.801*、0.940**），但灌浆活跃期与前期积温、日均高温、日均低温、饱和水气压差呈显著负相关（−0.938**、−0.863**、−0.948**，−0.781*）；晚熟品种郑单 958 最大灌浆速率、平均灌浆速率与降水、积温、辐射均呈正相关，达到最大灌浆速率时间、灌浆活跃期与降水呈显著负相关（−0.946**、−0.914**）（表 2-22）。

籽粒灌浆后期（后 20d）环境因素与灌浆参数的相关分析显示：德美亚 1 号最大灌浆速率、平均灌浆速率与日均高温、日均低温呈显著正相关（均为 0.685*和 0.674*），灌浆活跃期与日均低温呈显著负相关（−0.637*）；吉单 27 最大灌浆速率、平均灌浆速率与后期积温和饱和水气压差呈显著正相关（均为 0.727*和 0.745*）；郑单 958 最大灌浆速率、平均灌浆速率与日均高温呈显著正相关（0.907*、0.907*），达到最大灌浆速率时间、灌浆活跃期与降水呈显著正相关（0.978**、0.896*）。三个不同品种的后期温差与粒重呈负相关，即后期低温不利于增大籽粒粒重。

表 2-22　不同阶段下环境因素与籽粒灌浆参数相关性

品种	参数	前期（前30d）							后期（后20d）						
		降水	积温	辐射	饱和水气压差	日均高温	日均低温	温差	降水	积温	辐射	饱和水气压差	日均高温	日均低温	温差
德美亚1号	Gmax	−0.086	0.693*	0.712*	0.570	0.517	0.278	0.567	0.031	0.540	0.166	0.324	0.685*	0.674*	−0.544
	Gmean	−0.086	0.693*	0.712*	0.570	0.516	0.278	0.567	0.030	0.540	0.166	0.324	0.685*	0.674*	−0.543
	Tmax	0.254	−0.165	0.023	0.282	−0.008	0.093	−0.293	−0.259	0.540	0.586	0.497	0.117	−0.004	0.129
	P	0.218	−0.504	−0.611	−0.308	−0.336	−0.128	−0.524	−0.208	−0.448	−0.029	−0.201	−0.605	−0.637*	0.557
吉单27	Gmax	0.563	0.901**	0.433	0.693	0.802*	0.940**	0.222	−0.509	0.727*	0.536	0.745*	0.661	0.543	−0.172
	Gmean	0.563	0.901**	0.433	0.693	0.801*	0.940**	0.222	−0.509	0.727*	0.536	0.745*	0.661	0.543	−0.171
	Tmax	−0.016	0.364	0.194	−0.121	0.341	0.390	0.115	0.231	0.634	0.355	0.355	0.256	0.468	−0.466
	P	−0.405	−0.938**	−0.457	−0.781*	−0.863**	−0.948**	−0.355	0.455	−0.584	−0.307	−0.571	−0.693	−0.639	0.287
郑单958	Gmax	0.129	0.418	0.394	0.045	0.371	0.293	0.138	−0.187	0.039	−0.020	0.668	0.907*	0.801	−0.266
	Gmean	0.129	0.419	0.394	0.047	0.373	0.295	0.139	−0.186	0.039	−0.020	0.668	0.907*	0.801	−0.266
	Tmax	−0.946**	0.080	0.791	−0.197	0.248	−0.616	0.933**	0.978**	0.949**	0.895*	0.434	−0.351	0.334	−0.875*
	P	−0.914*	0.108	0.546	0.099	0.302	−0.403	0.775	0.896*	0.691	0.680	−0.060	−0.612	0.030	−0.685

注：Tmax 为达到最大灌浆速率的时间；P 为灌浆活跃期。

在对不同熟期品种的粒重进行归一化处理的基础上，选用降水、积温、辐射、平均灌浆速率、灌浆活跃期作为影响最终粒重的因素，在定性分析的基础上，运用 AMOS 软件，构建最终粒重影响因素结构方程模型，综合分析各个影响因素对粒重的影响程度（图 2-25）。模型卡方值为 33.408，其显著性为 0.000，假设模型通过。各影响因素对最终粒重影响系数的绝对值代表影响程度的大小，正负代表影响的方向。分析表明，积温对平均速率及灌浆活跃期的回归权重分别为 0.76 和 −0.84，因此，积温是灌浆速率及灌浆时间的主要影响因素。同时，平均速率对最终粒重的回归权重为 0.87，因此平均灌浆速率又是影响最终粒重的主要因素。

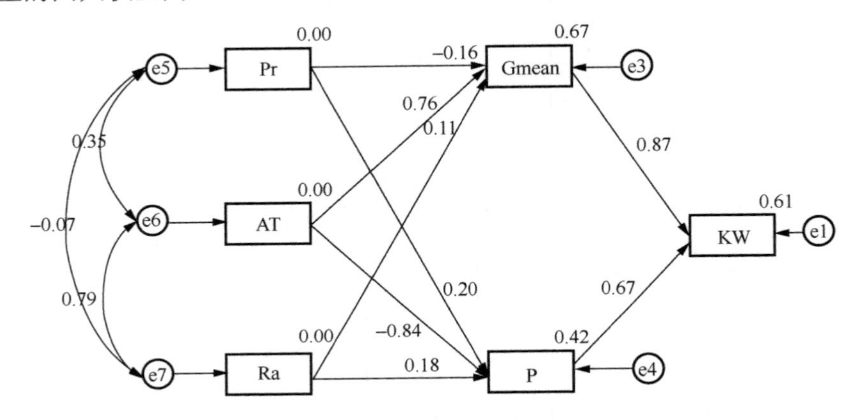

Pr—降水；AT—积温；Ra—辐射；Gmean—平均灌浆速率；P—灌浆活跃期；KW—粒重。

图 2-25　粒重影响因素结构方程模型

为进一步定量分析吐丝期到成熟期的降水、积温和辐射与最终粒重的关系，设置降水为 X_1，积温为 X_2，辐射值为 X_3，对三个不同熟期品种进行了二次多项式回归分析。如图 2-26 所示，德美亚 1 号得到方程 $Y = 7002.2 - 10.123X_1 + 1.945X_2 - 18.0344X_3 - 0.0277X_1^2 - 0.004X_2^2 + 0.0129X_3^2 + 0.0236X_1X_2$，当降水为 233.1mm，积温为 922.3℃，辐射为 818.2MJ/m^2 时，粒重取得最大值。对此方程进行降维处理可知，在试验范围内随着降水的增加，粒重近似线性降低；随着积温的增大，粒重先不变后近似线性减少；随着辐射增加，粒重则是先略有减小后迅速增大。吉单 27 得到方程 $Y = -1826.9 + 4.807X_3 + 0.02954X_1^2 - 0.0005X_2^2 - 0.0201X_1X_3 + 0.0013X_2X_3$，当降水为 213.7mm，积温为 1036.8℃，辐射为 861.1MJ/m^2 时，粒重可获得最大值。降维处理后可知，随着降水的增加，粒重逐渐降低，而随着积温的增大，粒重先增大后减小，而辐射值每增大 100MJ/m^2，粒重增大 189.5mg。郑单 958 得到方程 $Y = 176.3 - 0.000782X_1X_3 + 0.00026X_2X_3$，当降水为 241.9mm，积温为 1091.5℃，辐射为 766.5MJ/m^2，可获得粒重最大值。降维处理后可知，每增大 100mm、100℃或 100MJ/m²，粒重分别降低 59.9mg、增大 19.9mg 或 9.5mg。

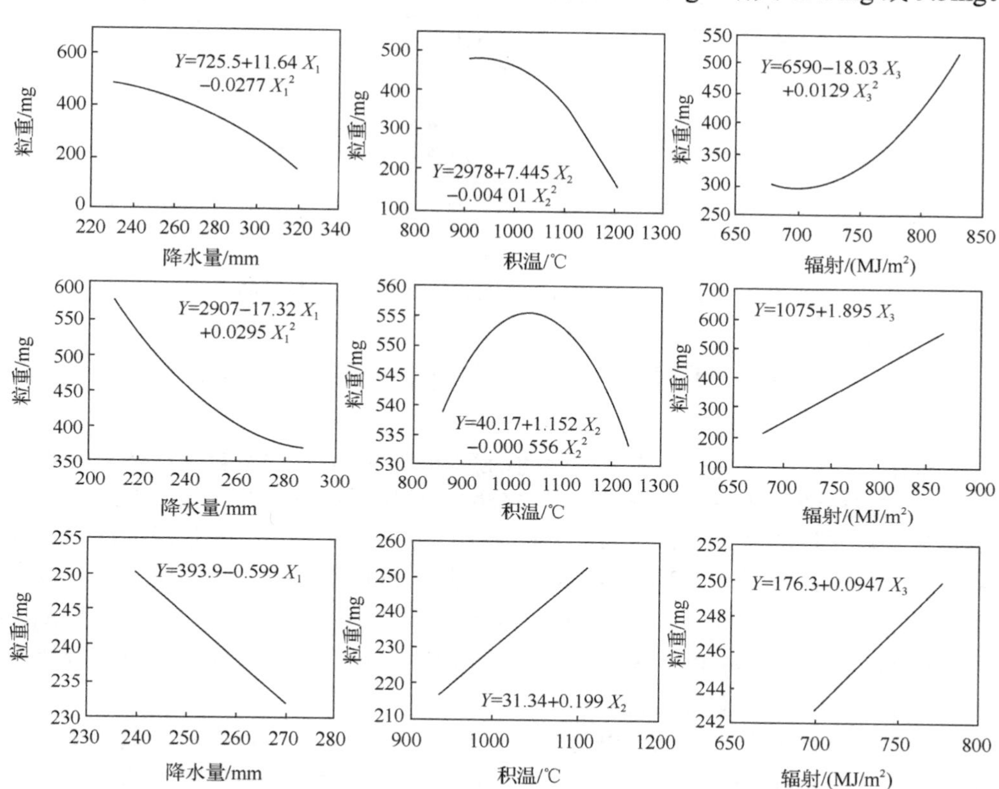

图 2-26　环境因素与粒重二次多项式回归分析图

注：从上至下分别为德美亚 1 号、吉单 27、郑单 958。

综上，粒重随降水增加呈下降趋势，随辐射的增加呈上升的趋势，而随积温的增加呈抛物线变化，其中晚熟品种显示了前半程，早熟品种显示了后半程，这由品种遗传特性决定。

2.5.2　基于年度试验的灌浆中期环境因素与粒重的关系

利用多年定点试验数据建立郑单 958 百粒重与吐丝后 15～40d 环境因素的逐步回归方程，得到 $Y = -32.56 + 0.115X_1 - 0.00016X_2^2$，$R^2 = 0.999$，$F$ 值为 1209.5，显著水平 $P = 0.02$，当积温（X_1）和降水（X_2）分别为 588.3℃和 60.3mm 时，获得最大百粒重 34.61g。

降维处理后可知，随着积温的上升，郑单 958 的百粒重增加，在降水处于最大值和最小值时，产量增加幅度相当；降水量与百粒重呈二次抛物线关系，随着降水量的增加，百粒重呈下降趋势（图 2-27）。

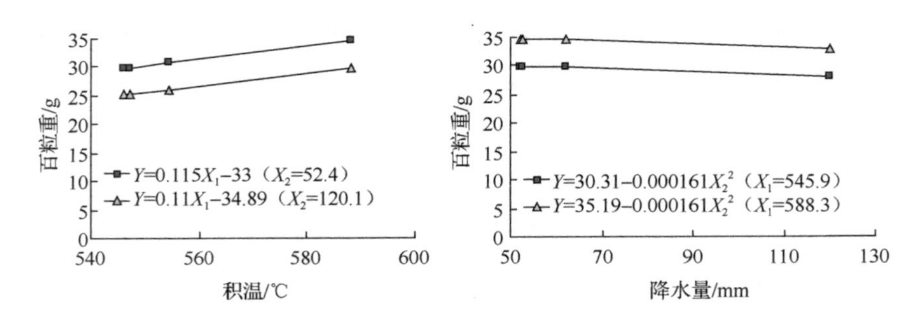

图 2-27　郑单 958 吐丝后 15～40d 环境因素与百粒重的关系

2.6　环境因素对玉米籽粒产量的影响

玉米植株的生长是一个连续变化的动态过程，因为不同生育时期环境因素的不同，使植株的叶面积、干物质积累与分配、穗发育等方面产生很大的差异，最终导致籽粒产量的显著差异。为了分析环境因素对玉米籽粒产量形成的影响，以郑单 958 全生育期积温（X_1）、降水（X_2）和日照时数（X_3）为自变量，籽粒产量为因变量进行逐步回归分析，获得方程 $Y = 20\,728.4 - 0.109X_3^2 + 0.007\,57X_2X_3$，$R = 0.995$，$F$ 值为 59.32，显著水平达到 0.10。在降水量为 519mm、日照时数为 911h 时，可以获得产量 15 233t/hm^2。

积温没有纳入上述方程，说明在试验的这几年积温变化没有对产量的变化产生影响。降维分析表明（图 2-28），当日照时数处在试验范围内的最小值和最大值时，降水量与籽粒产量均呈线性关系，且随着降水的增加，籽粒产量逐渐增大；当降雨量一定时，随着日照时数的增加，籽粒产量迅速下降，日照时数与籽粒产量呈二次曲线关系。由此分析可知，在哈尔滨地区郑单 958 对水分需求较高，而对日照时数要求不高，积温可以满足要求。

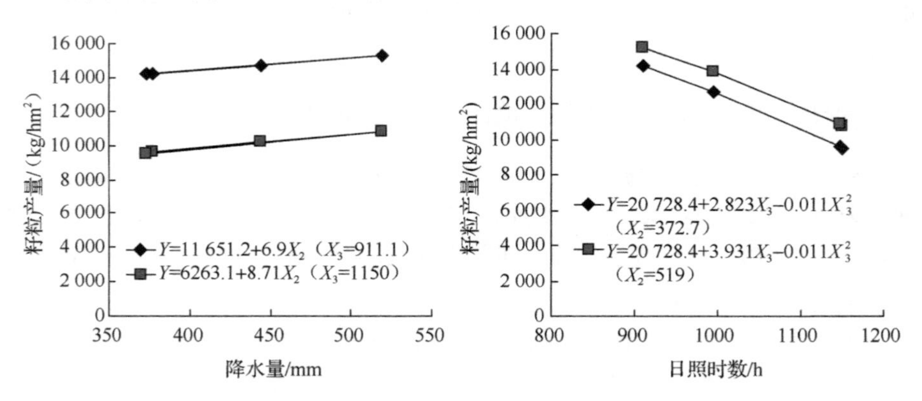

图 2-28　郑单 958 年际间全生育期环境因素与产量的关系

用同样的方法获得先玉 335 籽粒产量与全生育期积温（X_1）、降水（X_2）、日照时数（X_3）的回归方程：$Y = 17\ 556.13 + 0.018X_2^2 - 0.0083X_3^2$，$R = 0.9977$，$F$ 值为 107.89，显著水平达到 0.067。在降水量 519mm、日照时数 911h 时，可以获得产量 15 641t/hm^2。

积温没有纳入上述方程，这与郑单 958 一致。由图 2-29 可以看到，在玉米全生育期内，降水量与籽粒产量呈二次曲线关系，随着降水的增加，籽粒产量呈增大趋势，在日照最小值时，产量最高。日照时数与籽粒产量呈近似线性的二次曲线关系，试验范围内随着日照时数的增加，产量呈现下降趋势，在降水量最大值处取得籽粒产量的最高值。由此分析可知，在哈尔滨地区先玉 335 对水分需求较高，而对日照时数要求不高，这也与试验年份内日照时数充足有关，积温可以满足要求，换言之，在生育期内雨水较多年份的产量较高。

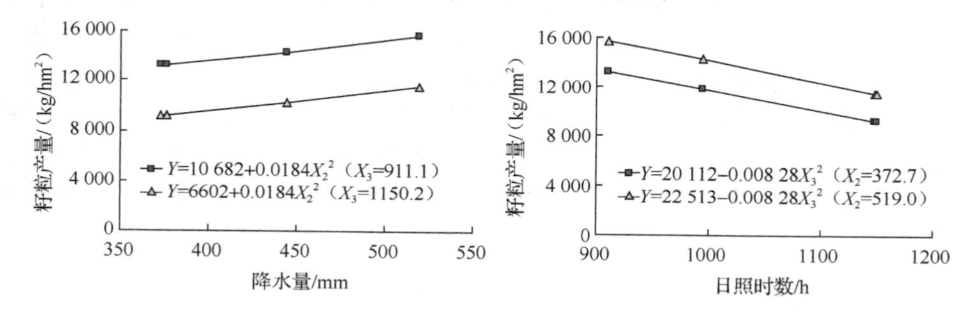

图 2-29　先玉 335 年际间全生育期环境因素与产量的关系

第3章　寒地玉米的营养生理与施肥

3.1　氮、磷、钾积累与分配规律

3.1.1　不同品种玉米氮、磷、钾积累与分配规律

氮、磷、钾是玉米生长及高产所必需的主要营养元素，研究我国东北地区不同类型玉米的氮、磷、钾积累规律，可为指导黑龙江省今后玉米的高产栽培提供依据。本节选择了6个杂交种：高油玉米春油1号和5号，优质玉米长单58，高淀粉玉米四单19和海玉9号，以及高产普通玉米DH808，在东北农业大学香坊试验站进行田间试验，种植密度为52 500株/hm^2，施用磷酸二铵做种肥375kg/hm^2，6月下旬追施尿素300kg/hm^2，其他管理同大田生产。在不同生育期取样，烘干粉碎后采用浓硫酸-过氧化氢消煮法，氮、磷、钾含量的测定方法分别为半微量凯氏定氮法、钒钼黄比色法和火焰光度计法，并计算各个器官和全株氮、磷、钾的积累量。

1. 玉米植株氮含量变化及单株积累与分配规律

除了海玉9号苗期氮素含量低于拔节期外（这可能与其种子瘦小、含氮少、苗势弱、吸氮力低有关），其他品种氮含量的变化趋势，均随着生育期的推延逐渐降低，苗期多为3%～3.5%，开花期在1.5%以上，到完熟期降到1%左右。品种间略有差异，高淀粉的海玉9号和四单19的氮含量略低于其他品种（图3-1）。品种间氮素积累的趋势也完全相同，用逻辑斯谛方程拟合的F值均达到极显著水平（表3-1），即随着生育期的推延，单株氮素积累逐渐增加，拔节到大口阶段增加最快。品种间差异较大，其中海玉9号由于含量略低，特别是生物量低于其他品种，其单株的氮素积累明显偏低。

表3-1　不同品种玉米氮素积累动态

品种	方程	F 值	P	V_{max}	T_{max}	VT
春油1号	$Y=3.433/(1+e^{5.804-0.0954X})$	250.6	0.0001	0.082	60.8	0.041
春油5号	$Y=3.284/(1+e^{5.804-0.1003X})$	131.6	0.0002	0.082	57.9	0.042
四单19	$Y=3.340/(1+e^{5.428-0.0932X})$	161.9	0.0002	0.078	58.2	0.039
海玉9号	$Y=2.847/(1+e^{5.640-0.0907X})$	234.7	0.0002	0.065	62.2	0.033
DH808	$Y=3.041/(1+e^{6.161-0.1084X})$	551.0	0.0000	0.082	56.8	0.042
长单58	$Y=3.699/(1+e^{4.354-0.0716X})$	50.0	0.0015	0.066	60.8	0.034

寒地玉米的氮素积累速率呈单峰变化，尽管品种的熟期不相同，最大值均出现在生育中期（出苗后 60d）；但是积累速率在品种间还是有较大差异：其中海玉 9 号和长单 58 明显低于其他 4 个品种，海玉 9 号的前期积累速率始终小于其他品种，长单 58 氮素积累速率的变化最为平缓，前期和后期均最大，而中期偏小；四单 19 的氮素积累速率也比 2 个高油和普通玉米略低。

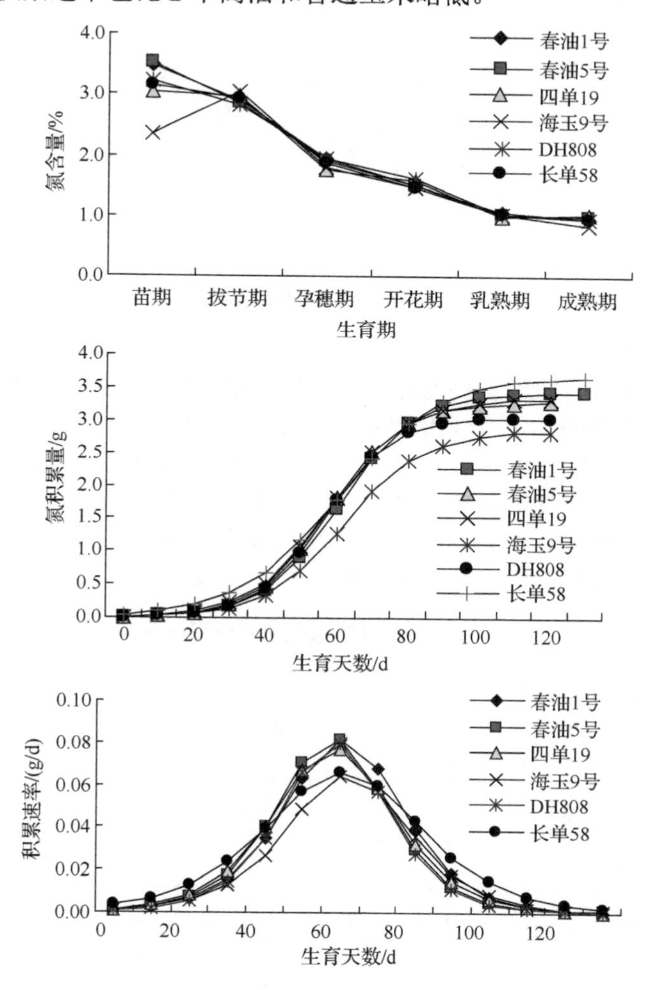

图 3-1　不同品种玉米植株氮含量、单株氮积累量及积累速率动态

在大口孕穗期，玉米的氮素在叶片和茎鞘间的分配接近，平均为 50.7%和 49.3%；到了开花散粉期，由于雌穗的生长，叶片和茎鞘的氮含量均有所下降，叶片仍然最高，三者分别为 45.2%、42.7%和 12.1%；到了乳熟期，叶片和茎鞘的氮含量显著下降，而雌穗的氮含量明显增加并超过叶片，三者分别为 34.5%、20.0%和 45.5%，到了完熟期，叶片和茎鞘的氮含量进一步下降，而雌穗的氮含量进一

步增加，三者分别为 19.8%、16.2%和 64.1%（图 3-2）。

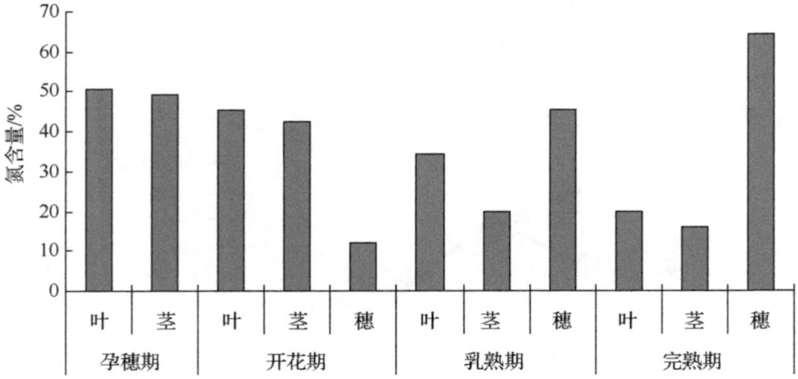

图 3-2　玉米氮素分配

氮素分配比例在不同品种间存在一定差异。在大口孕穗期，高淀粉品种四单 19 和海玉 9 号的叶片氮比例略低而茎鞘氮比例略高；在开花散粉期，DH808 和长单 58 的叶片氮比例明显高于其他品种，而海玉 9 号明显低于其他品种，其雌穗氮比例最高，这也与其熟期短有关；在乳熟期，DH808 的叶片和雌穗氮比例最高而茎鞘最低，春油 1 号的茎鞘氮比例最高而雌穗氮比例最低；在完熟期，2 个高淀粉玉米和高产普通玉米 DH808 雌穗氮比例明显高于其他高油和高赖氨酸品种，而茎鞘和叶片氮比例低于其他品种（表 3-2）。

表 3-2　不同品种玉米氮素分配比例　　（单位：%）

时期	器官	春油 1 号	春油 5 号	四单 19	海玉 9 号	DH808	长单 58
孕穗期	叶片	53.0	50.5	48.0	49.3	51.7	51.8
	茎鞘	47.0	49.5	52.0	50.7	48.3	48.2
开花期	叶片	44.3	44.4	45.5	31.6	49.9	55.6
	茎鞘	47.4	40.0	44.0	50.4	36.7	37.7
	雌穗	8.3	15.7	10.4	17.9	13.4	6.6
乳熟期	叶片	36.5	29.0	32.9	33.9	37.9	36.6
	茎鞘	29.1	22.2	17.8	19.7	10.6	20.5
	雌穗	34.3	48.8	49.3	46.3	51.5	42.9
成熟期	叶片	24.7	19.3	17.2	17.8	18.7	21.0
	茎鞘	18.2	17.2	12.0	15.4	14.2	20.0
	雌穗	57.1	63.5	70.8	66.8	67.1	59.0

2. 玉米植株磷含量变化及单株积累与分配规律

玉米对磷素的需求明显低于氮素，其含量多数为 0.5%～0.9%，在生育中期有一个高峰，在大口期（如春油 1 号、长单 58 和 DH808）或吐丝期（如春油 5 号、四单 19 和海玉 9 号）至收获期又有所增加，显示后期积累较多。玉米单株磷素积累持续增加，其积累过程可以用逻辑斯谛方程描述（表 3-3）。多数品种最终的单株积累量为 2～3g，但是长单 58 的后期积累明显超过其他品种，显示后期需要的磷素较多。寒地玉米的磷素积累率在品种间存在差异，有的是前期较快后期降低呈单峰曲线变化，有的是前期缓慢增加，后期持续增加表现为指数增长，显示品种间对磷素需求不同（图 3-3）。

表 3-3　不同品种玉米磷素积累动态

品种	方程	F 值	P	V_{max}	T_{max}	VT
春油 1 号	$Y=1.997/(1+e^{4.519-0.0610X})$	106.3	0.0003	0.082	60.8	0.041
春油 5 号	$Y=2.045/(1+e^{5.340-0.0770X})$	57.2	0.0011	0.082	57.9	0.042
四单 19	$Y=2.758/(1+e^{3.932-0.0440X})$	62.6	0.0010	0.078	58.2	0.039
海玉 9 号	$Y=9.187/(1+e^{4.592-0.0279X})$	39.0	0.0024	0.065	62.2	0.033
DH808	$Y=11.122/(1+e^{4.583-0.0278X})$	49.0	0.0015	0.082	56.8	0.042
长单 58	$Y=3628.9/(1+e^{10.782-0.0299X})$	30.6	0.0038	0.066	60.8	0.034

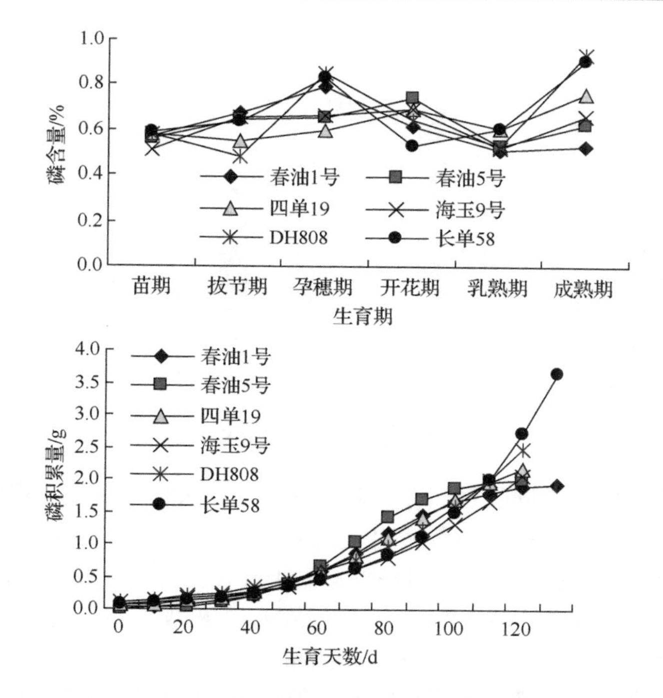

图 3-3　不同玉米植株磷含量和单株积累变化规律

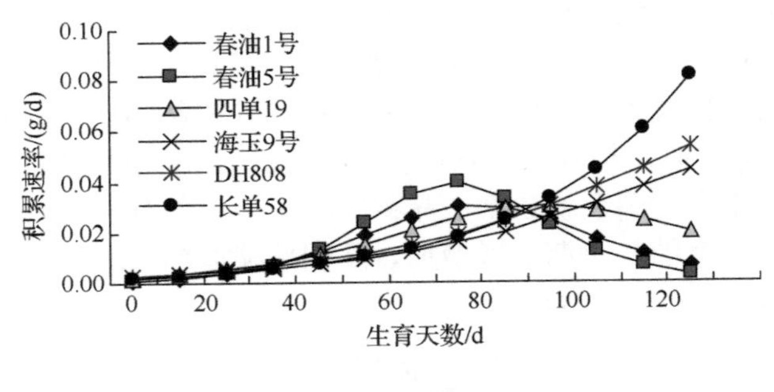

图 3-3　（续）

在大口孕穗期，玉米的磷素更多地分配到茎鞘中，叶片与茎鞘的磷含量平均为 37.3%和 62.7%；到了开花散粉期，由于雌穗的生长，叶片和茎鞘的磷含量均有所下降，茎鞘的磷含量仍然最高，三者分别为 33.8%、57.4%和 8.8%；到了乳熟期，叶片和茎鞘的磷含量比例显著下降，而雌穗的磷含量明显增加并超过茎鞘，三者分别为 16.0%、33.9%和 50.1%；到了完熟期，叶片和茎鞘的磷含量进一步下降，而雌穗的磷含量进一步增加，三者分别为 11.8%、18.2%和 70.0%（图 3-4）。

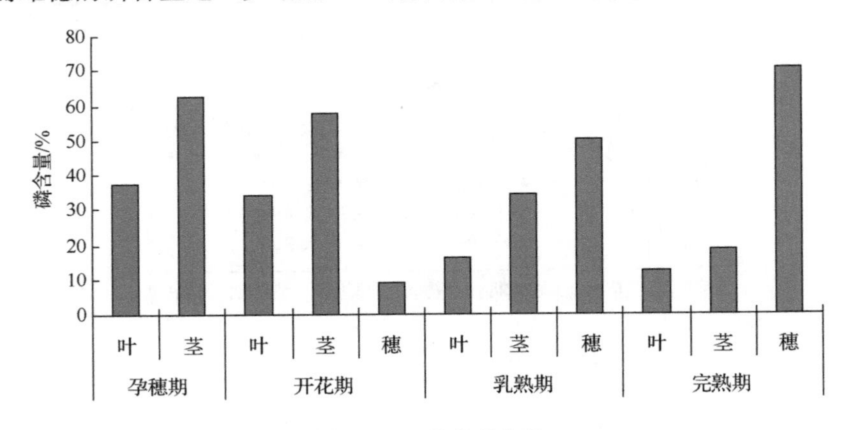

图 3-4　玉米磷素分配

磷素分配比例在不同品种间存在明显差异。在大口孕穗期，春油 5 号的叶片磷比例明显高于其他品种，而茎鞘明显低于其他品种；在开花散粉期，春油 5 号的叶片磷比例低于其他品种，而 DH808 高于其他品种，DH808 茎鞘磷比例低于其他品种，海玉 9 号雌穗磷比例高于其他品种；乳熟期四单 19 的叶片磷比例低于其他品种，海玉 9 号茎鞘磷比例低于其他品种而雌穗磷比例高于其他品种；完熟期 2 个高油玉米的叶片磷比例明显高于其他品种，DH808 的茎鞘和叶片磷比例低于其他品种，而雌穗磷比例高于其他品种（表 3-4）。

表 3-4　不同品种玉米磷素分配比例　　（单位：%）

时期	器官	春油 1 号	春油 5 号	四单 19	海玉 9 号	DH808	长单 58
孕穗期	叶片	36.8	43.4	34.0	36.4	35.8	37.7
	茎鞘	63.2	56.6	66.0	63.6	64.2	62.3
开花期	叶片	33.5	30.3	35.3	32.7	36.3	34.7
	茎鞘	59.0	59.7	56.2	56.4	53.9	59.2
	雌穗	7.5	10.0	8.5	10.9	9.8	6.1
乳熟期	叶片	17.5	15.8	13.0	18.0	16.8	15.1
	茎鞘	38.3	30.0	34.6	21.1	31.2	47.9
	雌穗	44.2	54.1	52.5	61.0	52.0	37.0
完熟期	叶片	16.9	13.3	10.5	10.1	9.1	10.8
	茎鞘	23.0	16.7	22.1	14.9	8.6	24.3
	雌穗	60.1	70.0	67.4	75.0	82.3	64.9

3. 玉米植株钾含量变化及单株积累与分配规律

随着玉米的生长发育，其植株钾素相对含量大体呈逐渐下降的趋势，由苗期的 2%左右降到完熟期的 1%以下（图 3-5）。但是品种间存在差异：DH808 和春油 1 号分别在拔节期和大口期有一个峰值，其他品种则在苗期最高，大口期后所有品种的钾含量均迅速下降，到完熟期最低。生育后期春油 1 号钾含量最高，而海玉 9 号最低，其他品种接近。所以品种的钾素积累随着玉米生长而增加，特别是在拔节期至大口期迅速增加，此后品种间表现略有不同，春油 1 号仍然快速增加（到乳熟期），明显多于其他品种，春油 5 号、DH808 和四单 19 的峰值也在乳熟期，长单 58 的峰值出现在吐丝期，而海玉 9 号此后增加平稳，在收获期达到最高。玉米钾素积累动态可用逻辑斯谛方程表示（表 3-5），但是没有反映出多数品种后期钾含量下降的现象。品种间春油 1 号积累量最多，说明需要较多的钾素，而海玉 9 号相对需要的钾素较少。

表 3-5　不同品种玉米钾素积累动态

品种	方程	*F* 值	*P*	V_{max}	T_{max}
春油 1 号	$Y=3.236/(1+e^{8.042-0.140X})$	182.8	0.0001	0.113	57.6
春油 5 号	$Y=2.430/(1+e^{8.210-0.149X})$	75.3	0.0007	0.091	55.0
四单 19	$Y=2.371/(1+e^{10.700-0.221X})$	218.4	0.0001	0.131	48.5
海玉 9 号	$Y=1.859/(1+e^{9.069-0.167X})$	317.8	0.0000	0.078	54.2
DH808	$Y=2.528/(1+e^{6.928-0.122X})$	52.2	0.0014	0.077	56.8
长单 58	$Y=2.566/(1+e^{7.801-0.143X})$	1779.5	0.0000	0.092	54.5

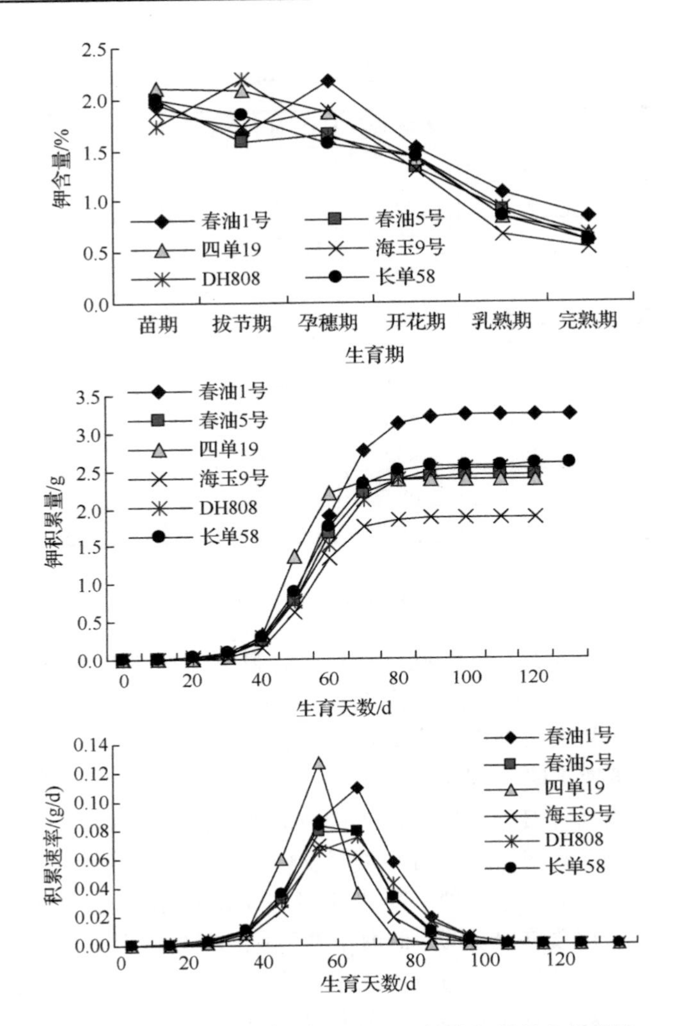

图 3-5　不同品种玉米植株钾含量和单株积累量变化规律

玉米的钾素积累速率也呈单峰变化，高淀粉品种四单 19 在 48.5d 出现最大积累率 0.131g/d，且在 42～55d 呈线性增长，此后低于其他品种。春油 1 号的最大值在 57.6d，出现最晚，积累速率仅小于四单 19，后期下降最为缓慢。海玉 9 号和 DH808 的钾素积累速率明显偏低。其他品种的最大值多出现在 54～57d，积累速率曲线较为相似。

在大口孕穗期，玉米的钾素更多地分配给茎鞘，叶片和茎鞘的钾含量平均为 36.4%和 63.6%；到了开花散粉期，由于雌穗的生长，叶片和茎鞘的钾含量均略有下降，茎鞘的钾含量仍然最高，三者分别为 31.4%、57.0%和 11.6%；到了乳熟期，叶片和茎鞘的钾含量显著下降，而雌穗的钾含量明显增加，三者分别为 24.9%、

37.4%和 37.7%，到了完熟期，叶片和茎鞘的钾含量进一步下降，而雌穗的钾含量进一步增加，三者分别为 19.5%、36.8%和 43.7%（图 3-6）。

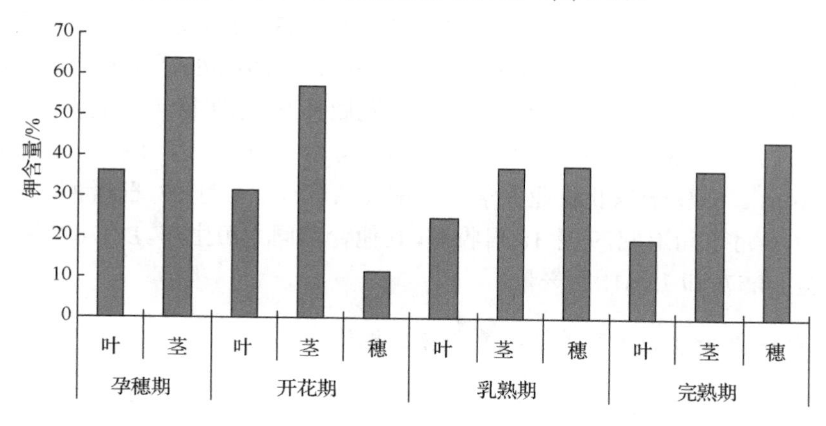

图 3-6　玉米钾素分配

钾素分配比例在不同品种玉米间存在一定差异。在大口孕穗期，高淀粉品种四单 19 的叶片钾比例高于其他品种，而茎鞘低于其他品种，DH808 则相反；在开花散粉期，叶片钾比例仍然是四单 19 最高而 DH808 最低，春油 1 号和长单 58 的茎鞘钾比例明显高于其他品种，二者雌穗钾比例最低；在乳熟期 DH808 和春油 1 号的叶片钾比例最低，而前者茎鞘比例最高，海玉 9 号的雌穗钾比例最高；在完熟期，四单 19 和长单 58 的叶片钾比例较高，海玉 9 号茎鞘钾比例最低而雌穗钾比例最高（表 3-6）。

表 3-6　不同品种玉米钾素分配比例　　（单位：%）

时期	器官	春油 1 号	春油 5 号	四单 19	海玉 9 号	DH808	长单 58
孕穗期	叶片	37.5	34.9	40.5	34.8	32.9	37.7
	茎鞘	62.5	65.1	59.5	65.2	67.1	62.3
开花期	叶片	30.8	31.5	33.0	31.7	28.8	32.6
	茎鞘	61.4	52.2	55.6	53.3	57.9	61.6
	雌穗	7.8	16.3	11.4	15.0	13.2	5.8
乳熟期	叶片	21.6	23.0	25.3	28.0	20.7	30.9
	茎鞘	49.3	36.2	39.2	25.8	37.1	36.7
	雌穗	29.1	40.8	35.5	46.2	42.1	32.4
完熟期	叶片	17.3	18.7	21.7	19.8	17.7	21.9
	茎鞘	41.8	34.8	37.9	25.7	42.2	38.3
	雌穗	40.9	46.5	40.4	54.5	40.1	39.8

3.1.2　高产玉米氮、磷、钾积累与分配规律

试验选用紧凑型高产玉米杂交种 DH808 和 DH3672，施肥参考之前研究结果，N：225kg（尿素 489kg/hm^2），P_2O_5：113kg（三料磷 246kg/hm^2），K_2O：145kg（硫酸钾 290kg/hm^2），1/3 氮肥和全部的磷、钾肥做种肥，2/3 氮肥做追肥。所有处理的种植密度均为 7.5 万株/hm^2。每个处理重复 4 次，每个小区 4 行，行长 5m，小区面积 14m^2。试验于东北农业大学香坊试验站进行，4 月 23 日播种，机械开沟人工点种，6 月下旬追肥，9 月 18 日收获，其他管理同大田生产。DH3672 和 DH808 分别获得 14.57t 和 12.81t 的产量。

1. 植株氮含量变化及单株积累与分配规律

随着玉米生长，其地上部干物质中氮含量变化很大，在苗期高达 3%，到拔节期变化较小，到孕穗期迅速降低到 2%以下，此后一直到成熟期缓慢降低到 1%以下（图 3-7）。两个品种中 DH3672 始终略高于 DH808，显示了品种间的差别。单株氮积累量逐渐增加，可以用逻辑斯谛方程描述，二者的最大积累速率分别为 0.044g/d 和 0.052g/d，出现时间分别是苗后的 72d 和 75d，2 个拐点分别在苗后 50d 和 96d 前后，持续时间分别为 47d 和 45d（表 3-7）。

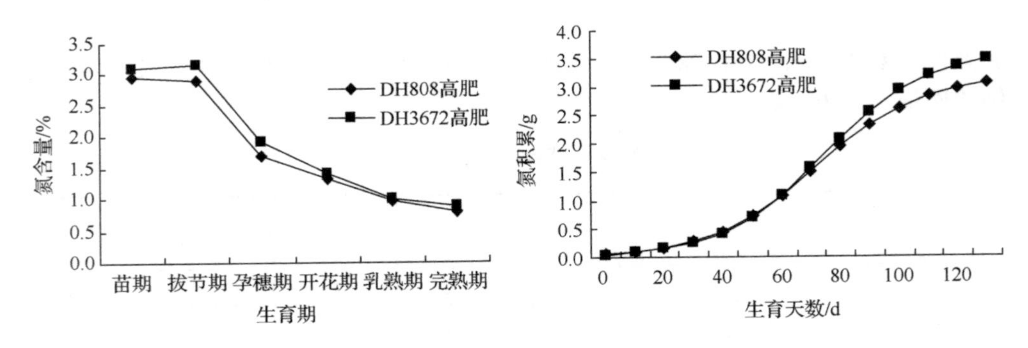

图 3-7　高产玉米氮含量动态及积累理论曲线

表 3-7　高产玉米氮素积累方程与参数

品种	方程	R^2	V_{max}	T_{max}	T_1	T_2	VT
DH808	$Y=3.15/(1+e^{4.02-0.056X})$	0.995	0.044	72	48	95	0.022
DH3672	$Y=3.58/(1+e^{4.34-0.058X})$	0.998	0.052	75	52	97	0.026

2. 植株磷含量变化及单株积累与分配规律

在孕穗期之前磷含量持续增加，此后逐渐降低，但是到完熟期又略有增加（图 3-8）。单株磷积累量持续增加，但是前期积累量较少，抽雄吐丝后对磷的吸收积累明显增加，并持续到成熟期。其积累动态也符合逻辑斯谛方程（表 3-8）。

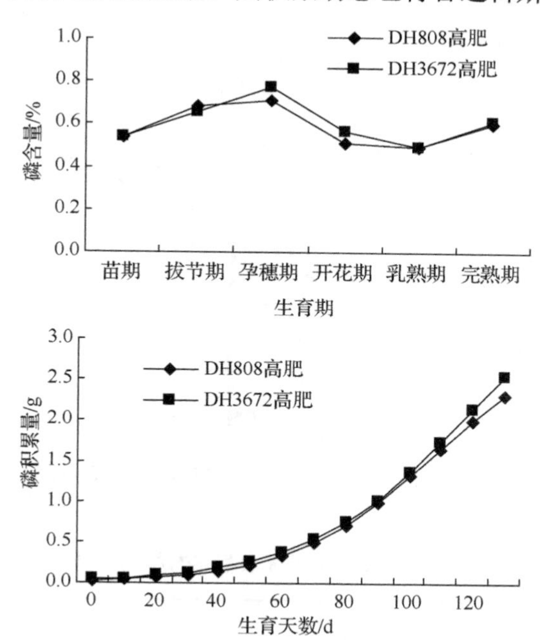

图 3-8　高产玉米磷含量动态及积累理论曲线

表 3-8　高产玉米磷素积累方程与参数

品种	方程	R^2	V_{max}	T_{max}
DH808	$Y = 3.154 / (1 + e^{4.8135-0.0447X})$	0.999	0.035	107
DH3672	$Y = 4.105 / (1 + e^{4.6775-0.0398X})$	0.993	0.041	117

3. 植株钾含量变化及单株积累与分配规律

钾素含量变化呈单峰曲线，最高点在拔节期，此后呈线性降低（图 3-9）。单株钾积累量增加符合逻辑斯谛方程，其最大积累速率达到 0.0466～0.0629g/d，出现时间是苗后 61～66d，线性增长期在苗后 46～47d，持续 31～39d。进入蜡熟期以后，植株干重增加有限，而钾含量进一步减少，因此到完熟期钾积累量因降水淋失等因素有所减少，但用逻辑斯谛方程不能反映这种减少（表 3-9）。

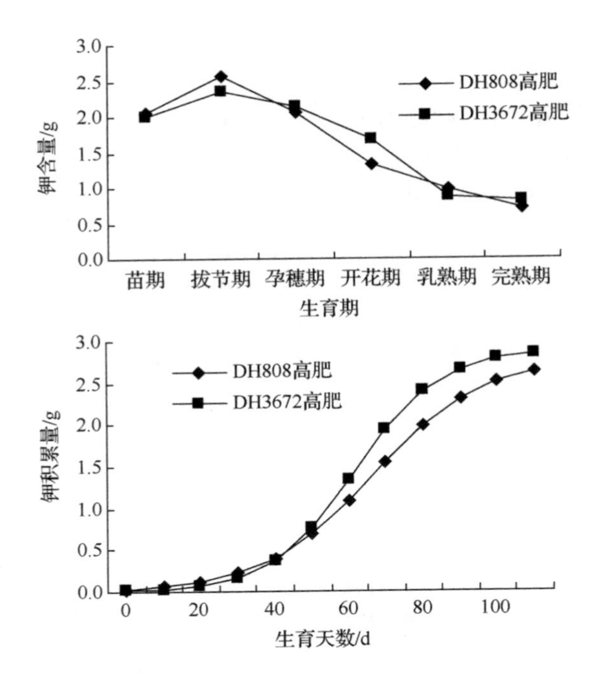

图 3-9　高产玉米钾含量动态及积累理论曲线

表 3-9　高产玉米钾素积累方程与参数

品种	方程	R^2	V_{max}	T_{max}	T_1	T_2	VT
DH808	$Y = 2.766 / (1 + e^{4.467-0.0673X})$	0.9823	0.0466	66	47	86	0.0236
DH3672	$Y = 2.878 / (1 + e^{5.378-0.0874X})$	0.9869	0.0629	61	46	77	0.0318

4. 玉米植株群体氮、磷、钾吸收量与分配

高产玉米对氮、钾的需求相似，在苗后 40d 内钾积累量略多于氮，到了中期（40～80d）二者或相似（DH808）或钾积累量略高于氮（DH3672），生育后期钾积累量略小于氮，蜡熟期后氮积累量进一步增加而钾积累量略有减少（图 3-10 中未反映）。玉米对磷的需求和积累明显低于氮、钾，其前期和中期的需求量约是氮、钾的一半，但是后期对磷素的需求和积累直线增加并持续到完熟期，其最终量约为氮素的 3/4。

DH3672 获得 14.57t 产量，吸收的氮、磷、钾分别为 258.4kg/hm^2、191.2kg/hm^2、212.8kg/hm^2，而 DH808 获得了 12.81t 的产量，吸收的氮、磷、钾分别为 227.5kg/hm^2、173.1kg/hm^2、197.1kg/hm^2。

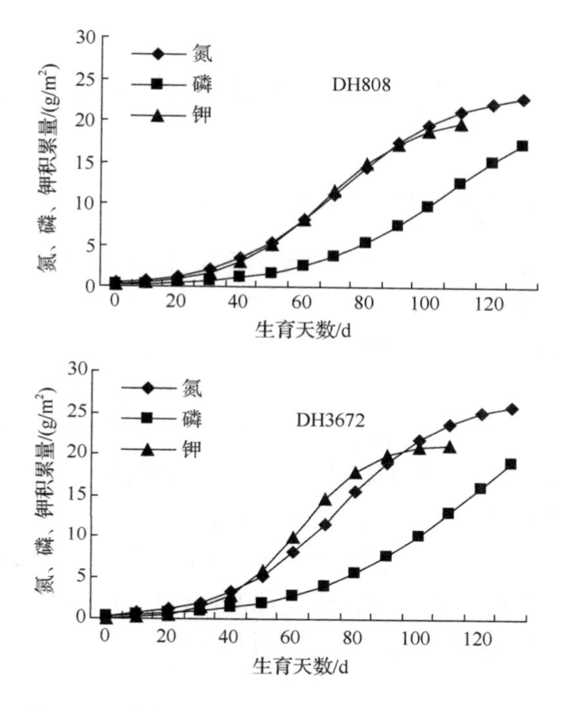

图 3-10　高产玉米群体氮、磷、钾积累理论曲线

在大口孕穗期，寒地高产玉米的氮、磷更多地分配给叶片，而钾更多地分配给茎鞘；到了开花散粉期由于雌穗的生长获得了一定比例的养分，使叶片的氮、磷分配比例有所降低；进入乳熟期穗中分配的氮、磷、钾比例大增，其中氮、磷比例占一半左右，而钾比例与茎鞘相似，叶片中氮、磷、钾比例均明显降低；完熟期玉米穗中氮、磷比例均在 70%左右，而钾比例仅略有增加，茎鞘和叶片的氮、磷含量接近，品种间略有差异，茎鞘中钾含量仍维持在 40%以上（表 3-10）。这显示，在寒地玉米后期存在明显氮素的活化再分配，磷素的多数运输到雌穗中，而钾素在乳熟期以后向穗中的分配比例较少。

表 3-10　寒地高产玉米中后期氮、磷、钾分配比例　　（单位：%）

品种	元素	孕穗期		开花期			乳熟期			完熟期		
		叶	茎	叶	茎	穗	叶	茎	穗	叶	茎	穗
DH808	氮	56.1	43.9	40.5	45.6	14.0	29.5	12.4	58.1	17.7	15.8	66.5
	磷	53.3	46.7	40.7	50.3	9.1	19.5	20.7	59.9	8.7	14.9	76.4
	钾	34.3	65.7	35.3	55.8	8.9	17.4	42.4	40.2	16.8	40.8	42.4
DH3672	氮	54.7	45.3	53.8	33.6	12.7	36.0	14.3	49.8	18.7	12.7	68.6
	磷	52.2	47.8	35.6	55.0	9.4	19.9	31.2	48.9	15.2	15.2	69.6
	钾	38.6	61.4	36.4	53.2	10.4	29.3	34.9	35.7	15.9	42.3	41.8

3.2　氮、磷、钾肥对玉米源库性状及产量的影响

3.2.1　氮、磷、钾肥对玉米源性状的影响

玉米产量主要来源于花后合成的光合产物，利用氮、磷、钾肥及种植密度试验（二次饱和 D 最优设计 416，N：0～450kg，P：0～240kg，K：0～270kg，密度：49 575～88 905 株/hm^2）数据建立 4 个因素与玉米开花后单株平均叶面积的回归方程，将任意 3 个因素固定在$-\gamma$ 水平（不施肥和低密度）时，分析氮、磷、钾对单株花后平均叶面积的影响，结果表明氮肥的影响较大，而磷肥和钾肥的影响略小。玉米生育后期平均叶面积随着氮肥的增加而迅速增加，当氮肥施用量超过 0.70 水平后，叶面积开始下降；钾肥和磷肥对玉米花后单株平均叶面积的影响十分相似，均随着肥料的增加而略有增长，在接近零水平（磷为−0.24 水平、钾为−0.40 水平）达到最高，而后逐渐降低，过量钾引起的下降速率比过量磷快（图 3-11），因此在缺乏氮肥情况下，过量施用磷、钾肥会引起花后叶片早衰。

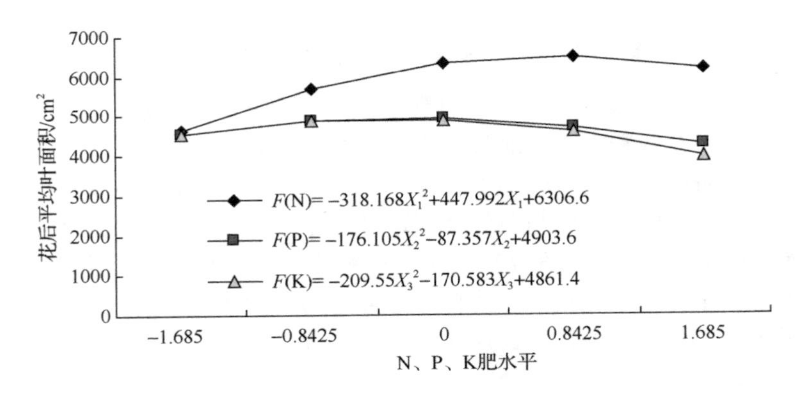

图 3-11　氮、磷、钾肥对开花后单株平均叶面积的影响（$-\gamma$ 水平）

花后光合势反映了玉米群体在开花到成熟期间，截获光能的能力大小，对玉米的干物质积累和产量的形成影响极大。建立了 4 个因素对花后光合势的回归方程，将任意 3 个因素固定在零水平，分析另一个因素对花后光合势的影响(图 3-12)。对花后光合势影响大小依次是氮肥、钾肥和磷肥，三者的影响均是少量施用促进花后光合势的增加，过量施用降低光合势，其中花后光合势达最大值时的氮肥和钾肥水平均超过零水平（0.29、0.18），而磷肥的最佳水平低于零水平（−0.19）。

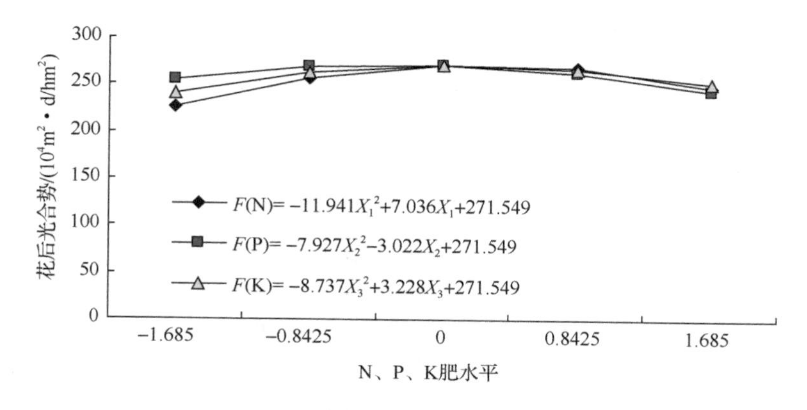

图 3-12　氮、磷、钾肥对花后光合势的影响（零水平）

肥料间对花后光合势的大小存在明显的互作效应，将任意两个因素固定在零水平，得到另两个因素对花后光合势的影响曲线（图 3-13）。当氮肥施用略少时，多施磷肥有利光合势的提高，当氮肥水平提高后，磷肥的施用量适当减少更适宜；而氮肥与钾肥的关系相反，低氮肥水平时，钾肥施用量不宜太高，当氮肥提高后，钾肥适量提高最好。花后光合势随着磷肥和钾肥施用量的增加而增加，超过零水平以后随着二者的增加而降低。

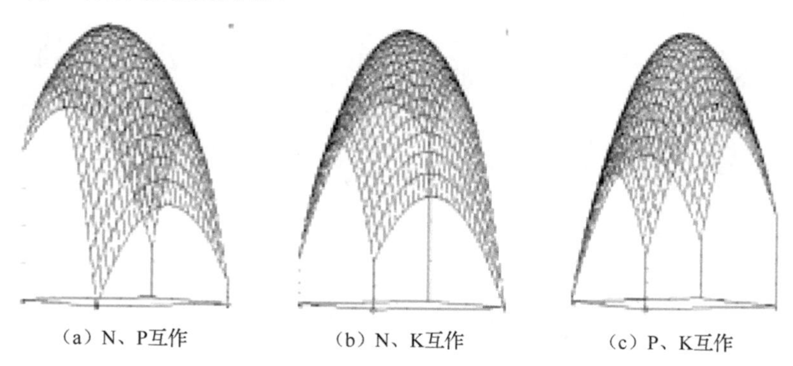

（a）N、P互作　（b）N、K互作　（c）P、K互作

图 3-13　氮、磷、钾肥对花后光合势的互作影响

3.2.2　氮、磷、钾肥对玉米库性状的影响

玉米群体粒数与群体产量关系更为密切，以氮、磷、钾和密度为自变量，每平方米粒数为因变量，建立回归方程，把 3 个因素固定在-γ水平，分析氮、磷、钾对群体粒数的影响。由图 3-14 可以看出，氮、磷、钾对群体粒数的影响均呈抛物线状，其中氮肥的影响最大，而磷、钾肥的影响较小。但相互间还存在一些差异，一是表现在各自的最大值，可以看出对穗粒数的效应为氮肥＞钾肥＞磷肥；二是最大值出现的水平不同，氮肥出现在超过零水平之后（0.23），而磷肥、钾肥

出现在零水平之前（-0.27、-0.14）。

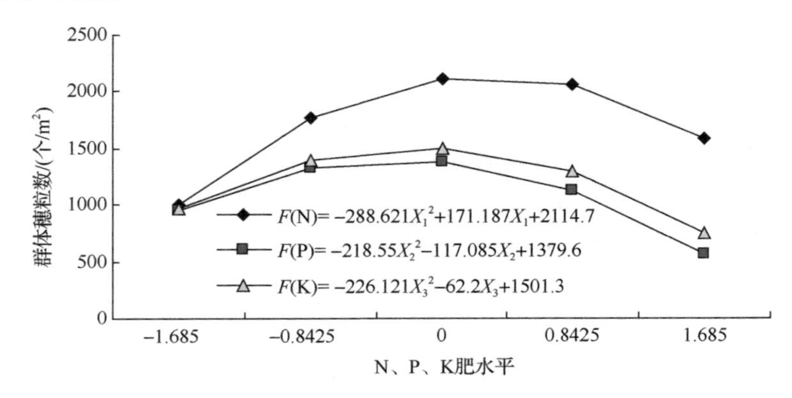

图 3-14　氮、磷、钾肥对玉米群体粒数的影响（-γ 水平）

将两个因素固定在零水平时，分析另两个因素对群体粒数的互作效应。由图 3-15 可以看出，氮磷间、氮钾间及磷钾间均存在明显互作，但是由于其他因素的配合，肥料间的影响大小接近。

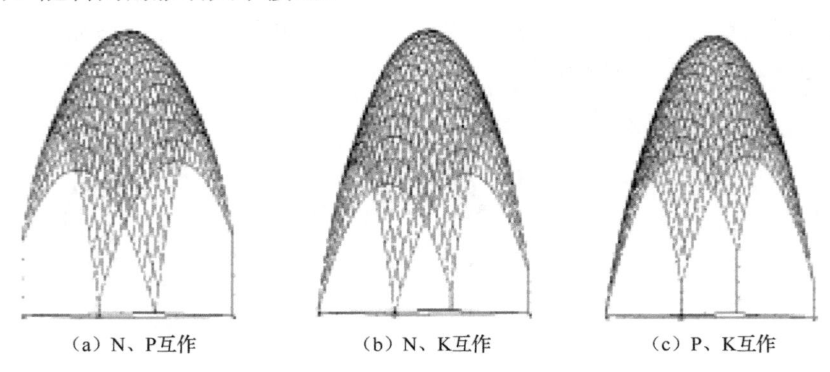

（a）N、P互作　　（b）N、K互作　　（c）P、K互作

图 3-15　氮、磷、钾肥间对群体粒数的互作影响

3.2.3　氮、磷、钾肥对玉米库源比及产量的影响

以库源比（穗粒数与花后平均叶面积的比值）为因变量，建立肥料、密度与库源比的回归方程，将氮、磷、钾肥分别设为-γ水平、-1 水平、零水平、1 水平和 γ 水平，建立库源比对密度变化的效应方程，并绘制相应的曲线（图 3-16）。结果表明，不论在何种密度水平下，源库比随氮、磷、钾肥施用量的增加而提高，在达到最大值后随着肥料的进一步增加而逐渐降低。同时还可以看出，不论在何种施肥水平下，种植密度对库源比的影响均呈抛物线状，即在小群体下，库源比值较低；而在中等群体下，库源比提高，表明随着种植密度的增加，单穗粒数的降低幅度低于花后单株平均叶面积的降低幅度；到了大群体下，库源比又降低，

即过密导致花后单株平均叶面积进一步降低，单穗粒数的降低幅度超过叶面积。

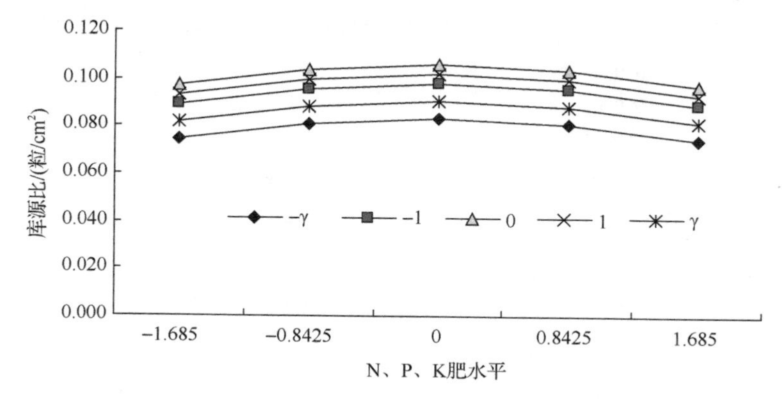

图 3-16　不同肥料水平下种植密度对玉米库源比的影响

将任意两个肥料和密度取零水平，获得库源比对氮、磷、钾各自变化的效应曲线（图 3-17）。少量施用氮肥对穗粒数的增加作用超过对叶面积的作用，库源比略有增加，而进一步增加氮肥的施用，对叶面积的促进超过对穗粒数的促进作用，导致库源比明显降低。在施用适量氮肥和钾肥，或者氮肥和磷肥的情况下，随着磷肥或钾肥的增加，库源比明显提高，表明二者均对增加穗粒数的影响超过对叶面积的影响，在达到最大值后，随着磷肥或钾肥的增加库源比又降低，表明过量施用磷肥或钾肥，导致穗粒数的降低幅度超过叶面积的降低幅度。

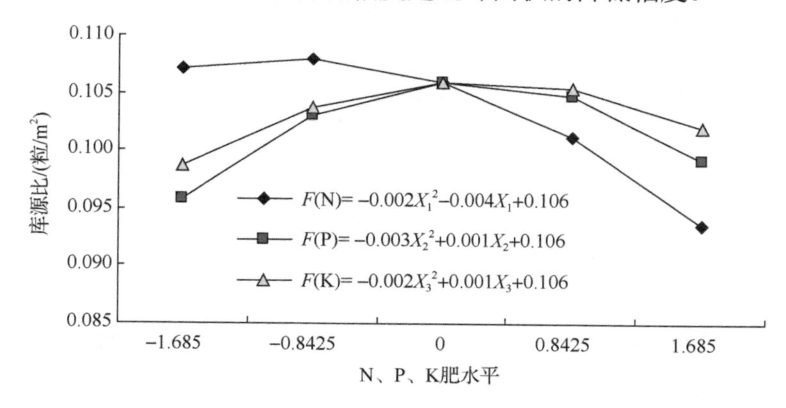

图 3-17　氮、磷、钾对玉米库源比的影响（零水平）

为了详细分析各因素对玉米产量的影响，对所建模型采用降维法。分别将其他 3 个因素固定在不施肥和低密度条件的接近适宜条件的 −γ 水平和接近适宜条件的零水平，得到各因素的一元二次回归子方程（图 3-18）。产量先随着氮肥施用量的增加而逐步增加，当超过最佳水平时，产量逐渐下降；当不施磷、钾肥和低密度时，氮肥的最佳水平接近 0.3；当施用适量的磷、钾肥和适宜的密度时，最佳水平降低到零水平。两个水平间产量差异巨大，且氮肥的贡献也不同。

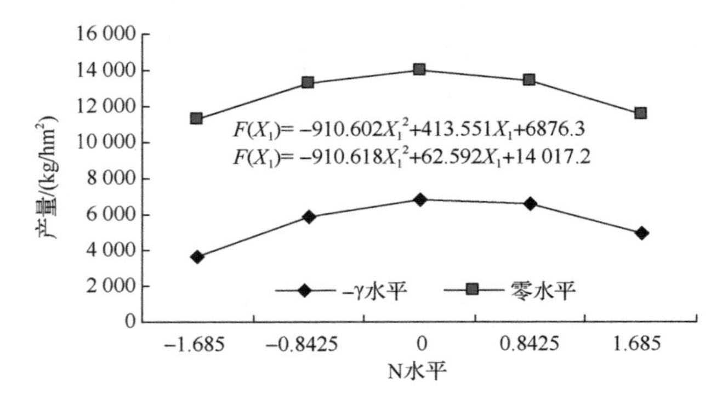

图 3-18　氮肥的产量效应

磷肥对产量的影响同样呈抛物线状，但是较为平缓，说明作用相对较小，磷肥的最佳水平明显低于零水平（接近–0.28 水平）；其他因素在 –γ 水平时产量水平很低，且磷肥的产量效应主要是负作用，表明在缺乏氮肥的情况下，大量施用磷肥只能使玉米产量逐渐降低（图 3-19）。

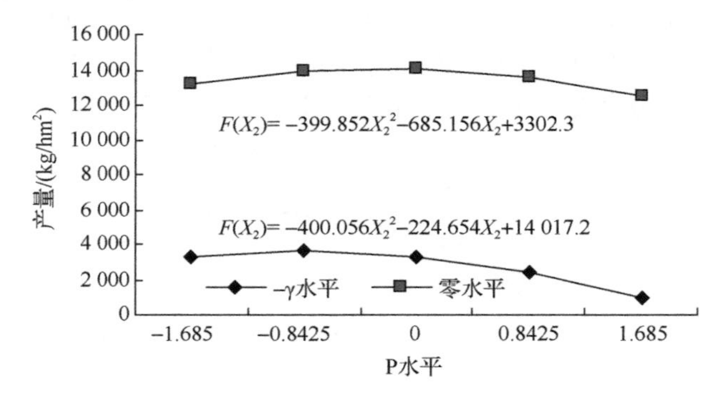

图 3-19　磷肥的产量效应

钾肥的产量效应与磷肥相似，当施用氮、磷肥和适宜密度时，钾肥的最佳水平在零水平附近；当其他因素在–γ 水平时，钾肥的最佳水平降低到–0.8 水平，表明在缺乏氮肥的情况下，大量施用钾肥只能使玉米产量逐渐降低（图 3-20）。

由于各因素间是相互联系、互相制约的，各因素对产量影响的大小程度不同，与产量的关联也不同，对于紧凑型春玉米合理密植和施用氮肥是增产关键，其次是在高产条件下要配合使用一定的磷肥和钾肥。

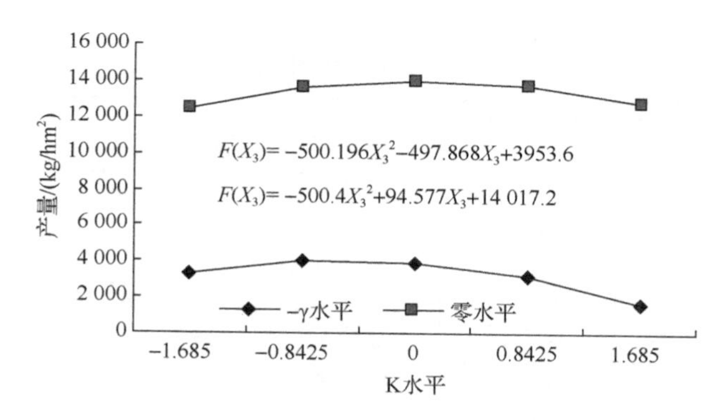

图 3-20　钾肥的产量效应

在讨论玉米的源库性质时，经常涉及库源比（粒数/花后平均叶面积）和籽粒生产率（粒重/花后光合势），对本试验的数据进行计算，结果表明，较高的库源比和较高的籽粒生产率与较高的个体产量（处理 2 和处理 12）相关联，而群体产量较高的处理 8 和处理 10，其库源比和籽粒生产率并不高（表 3-11）。

表 3-11　不同处理的库源比和籽粒生产率

项目	处理 2	处理 12	处理 8	处理 10
库源比	0.101	0.107	0.090	0.096
籽粒生产率	5.55	5.36	4.90	4.80

栽培措施对库源比的影响与对产量影响并不完全一致。表 3-12 是不同密度下或不同氮肥水平对库源比和产量的影响，以及磷、钾、肥和种植密度在零水平时，库源比和产量随氮肥施用量增加的变化情况。随着种植密度由−1.685 增加到−0.5 水平，玉米产量和库源比均增加，二者相关系数为 0.999**；密度由−0.5 增加到 0.5 水平，产量略有增加而库源比基本不变，二者相关系数为 0.491；密度由 0.5 增加到 1.685 水平，产量和库源比均降低，二者相关系数为 1**。当氮肥由−1.685 增加到−0.5 水平时，产量逐渐提高而库源比先升后降，二者相关系数为 0.6041*；当氮肥由−1.685 增加到零水平时，由于库源比进一步下降而产量进一步提高，二者呈负相关关系（−0.2440）；如果考虑−0.9～0.9 水平的情况，产量先升后降而库源比逐渐降低，二者不相关（0.1110）；当氮肥由 0 增加到 1.685 水平时，产量逐渐降低同时库源比也逐步降低，二者又高度相关（0.9851**）。因此，产量与库源比的关系十分复杂，在不同栽培条件下和不同产量水平间表现不同，二者可能是极显著的正相关，也可能相关不显著，甚至是负相关，它取决于具体试验。由上述分析可以得出，当产量在极低水平到高产水平间变化时，库源比与产量间是正相关关系，但是在高产阶段，产量与库源比间相关不显著甚至是负相关关系，说明库源比不是绝对的而是相对的，即随着产量的提高，原有的源库平衡被打破，新的平衡建立起来，但是平衡是动态的、相对的。在本试验中由于产量水平较高（8.8～12.6t/hm^2），库源比与产量的关系为不显著的负相关（r=−0.2）。

表 3-12 不同密度下或不同氮肥下产量及库源比变化

<table>
<tr><td>密度水平</td><td>−1.685</td><td>−1.2</td><td>−0.9</td><td>−0.5</td><td>0</td><td>0.5</td><td>0.9</td><td>1.1</td><td>1.4</td><td>1.685</td></tr>
<tr><td>产量/（kg/hm²）</td><td>3760</td><td>5964</td><td>7012</td><td>8035</td><td>8712</td><td>8720</td><td>8246</td><td>7848</td><td>7051</td><td>6071</td></tr>
<tr><td>库源比</td><td>0.075</td><td>0.079</td><td>0.081</td><td>0.083</td><td>0.083</td><td>0.083</td><td>0.081</td><td>0.08</td><td>0.078</td><td>0.075</td></tr>
<tr><td>相关系数</td><td colspan="4">0.999**</td><td></td><td colspan="5">1**</td></tr>
<tr><td>相关系数</td><td colspan="3"></td><td colspan="3">0.491</td><td colspan="4"></td></tr>
<tr><td>氮肥水平</td><td>−1.685</td><td>−1.2</td><td>−0.9</td><td>−0.5</td><td>0</td><td>0.5</td><td>0.9</td><td>1.1</td><td>1.4</td><td>1.685</td></tr>
<tr><td>产量/（kg/hm²）</td><td>11326</td><td>12630</td><td>13223</td><td>13758</td><td>14017</td><td>13820</td><td>13335</td><td>12984</td><td>12320</td><td>11537</td></tr>
<tr><td>库源比</td><td>0.107</td><td>0.108</td><td>0.108</td><td>0.1075</td><td>0.106</td><td>0.1035</td><td>0.101</td><td>0.099</td><td>0.096</td><td>0.094</td></tr>
<tr><td>相关系数</td><td colspan="4">0.6041*</td><td colspan="6">0.9851**</td></tr>
<tr><td>相关系数</td><td colspan="5">−0.2440</td><td colspan="5"></td></tr>
<tr><td>相关系数</td><td colspan="2"></td><td colspan="5">0.1110</td><td colspan="3"></td></tr>
</table>

3.3 玉米苗期缺素生理特点

利用水培试验进行了玉米苗期缺素的生理特点研究，具体方法为种子消毒催芽，2 叶去胚乳，用 1/2 霍格兰完全培养液培养至 3 叶，进行缺素处理，包括氮、磷、钾、钙、镁、铜、铁、锌、锰、钼、硼等，以完全培养液为对照，培养 3 周，每周换一次营养液。利用充气泵每 4h 充气 20min。

3.3.1 光合色素含量

缺素处理显著影响了玉米苗叶片颜色，多数情况下引起颜色变浅。分析显示，缺铁处理引起叶绿素 a 降低 80%以上，其次是缺氮和缺钙，分别降低 47.6%和 41.6%，再次是缺钼和缺镁，分别降低 32.9%和 31.9%，缺硼、锌、钾和铜分别降低 13.8%、9%、1.7%和 1.6%，而缺磷和缺锰处理的叶绿素 a 分别增加了 4.4%和 20.3%（图 3-21 和图 3-22）。

缺素对叶绿素 b 的影响与叶绿素 a 大体相似：缺铁降低了 80%左右，缺氮降低了 61.3%，缺钙、镁和钼分别降低 54.4%、47.5%和 43.5%，缺锌、钾、硼和铜分别降低 26.9%、19.2%、17.2%和 16.9%，缺磷降低 7.3%，而缺锰增加了 3%。

由于缺素对叶绿素 a 和叶绿素 b 的影响程度不同，导致对叶绿素 a/b 影响不同，缺铁减少了 3.6%～22.9%，显示叶绿素 a 降低更明显，其他缺素处理引起比值增加，显示叶绿素 b 降低比叶绿素 a 多，其中缺氮、镁、钙、锌和钾处理的 a/b 分别增加 35.3%、29.6%、28.1%、24.4%、21.6%，缺钼、铜、锰、磷和硼分别增加 18.8%、18.5%、16.8%、12.6%和 4.1%。

对类胡萝卜素的影响也与叶绿素 a 相似，缺铁降低了 80%左右，缺氮、钙、钼和镁分别降低了 36.5%、33.5%、28.6%、26.6%，缺硼、锌和钾分别降低了 13.1%、10.1%和 8.2%，缺铜增加了 0.1%，缺磷增加了 7.1%，缺锰增加了 18.1%。

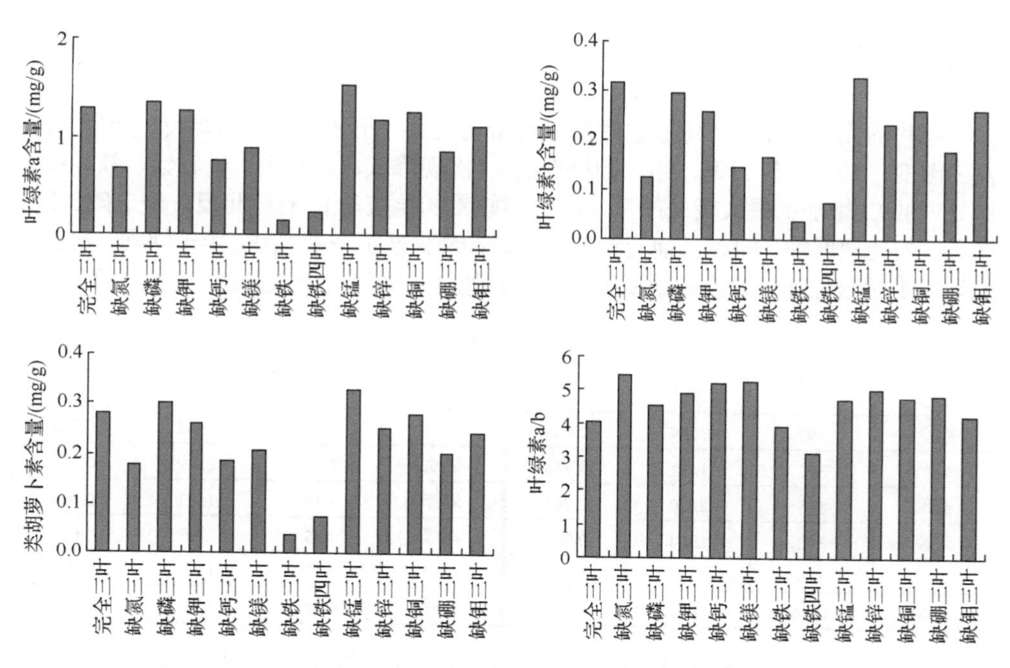

图 3-21　缺素玉米叶片叶绿素和类胡萝卜素含量

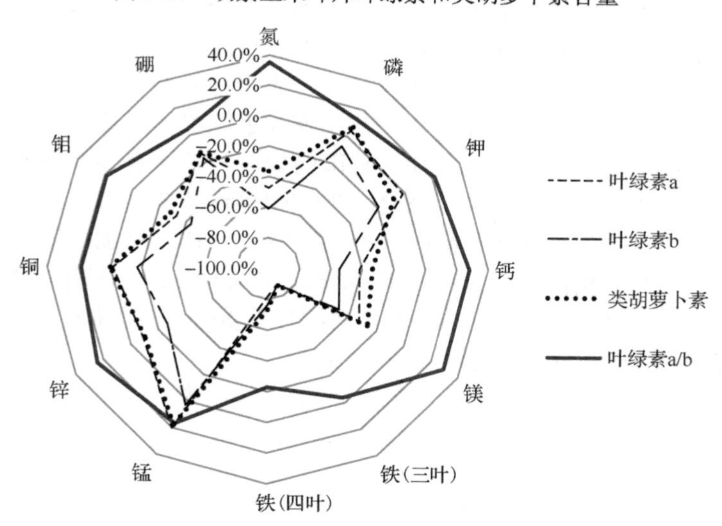

图 3-22　缺素玉米叶片色素指标变幅雷达图

色素含量变化与直观的叶片颜色相一致，缺铁、氮、钙和镁处理的玉米苗叶片明显变淡，特别是缺氮植株的第 1 叶死亡，第 2 叶失绿变黄，第 3 叶为黄绿色。缺磷、钾、锰、铜的叶片颜色变化不明显，其中缺锰的 3 种色素含量和缺磷的 2 种色素含量略有增加。

3.3.2 叶绿素荧光参数

叶片的光合作用与叶绿素的功能也有密切关系。玉米缺素后初始荧光产量（F_0）发生改变，缺氮、钾、铜、钼、硼处理的 F_0 出现降低，而缺磷、钙、镁、铁、锌、锰处理的 F_0 增加；最大荧光产量（F_m）对缺素的响应与 F_0 有些相反，缺乏磷、钙、镁、铁的处理增加，缺乏其他元素的都下降；最大量子产量 F_v/F_m 由于缺素，所有处理均低于对照处理，缺镁和缺铁的处理较其他处理降低一个数量级（表 3-13）。

表 3-13　缺素玉米叶绿素荧光参数

处理	F_0	F_m	F_v/F_m	处理	F_0	F_m	F_v/F_m
完全	392	2004	0.804	缺铜	380	1642	0.769
缺氮	352	1431	0.754	缺铁	2652	2849	0.069
缺磷	525	2200	0.761	缺锌	479	1591	0.699
缺钾	352	1364	0.742	缺锰	485	1293	0.625
缺钙	515	2267	0.773	缺钼	347	1576	0.780
缺镁	1884	2077	0.093	缺硼	354	1292	0.726

Y(II)是叶绿素光系统 II（PS II）的实际量子产量，qN 和 NPQ 是非光化学淬灭的参数，都与类囊体基质中依赖 pH 和玉米黄素的非光化学淬灭相关。对于集合光合天线分子，Y(NPQ)是指 PS II 处调节性能量耗散的量子产量，是光保护的重要指标，其他非光化学能量称为 Y(N0)，是光损伤的重要指标。与对照相比，缺氮显著降低了 Y(II)，而 Y(N0)有所增加，使前者始终小于后者，显示缺氮导致了实际量子产量下降，而光损伤增加。缺磷的效果与缺氮有些相似，但是程度不同，即 Y(II)降低幅度没有缺氮多，Y(N0)增加幅度没有缺氮多。缺铁的几条曲线与缺氮的相似，但是 Y(II)降低幅度比缺氮更严重，Y(N0)增加幅度比缺氮多。缺钼的几条曲线与对照相似，仅后期 Y(II)略低而 Y(N0)略高。缺硼与缺铁相似，但是 Y(II)的值更小，其曲线与 Y(NPQ)两条曲线几乎重合。缺素对 Y(NPQ)的影响较小，几个处理的 Y(NPQ)曲线近似（图 3-23）。

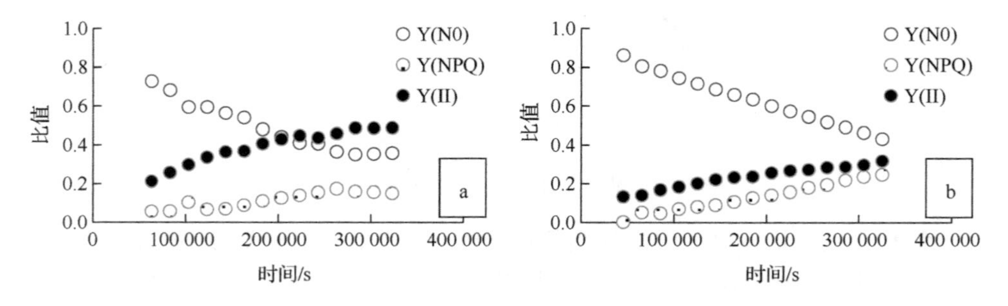

图 3-23　缺素对玉米苗叶片光合曲线的影响

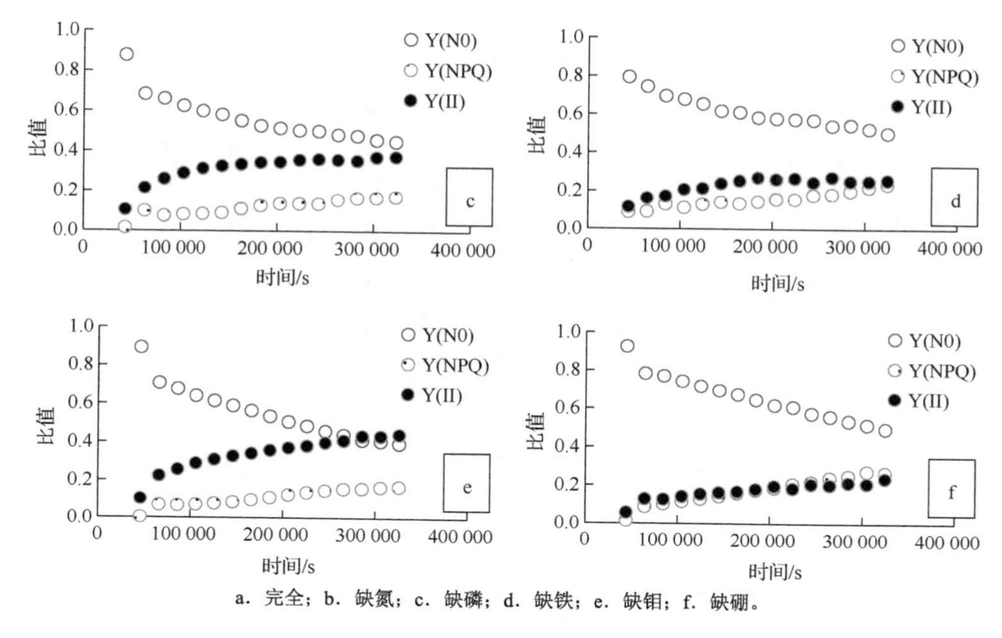

a．完全；b．缺氮；c．缺磷；d．缺铁；e．缺钼；f．缺硼。

图 3-23　（续）

3.3.3　干物重及根系形态指标

缺素培养对于玉米苗端植株干重存在一定影响，大部分都会有一定的干重减轻现象存在（图 3-24），其中缺钙、缺钾、缺锌、缺氮分别使干重降低 47.1%、38.4%、33.4%、31.0%，缺铁、缺钼、缺镁、缺磷分别使干重降低 22.5%、17.5%、12.6%、12.1%，缺铜使干重降低 4.4%，缺锰使干重增加 9%。玉米苗的根系干重也有变化，缺钾、锌、氮、镁、锰分别使干重降低 26.6%、13.3%、11.7%、7.0%、5.5%，而缺硼、钼、磷、铜、钙、铁分别使干重增加了 35.9%、15.6%、6.3%、6.3%、4.7%、1.6%，这与地上部不同，表明分配到根系的光合产物更多，此外变化幅度比地上部小。从根冠比看，缺锰处理（0.30）低于对照（0.35），这可能与其光合产物向根系运输不畅有关，其他缺素处理的干重比对照高，其由高到低的顺序是钙（0.69）、钼（0.49）、锌和铁（0.46）、氮（0.45）、磷和钾（0.42）、铜（0.39）、镁（0.37）。

缺素对玉米苗根系形态参数影响很大，缺氮、磷、钾、锌、铜、钼处理比对照的根系长度和体积明显下降，缺钙处理略有增加，其他几个处理降低不明显。平均直径除缺氮处理引起下降外，其他均有所增加，其中缺磷、钙、镁、铁和锌处理增加较多。根尖数除缺钙、铁和硼处理略有增加外，其他均下降，特别是缺锌和缺氮处理下降明显（图 3-25）。

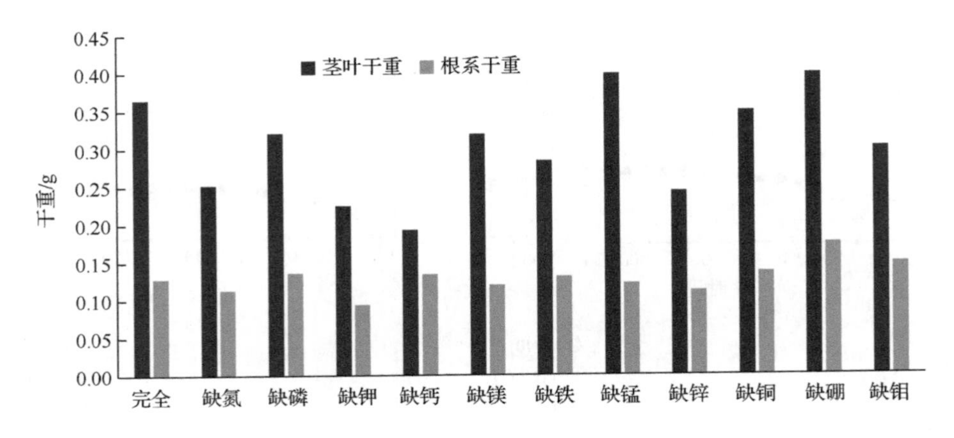

图 3-24　缺素对玉米苗干重的影响

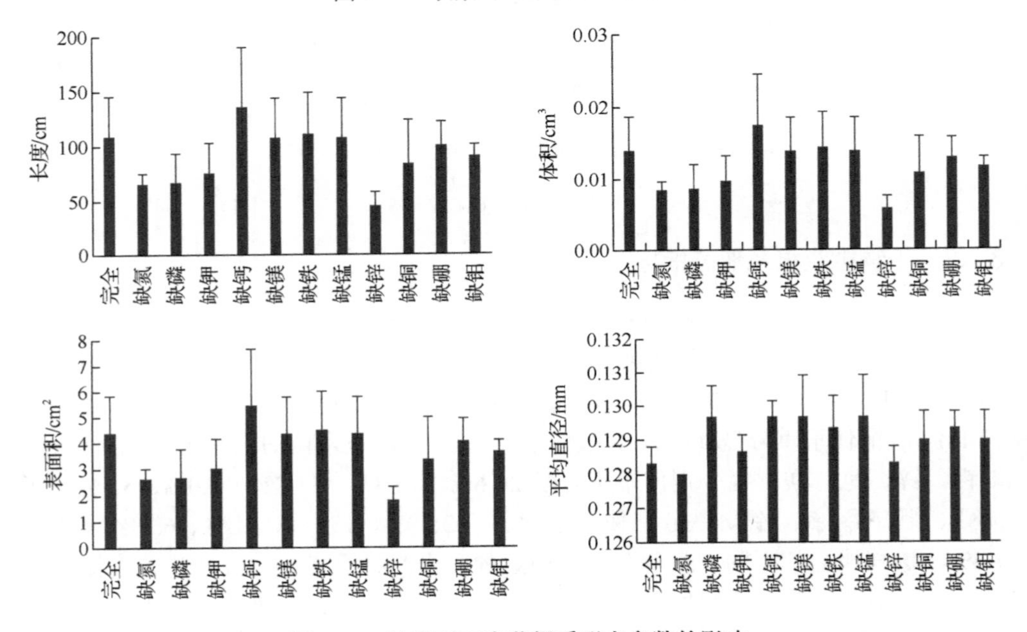

图 3-25　缺素对玉米苗根系形态参数的影响

3.3.4　缺素对玉米苗生长影响概述

（1）完全（对照）：6 叶 1 心，叶片生长情况正常，颜色鲜绿，生长点完好，根系发达。

（2）缺氮：植株矮小，4 叶 1 心，新叶未展开已经枯萎坏死，第 1 叶枯死，第 3 叶片色素含量明显降低，叶绿素荧光参数 F_0、F_v 及 F_v/F_m 均降低，实际光量子产量 Y(II)降低，而非光化学猝灭 Y(N0)增加。地上部和根系干重降低，根系细长，根量小，根尖数量减少，但是根冠比增加。

（3）缺磷：植株矮小瘦弱，4 叶 1 心，叶片颜色为深绿色，叶片边缘干枯，叶绿素 a 和类胡萝卜素含量略增加，而叶绿素 b 略减少，叶绿素荧光参数 F_0、F_v 均略有增加，而 F_v/F_m 略降低，实际光量子产量 Y(II)降低，非光化学猝灭 Y(N0)增加。地上部和根系干重均减少，但根冠比增加，根系长度和体积均减少，根系平均直径增加，根尖数减少。

（4）缺钾：植株矮小瘦弱，4 叶 1 心，叶片颜色为黄绿色，叶片尖端枯焦，叶片瘦小细长，叶绿素 a 不变，叶绿素 b 和类胡萝卜素含量减少，叶绿素荧光参数 F_0、F_v 及 F_v/F_m 均降低。地上部和根系干重明显减少，但是根冠比增加，根量少，根尖数量减少。

（5）缺钙：植株停止生长，3 叶 1 心，叶片颜色为黄绿色，叶片大部分萎缩，叶片色素含量明显下降，叶绿素荧光参数 F_0、F_v 均略有增加，而 F_v/F_m 略降低。生长点坏死，根系稀疏，地上干物质明显减少，根系干重不变，根冠比增加最多。

（6）缺镁：5 叶 1 心，叶片颜色为黄色，叶片较薄条纹明显，叶片色素含量明显减少，叶绿素荧光参数 F_0 显著增加，而 F_v/F_m 显著降低。地上部和根系干重均略有减少，根冠比变化不大，根系长度和体积变化不大，根尖数减少。

（7）缺铁：5 叶 1 心，叶片颜色为淡黄色，严重的叶片发白，叶片色素含量极显著减少，叶绿素荧光参数 F_0 显著增加，而 F_v/F_m 显著降低。叶片较薄，地上部干重减少，根冠比增加，根干重和长度体积变化小，但是根尖数量增加。

（8）缺锰：5 叶 1 心，叶片颜色为暗绿色，还有叶片颜色发黄，叶绿素含量增加，但是叶绿素荧光量子产量下降。茎叶重略有增加，但是根系干重没变，根冠比最小，根长和体积没有变化，平均直径增加，但是根尖数明显减少，说明光合产物不能运输到根系。

（9）缺锌：植株矮小，5 叶 1 心，叶片颜色为暗绿色，叶绿素 b 和类胡萝卜素减少，叶绿素 a/b 增加，叶绿素荧光参数 F_0 略增，F_m 降低，而 F_v/F_m 显著降低。地上部和根系干重明显减少，根量少，根细长，根尖数量减少。

（10）缺铜：植株矮小，4 叶 1 心，叶片颜色为暗绿色，叶片边缘呈灰黄色，叶尖发白，色素中仅叶绿素 b 略有减少，叶绿素荧光参数 F_0、F_m、F_v/F_m 均略有降低。地上部和根系干物质变化不大，根长和根体积略降，直径略增，根尖数减少。

（11）缺硼：植株矮小，5 叶 1 心，叶片颜色为暗绿色，叶片边缘为白色，叶片色素均明显降低，叶绿素荧光参数 F_0、F_m、F_v/F_m 均有降低。地上部和根系干物质基本不变，根系形态指标变化不大。

（12）缺钼：植株矮小，5 叶 1 心，叶片边缘向上卷曲，叶片颜色为黄绿色，叶片色素含量均略有减少，叶绿素荧光参数 F_0、F_m、F_v/F_m 均有降低。地上部干重略有减少，而根系干重略有增加，根系形态指标变化不大。

第 4 章　玉米的群体结构与高产

4.1　种植密度对玉米源库性状的影响

种植密度是决定群体大小和结构的首要因素，其对玉米个体和群体源库性状及产量的影响不同。

4.1.1　种植密度对玉米单株叶面积及叶面积指数的影响

种植密度对玉米叶片生长和群体结构影响很大。随着种植密度的增加，吐丝期单株叶面积以线性方式下降（$F=378.6$，$P=0.0003$），如郑单 958 每增加 1 万株/hm^2，吐丝期单株叶面积平均下降 330cm^2，而叶面积指数随着密度的增加而增加，在 3 万～9 万株/hm^2 增速较快，9 万～15 万株/hm^2 增速减慢，超过 15 万株/hm^2 不再增加，这个变化可以用逻辑斯谛方程描述（$F=788.4$，$P=0.0013$）（图 4-1）。单株叶面积的减少一方面是由于叶片数量减少，3 万～6 万株/hm^2 的郑单 958 一般是 22 片叶子，而 9 万株/hm^2 的是 21 片，12 万株/hm^2 的是 20 片，18 万株/hm^2 的是 19 片；另一方面是由于中、上部叶片变窄，以第 14 叶为例，$y_{14叶宽}=12.83-0.278x$（$F=32.92$，$P=0.0105$），增加 1 万株/hm^2，叶宽减少 0.278cm。叶片长度随着种植密度的增加呈先增加后降低的变化，中部叶片（9～16 叶）的最长叶出现在 9 万株/hm^2，而上部叶片（18 叶以上）的最长叶出现在 3 万株/hm^2。

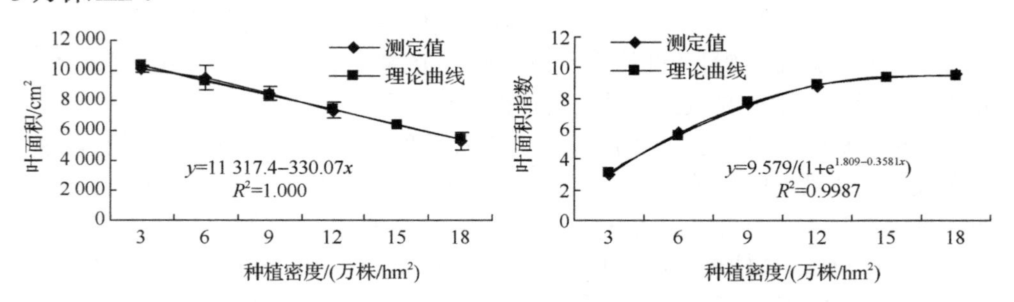

图 4-1　种植密度对吐丝期玉米单株叶面积和叶面积指数的影响

4.1.2　种植密度对玉米株高的影响

种植密度对玉米株高的影响是不断变化的，前期种植密度越大的玉米为了获取更多的光照，叶片更为直立，株高较高，拔节后由于竞争的激烈，高密度的玉米因光合产物不足造成株高生长缓慢，最高株高出现的密度逐渐降低，大口期为

9 万株/hm^2，到了吐丝期进一步降到 6 万株/hm^2 附近，对吐丝期株高的拟合可以用抛物线方程描述（$F=360.3$，$P=0.0372$），随着种植密度的增加，株高逐渐增加，到 6.7 万株/hm^2 时达到最高，随后逐渐降低（图 4-2）。

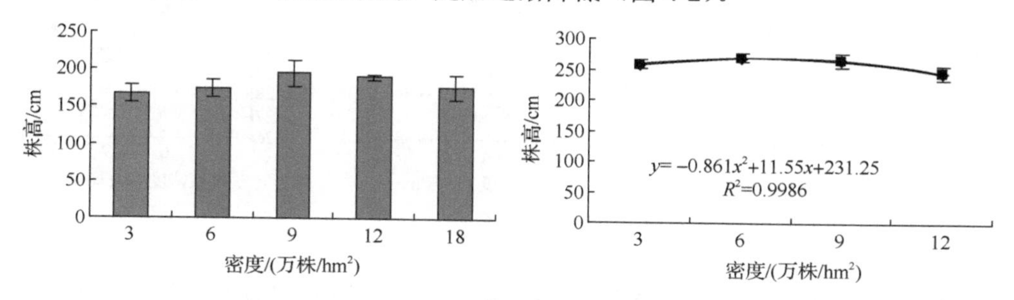

图 4-2　种植密度对大口期和吐丝期玉米株高的影响

4.1.3　种植密度对玉米穗性状及产量构成因素的影响

随着种植密度的增加，玉米的穗逐渐变小，但是秃尖长度增加；行数、行粒数、穗重和穗粒重等均逐渐减少，但是百粒重先减少后略有增加（图 4-3）。在 3 万～12 万株/hm^2，密度增加 1 万株/hm^2，穗长减少 0.426cm，穗径减少 0.139cm，秃尖长度增加 0.171cm，行数减少 0.164 行，行粒数减少 1.43 粒，穗粒数减少 27.4 粒，穗重减少 16.94g，穗粒重减少 12.88g，而百粒重呈现先下降后回升的变化。

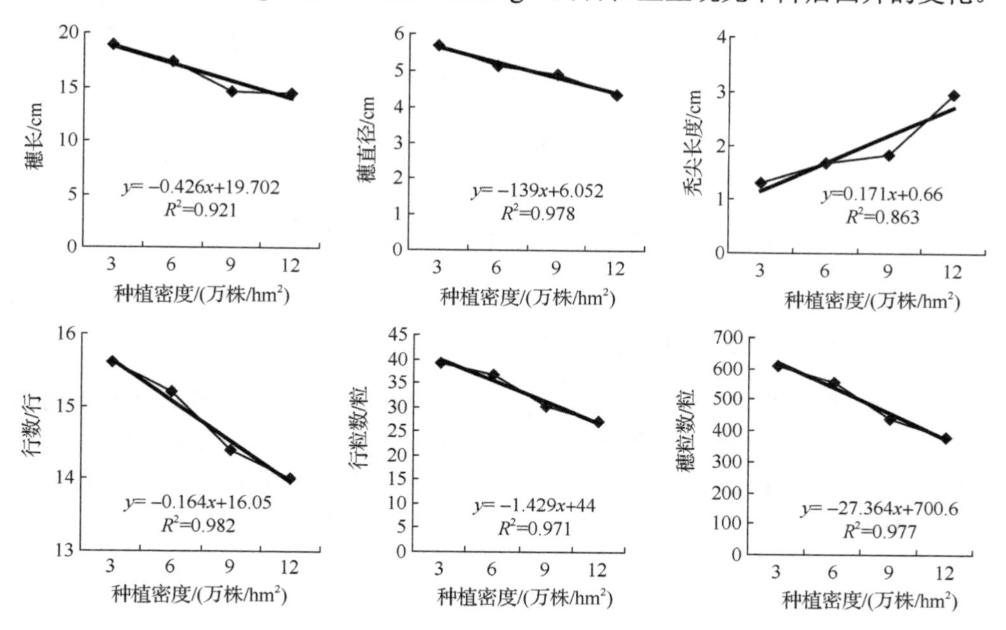

图 4-3　不同种植密度对单株穗性状及产量构成因素的影响

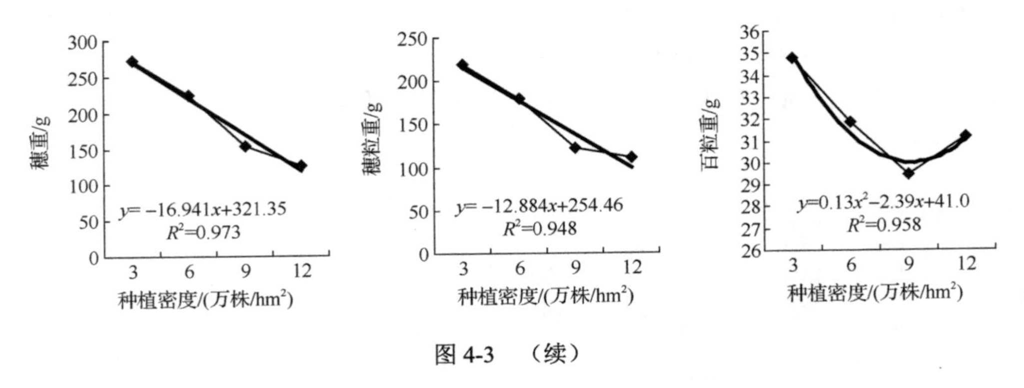

图 4-3　（续）

群体收获穗数、粒数和粒重均随着种植密度的增加呈抛物线变化（图 4-4），在 10.5 万株/hm^2 时获得最大收获穗数 7.72 个/m^2，在 8.3 万株/hm^2 时收获最大粒数 3482.4 个/m^2，在 7.7 万株/hm^2 时收获最大的粒重 1034.9g/m^2。

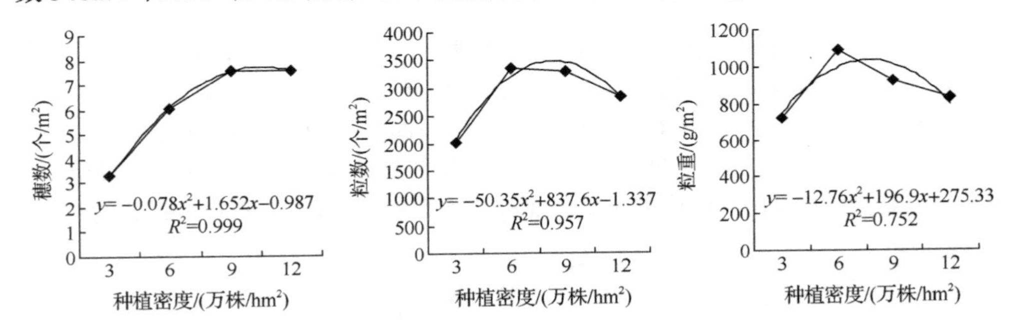

图 4-4　不同种植密度对群体产量构成因素的影响

4.2　玉米群体结构特点及透光率

4.2.1　种植密度和田间分布对群体的影响

玉米群体结构不仅受种植密度的影响，也受到种植方式的影响，因此采用二次饱和 D 最优设计，进行密度和行距 2 因素试验，密度为 6 万～10 万株/hm^2，行距为 40～130cm，但是超过 100cm 的改为宽窄行种植，以模拟生产中的不同种植方式（表 4-1）。

表 4-1　试验设计

处理	X_1	X_2	密度/（万株/hm²）	行距/cm	株距/cm	说明
1	−1	−1	6	40	41.7	等行距
2	1	−1	10	40	25.0	等行距
3	−1	1	6	130	12.8	改宽窄行 80cm+50cm 株距加倍
4	−0.1315	−0.1315	7.737	79.1	16.3	大垄
5	0.3944	1	8.7888	130	8.8	改宽窄行 80cm+50cm 株距加倍
6	1	0.3944	10	102.8	9.7	改宽窄行 80cm+22.8cm 株距加倍

1．叶面积指数

对吐丝期玉米叶面积指数的分析结果表明，种植密度的影响是主要的。随着密度由 6 万株/hm² 增加到 9 万株/hm²，LAI 由小于 6 持续增加到超过 8，但是每增加 1 万株/hm²，叶面积指数的增速逐渐减少，于 9 万～10 万株/hm² 时形成平台。种植方式对叶面积指数的影响很小，随着行距由 40cm 增加到 85cm，叶面积指数略有降低，降低幅度也递减，随着行距的进一步增加改为宽窄行种植，叶面积指数略有回升。随着行距加大则株距减少，使个体间竞争激烈，单株叶片生长有所减小，而宽窄行种植条件下小行距不宜过小，80cm+27.5cm 与 85cm 大垄的效果相似，80cm+50cm 才有明显改善，但是仍低于 40cm 等行距（图 4-5）。因此，从有利于玉米生长角度看，均衡分布最有利，不均衡分布程度越高越不利。

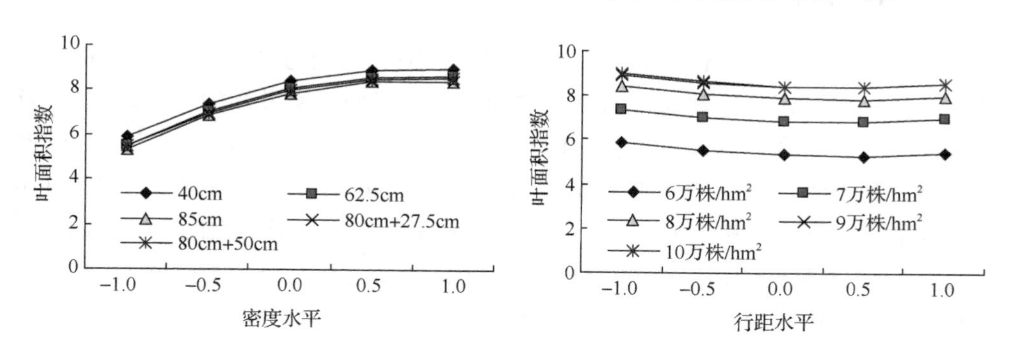

图 4-5　叶面积指数随密度或行距的变化动态

吐丝期玉米植株群体不同层次（间隔 30cm）的透光率与叶面积指数是指数函数关系，随着叶面积指数增加，透光率以先快后慢的方式下降（表 4-2，图 4-6）。6 万株/hm² 宽窄行 80cm+50cm 条件下（处理 3）透光率随着叶面积指数增加下降快，截获的光多。7.737 万株/hm² 大行距 79.1cm 条件下（处理 4）透光率随着叶面积指数增加下降慢，截获的光少，透光多。

表 4-2 透光率与叶面积指数的回归方程

处理	方程	F 检验	P	决定系数
1	$Y=98.238e^{-0.305X}$	552.61	0.0001	0.986
2	$Y=83.629e^{-0.296X}$	951.28	0.0001	0.992
3	$Y=90.940e^{-0.381X}$	870.24	0.0001	0.991
4	$Y=89.455e^{-0.240X}$	372.78	0.0001	0.982
5	$Y=91.610e^{-0.255X}$	962.00	0.0001	0.992
6	$Y=83.641e^{-0.274X}$	328.33	0.0001	0.976

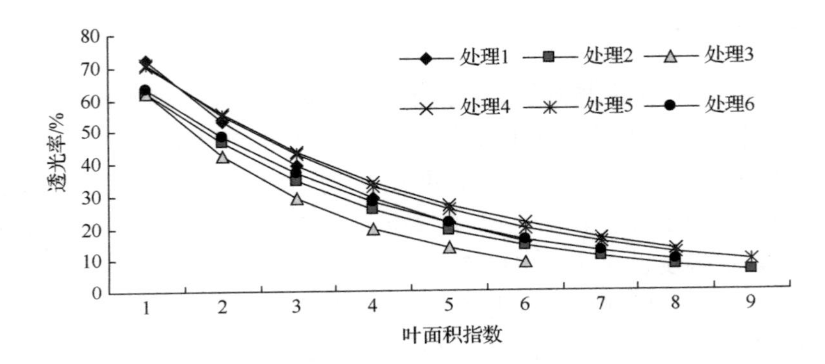

图 4-6 叶面积指数对玉米群体透光率的影响

2. 消光系数

作物群体的消光系数既受到品种遗传特性影响，又受到群体大小与结构的影响。不同行距下消光系数随着密度的增加呈现先降低后略升高的变化，在 6 万株/hm^2 密度时不同种植方式间消光系数差异大；随着密度的增加，消光系数间差异变小，到 10 万株/hm^2 密度时差异基本消失。在 40cm 均衡播种条件下密度由 6 万株/hm^2 增加到 8 万株/hm^2 时（−1 到零水平），消光系数下降；增加到 10 万株/hm^2 时有回升，8 万株/hm^2 时最小；62.5cm 等距方式受密度影响略小于前者，在 8 万～9 万株/hm^2 密度时消光系数最小；85cm 大垄种植则消光系数变化又小些，9 万株/hm^2 密度时消光系数最小。两种宽窄行种植的消光系数均是 9 万株/hm^2 密度下消光系数最小（图 4-7）。密度影响在 6 万～8 万株/hm^2 明显，在 8 万～10 万株/hm^2 不明显。

在不同密度条件下，随着行距的增加，消光系数呈现增加趋势，但是其增加速率随着密度的增加而减少，其中 6 万株/hm^2 密度下最大，到 10 万株/hm^2 密度时几乎不受行距变化影响。因此从消光系数角度看，种植密度是主要决定因素，而种植方式是次要因素，在 6 万株/hm^2 密度时改变种植方式影响大，到 10 万株/hm^2 密度时改变种植方式没有意义，可根据机械作业要求确定行距。

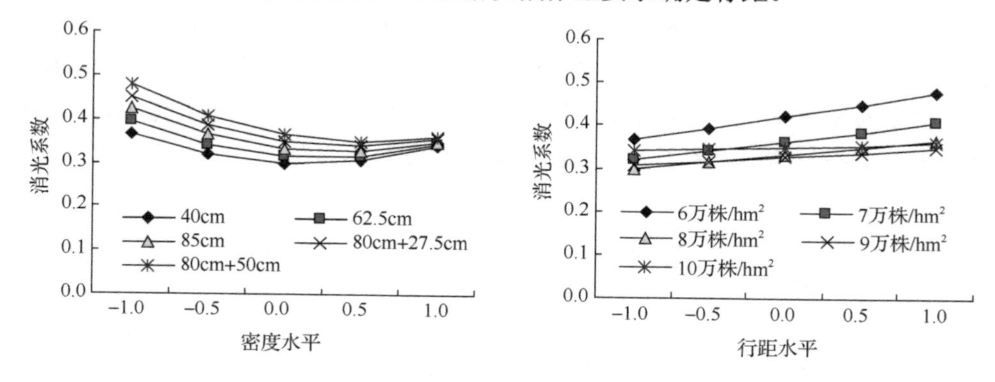

图 4-7　密度和行距对消光系数的影响

3. 根系数量

群体大小和结构也影响玉米的根系数量。玉米次生根的 1～4 层变化不明显，每层数量为 3～6 条，随着层数升高有所增加。受影响的主要是第 5～8 层，其中处理 1 和处理 2 有 8 层根。处理 6 的第 6 层根数量最多，其他处理均为第 7 层根数量最多。

在不同种植方式下，玉米单株总根数均随密度的增加而呈现下降趋势。在 6 万～8 万株/hm^2 密度时下降较快，8 万～10 万株/hm^2 密度时下降速率变慢（图 4-8）。不同密度下，单株根系数量随着行距由 40cm 增加到 62.5cm 而略有降低，增加到 85cm 没有变化；当改为宽窄行种植时，根系数量回升，到 80cm+50cm 种植时最高。密度为 6 万株/hm^2、种植方式为 80cm+50cm 时出现最大值 56.72 条，故低密度宽窄行更利于单株玉米植株的根系发育。

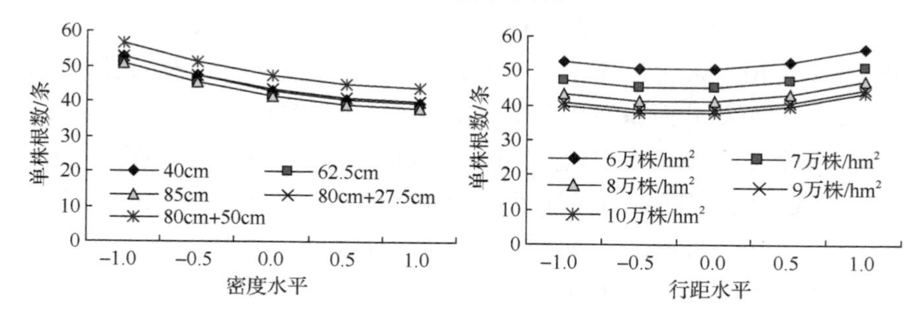

图 4-8　单株总根数随密度和行距变化曲线

玉米群体根数变化与单株有所不同，在不同种植条件下，随密度的增加，群体根数呈先增加后下降趋势，在 8 万株/hm^2 密度时达到最大；在 6 万株/hm^2 密度时不同种植方式间根系数量差异较大，随着密度增加差异变小，在 10 万株/hm^2 密度时最小（图 4-9）。在每个密度条件下，随行距的增加群体根数均呈现增加趋势。密度为 8 万株/hm^2、种植方式为 80cm+50cm 时，每平方米可以有 2780 条根，故该群体大小与结构更利于玉米的群体根系发育。

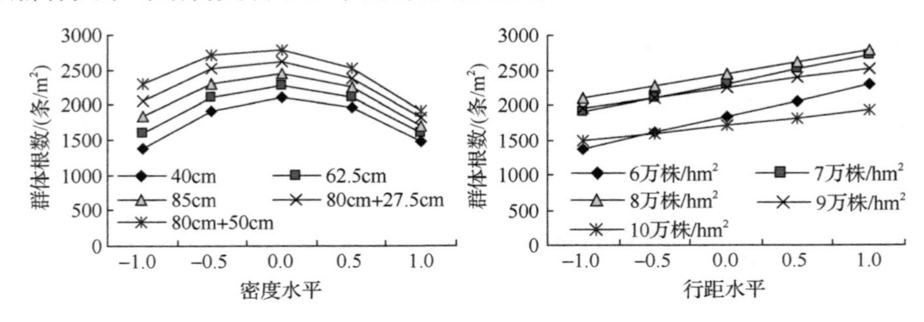

图 4-9　群体总根数随密度和行距变化曲线

4.2.2　栽培措施对群体大小和结构的调控

为了分析栽培措施对群体的调控，设置 5 个处理，OPT 为 8 万株/hm^2 密度+配方施肥+宽窄行种植（80cm+50cm）+拔节期化控，在此基础上安排 4 个处理分别减少 1 个措施，即 OPT-D 为 6 万株/hm^2 密度，OPT-F 为不施肥，OPT-S 为等行距（65cm），OPT-C 为无化控。吐丝期采用棍式照度计顺垄调查大垄、小垄及横垄的不同层次（层高 30cm）照度，并进行大田切片。

1. 吐丝期叶面积指数垂直分布

吐丝期玉米叶面积指数垂直分布随冠层的升高先增大后减小，在冠层中上部达到最大（图 4-10）。施肥处理显著增加了玉米下层（0～90cm）及上层（＞210cm）叶面积指数，穗位处叶面积指数无显著差异；密植对吐丝期叶片垂直分布无显著影响，但 6 万株/hm^2 密度上层内（180～270cm）3 层间更接近；未喷施化控剂显著增加了 150cm 以上各层叶面积指数，而穗位以下无显著影响；等行距处理玉米吐丝期中层（120～180cm）叶面积指数显著大于宽窄行处理。

按照 90cm 为 1 层将玉米分为上、中、下 3 层，处理 OPT-D、OPT、OPT-C 均表现为上层＞中层＞下层，处理 OPT-F、OPT-S 表现为中层＞上层＞下层，施肥处理上、下层叶面积指数分别比未施肥处理的增加 0.73、0.55，未施肥处理的中层叶面积指数显著大于施肥处理；增加密度可提高玉米吐丝期各层叶面积指数；

喷施化控剂显著降低吐丝期玉米中层及上层叶面积指数，分别降低 27.02%和 24.86%；等行距处理各层叶面积指数高于宽窄行处理，其中中层叶面积指数显著高于宽窄行处理。

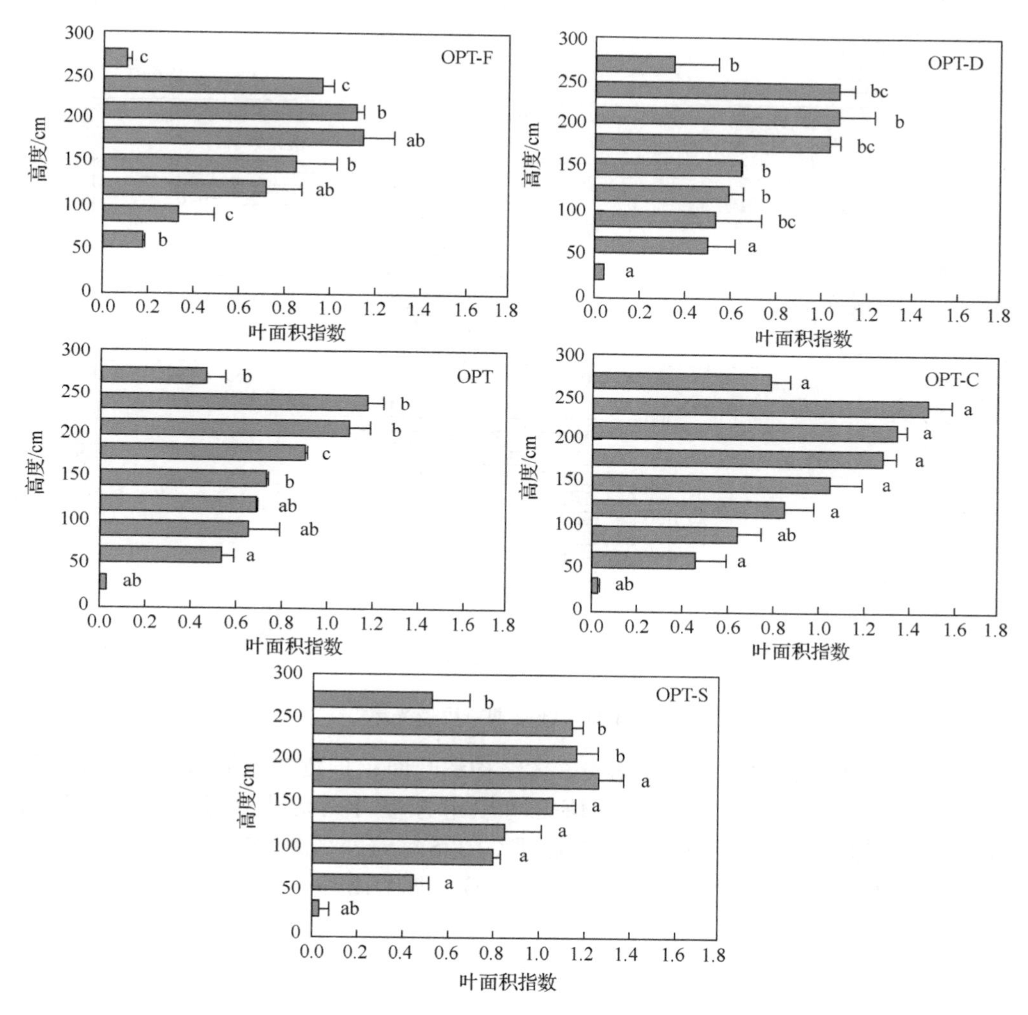

图 4-10　吐丝期叶面积指数垂直分布

2. 吐丝期冠层透光率

随着冠层的降低，透光率逐渐减少（图 4-11）。无肥处理各层透光率均显著高于施肥处理；低密度处理下层（＜120cm）透光率大于高密度处理，对穗上部冠层透光率无显著影响；未喷施化控剂处理的各层透光率均低于喷施化控剂处理，但差异不显著；宽窄行处理的各层透光率均高于等行距处理，尤其在穗位层达到显著。

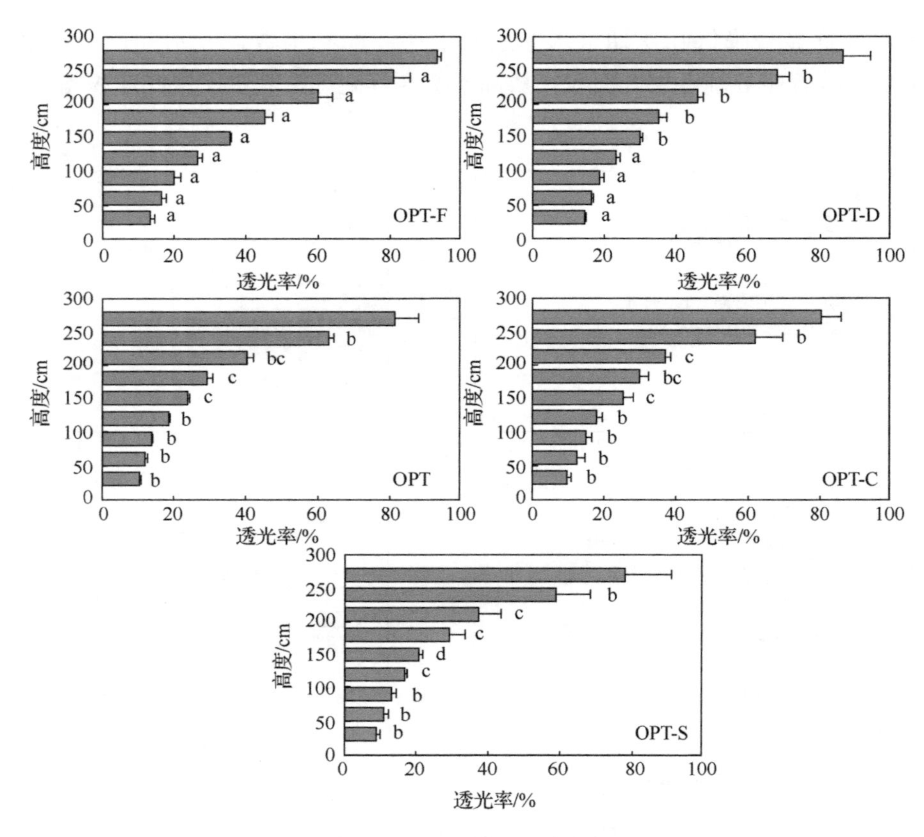

图 4-11　吐丝期冠层透光率

玉米群体内部的透光率变化与群体结构和叶面积指数关系密切，随着叶面积指数的增加，透光率呈现指数下降，可以用方程 $Y=a\times e^{-bX}$ 表述，决定系数为0.9696～0.9959，b 值最大的是 OPT 处理（0.325），最小的是 OPT-C 处理（0.251），其他 3 个处理较接近（0.282、0.296、0.290）（图 4-12）。

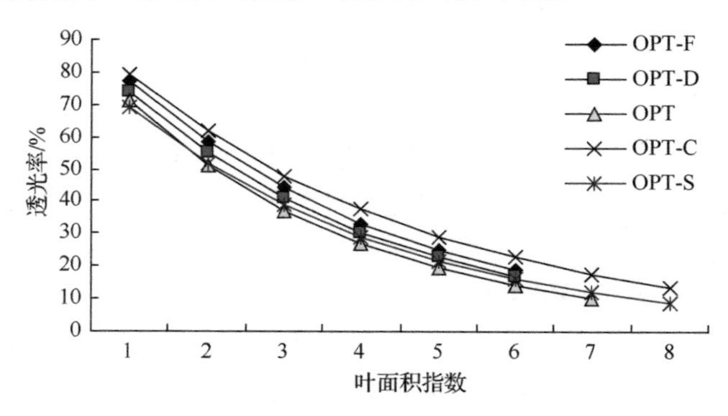

图 4-12　不同栽培模式下透光率随叶面积指数变化理论曲线

3. 栽培措施对根系活力的影响

施肥与密度对玉米个体根系发育及其活力影响很大。与 OPT 相比，未施肥处理 OPT-F 的根系总吸收面积和活跃吸收面积减少近 40%，而 OPT-D 由于密度降低到 6 万株/hm^2，个体发育更好，其根系活跃吸收面积增加了近 50%，换算成群体根系活力仅大约增加了 11%（图 4-13）。等行距 OPT-S 和无化控 OPT-C 的根系活力与 OPT 的差别主要在最上一层，这显示宽窄行及化控有促进上层根系活跃吸收面积的作用。

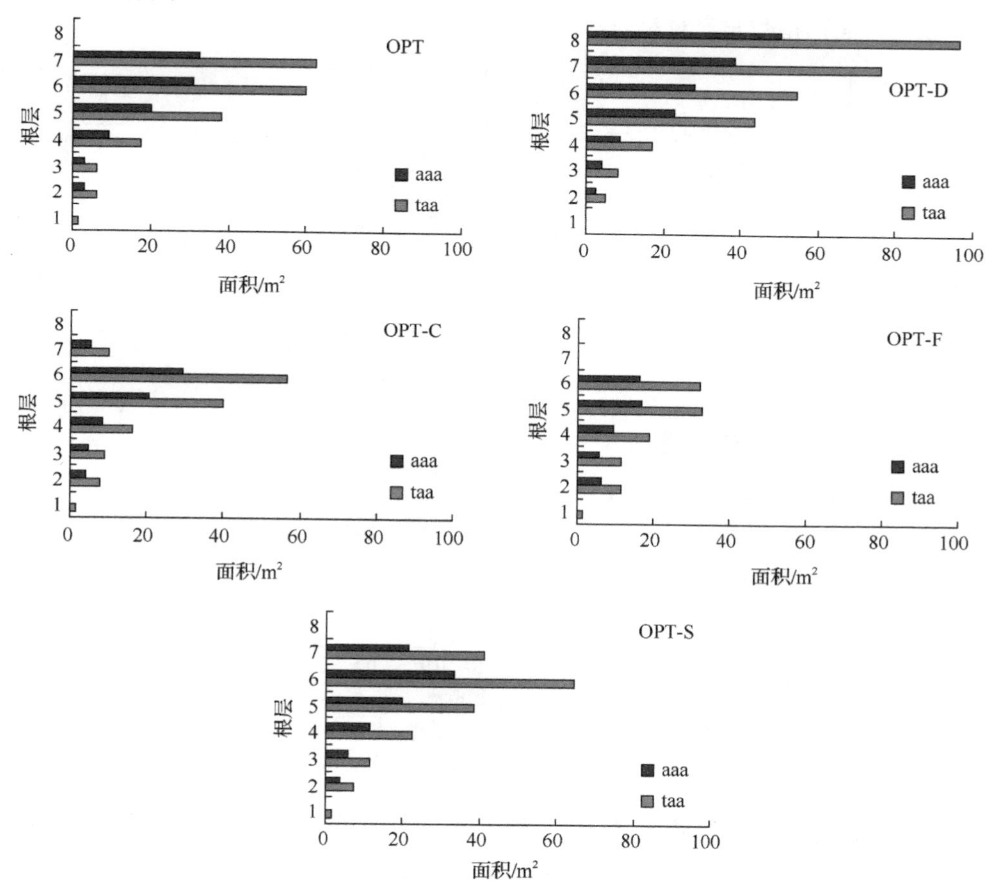

图 4-13　栽培措施对单株根系活力的影响

注：aaa 和 taa 分别是总吸收面积和活跃吸收面积。

4.2.3 行距及化控对群体结构的微调

对 8 万株/hm^2 密度下不同行距和抽雄前化控有无处理的吐丝期大田玉米进行切片处理，发现其冠层叶面积指数的垂直分布差异显著（图 4-14）。下层（0～90cm）

各处理间叶面积指数大小及分布差异不显著，中层（90～180cm）的叶面积指数表现为宽窄行处理(80cm+50cm)显著低于等行距处理(65cm)，上层(180～210cm)宽窄行处理的叶面积指数较等行距处理略大，且在冠层顶部（210～240cm）达到差异显著（宽窄行＞等行距）。另外，宽窄行种植（WNR、WR）后，玉米群体上层（180～240cm）的叶面积指数在全株所占比例增大，WNR 较 UNR 增加 9.36%，WR 较 UR 增加 9.45%。抽雄前化控抑制了顶层叶片生长，其中 180～240cm 层叶面积指数略有降低，而 240～270cm 层达到差异显著。相关性分析显示（表 4-3），玉米群体下层（0～180cm）叶面积指数值与产量呈负相关，而冠层上部（180～240cm）叶面积指数与产量呈正相关。

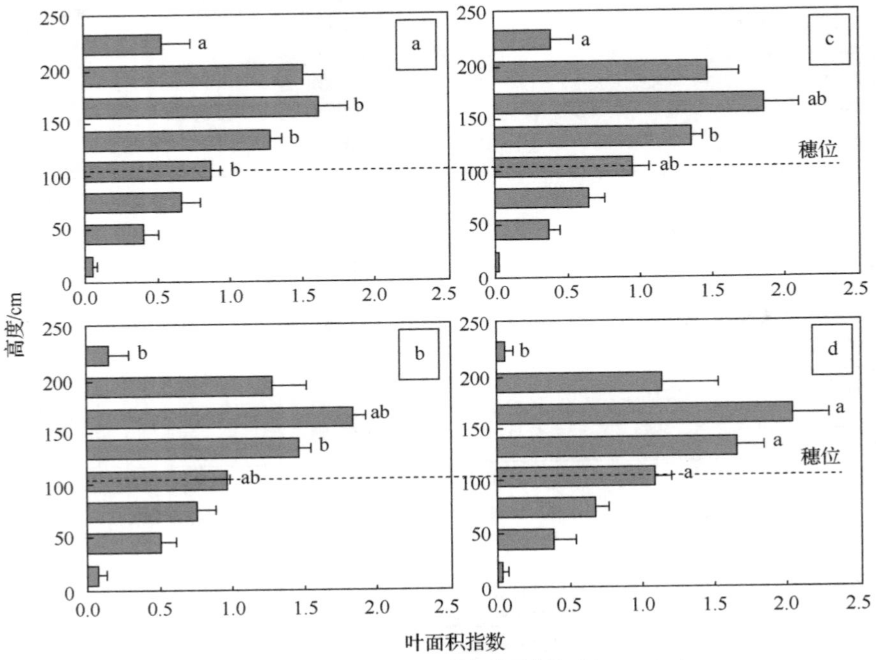

a. 宽窄行无化控（WNR）；b. 等行距无化控（UNR；CK）；
c. 宽窄行化控（WR）；d. 等行距化控（UR）。

图 4-14　吐丝期叶面积指数垂直分布

表 4-3　产量与各冠层叶面积指数相关性分析

冠层垂直分层/cm	相关系数	冠层垂直分层/cm	相关系数
0～30	−0.84	120～150	−0.54
30～60	−0.76	150～180	−0.27
60～90	−0.88	180～210	0.76
90～120	−0.34	210～240	0.72

4.3　玉米群体结构与产量的关系

4.3.1　密度和田间分布对干物质积累分配的影响

完熟期群体干物质重随密度增加呈现先上升后下降趋势，其最大值出现在 8 万～9 万株/hm^2；群体干物质重随行距的增加呈现先下降后上升的趋势，其最低值出现在 85cm 大垄和 80cm+22.5cm 种植情况下，62.5cm 等行距略好于 80cm+ 50cm 种植（图 4-15）。采用 40cm 等行距种植比其他行距的群体干物质重要高，显示均衡分布最有利于群体干物质积累，大垄（85cm）或小行距宽窄行（80cm+22.5cm）不利于干物质积累。

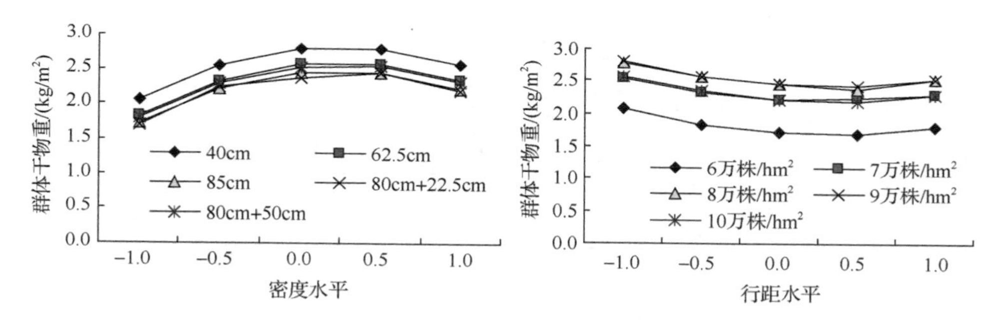

图 4-15　玉米群体干物质重随密度和行距变化理论曲线

郑单 958 具有较强的花后光合能力，不同群体花前干物质的转移率为 5.9%～15.5%，贡献率为 2.5%～9.2%。随着密度的增加花前干物质的转移率呈现抛物线变化，在 40cm 行距种植时其高点为 8 万株/hm^2，在 62.5cm 和 85cm 行距时高点为 9 万株/hm^2，在宽窄行种植时高点为 10 万株/hm^2。在 5 种种植方式中，中间 3 种的转移率较低，说明后期光合能力更高。转移率随着行距的增加呈现反抛物线变化，低点出现在 85cm 大垄种植时，40cm 或 80cm+50cm 种植均较高。总体看，6 万株/hm^2 密度下较低，说明后期光合能力强，需要调动转移的相对较少，而 8 万～10 万株/hm^2 密度下较高，显示后期光合能力有限，需要调动更多的临时贮藏的光合产物（图 4-16）。

花前干物质的贡献率受密度和行距的影响与转移率基本相同，其中密度影响的高点向高密度方向移动，如 40cm 行距下高点为 9 万株/hm^2，85cm 等距和 80cm+22.5cm 宽窄行种植的高点都是 10 万株/hm^2。行距的影响在 40cm 均衡分布下差异较小，宽窄行时不同密度间的差异加大，10 万株/hm^2 密度、80cm+50cm 种植方式的贡献率最高（图 4-17）。

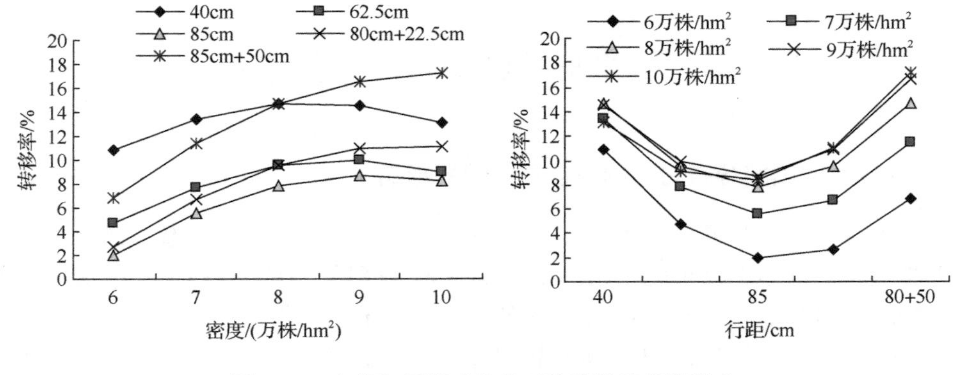

图 4-16 密度和行距对花前干物质转移率的影响

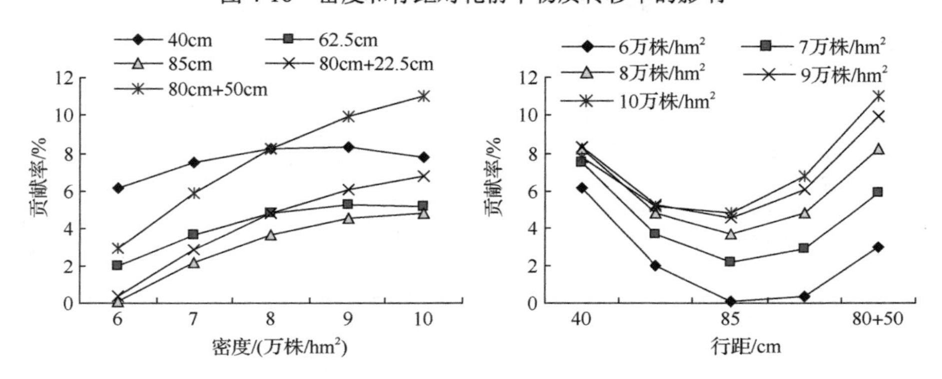

图 4-17 密度和行距对花前干物质贡献率的影响

4.3.2 栽培措施对玉米干物质积累分配的影响

不同栽培措施对玉米群体干物质积累有显著影响，表现为吐丝前施肥处理的干物质积累量显著高于未施肥处理，低密度处理下玉米吐丝前干物质积累量显著低于高密度处理，未喷施化控剂处理吐丝前干物质积累量显著高于喷施化控剂处理，行距对玉米干物质积累量无显著影响。吐丝后干物质积累显著大于吐丝前干物质积累，吐丝后各处理间干物质积累量差异仅不施肥处理与无化控处理间达到显著水平。吐丝前干物质积累率表现为 OPT-D＞OPT＞OPT-C＞OPT-F＞OPT-S，吐丝后相反，表明施肥有助于玉米吐丝前干物质积累，提高密度、喷施化控剂及等行距处理有助于吐丝后干物质积累（表 4-4）。

不同栽培措施对花前贮藏在玉米茎鞘的干物质向籽粒转运具有不同影响。减少肥料施用、降低种植密度主要降低玉米茎鞘干物质的转运量，分别减少 16.26% 和 15.95%，对玉米茎鞘干物质转运率及转移干物质对籽粒的贡献率影响较小；喷施化控剂后，玉米茎鞘干物质转运量及转移干物质对籽粒的贡献率增加，可显著提高玉米茎鞘干物质转运率；行距对玉米茎鞘干物质转运具有显著影响，表现为等行距种植的玉米茎鞘干物质转运量、转运率及转移干物质对籽粒的贡献率均显著低于宽窄行种植，调用花前光合产物较少，表明后期源库矛盾较小。

表 4-4　不同栽培措施下玉米干物质积累及对籽粒的贡献

处理	干物质积累量/（kg/hm²）		干物质积累率/%		茎鞘干物质	
	吐丝前	吐丝后	吐丝前	吐丝后	转运率/%	贡献率/%
OPT-F	7 986.40c	11 651.15cd	40.67	59.33	25.32a	14.14a
OPT-D	8 302.20c	10 660.92d	43.78	56.22	25.16a	13.03a
OPT	9 668.80b	13 662.99bc	41.44	58.56	25.87a	12.91a
OPT-C	11 218.40a	16 201.65a	40.91	59.09	14.71b	7.55ab
OPT-S	9 574.00b	14 031.01ab	40.56	59.44	8.80b	4.50b

由表 4-5 可知，不同栽培措施间产量差异显著，施用肥料、提高种植密度及宽窄行措施均可增加玉米产量，而喷施化控剂措施会降低玉米产量。肥料及密度对玉米产量具有显著影响，其技术贡献率分别为 24%和 17%，化控剂喷施（−13%）及行距变化（4%）对玉米产量影响较小。从产量构成因素上看，无肥、低密度、不喷施化控剂和等行距措施均可以提高玉米的行数及行粒数，但会降低百粒重。对产量构成因素的通径分析显示，粒重的直接通径系数最大，为 0.5462；穗数其次，为 0.1641；穗粒数最小，为 0.0853，表明各项措施主要通过百粒重影响产量，这与籽粒灌浆期间遭遇多雨寡照有一定关系。

表 4-5　不同栽培措施下玉米产量与产量构成因素

处理	产量/（kg/hm²）	行数	行粒数	百粒重/g	技术贡献率/%
OPT-F	9 200.3d	14.5	34.5	21.7b	24
OPT-D	10 019.5cd	15.5	35.5	24.2ab	17
OPT	12 028.1ab	14.4	33.7	26.4a	
OPT-C	13 601.9a	15.7	35.3	26.0a	−13
OPT-S	11 533.7bc	15.3	34.8	25.5ab	4

4.4　高产玉米的群体生理指标

4.4.1　株高

高产郑单 958（吨粮田）全生育期内株高变化可以用逻辑斯谛方程 $Y = 273.96/(1+e^{3.838-0.098X})$ 描述，P 值为 0.0001，决定系数为 0.999，反映方程拟合极好。玉米在出苗后 26d 进入快速生长，直线生长持续约 27d，其平均生长速率为 3.4cm/d，其最大生长速率为 6.7cm/d，达到最大生长速率的时间是出苗后的 39d。苗后 53d

株高增长趋缓，到 70d 后株高达到最大（图 4-18）。

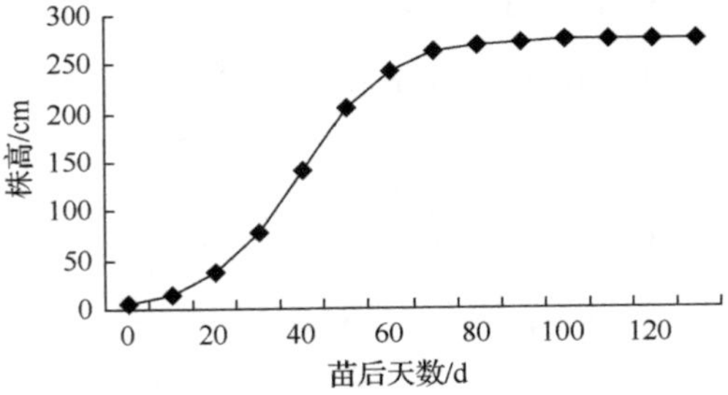

图 4-18　寒地吨粮田玉米郑单 958 的生长理论曲线

4.4.2　叶面积指数及叶绿素相对含量

寒地吨粮田玉米郑单 958 的叶面积指数在出苗 25d 内缓慢增加，由 0 增加到接近 0.4，25～65d 迅速增加并达到 5.35 左右，吐丝期后叶面积以近线性形式缓慢降低，到完熟期仍维持在 4.5 以上。叶面积指数在 5 叶期、拔节期、大喇叭口期、吐丝期、乳熟期和完熟期分别为 0.21、0.88、4.64、5.35、4.85 和 4.6。因此，在 2014 年哈尔滨的自然气候条件下，6 万株/hm^2 密度和最佳施肥情况下最大最适叶面积指数为 5.35。

对吨粮田玉米叶面积指数变化进行了多种方程的拟合，效果均不理想。为此我们用分段拟合的办法进行分析，抽雄吐丝之前（0～65d）用逻辑斯谛方程[$Y=5.503/(1+e^{6.405-0.150X})$，$F=1124.97$，$P=0.001$，$R^2=0.995$]可以完美拟合，而吐丝后（65～130d）用多种方程拟合效果相似，且不是很理想，故选择一个拟合较好且简洁的线性方程（$Y=5.985-0.0112X$，$F=28.81$，$P=0.0127$，$R^2=0.906$）来描述，两者的合成图见图 4-19。叶面积指数缓慢转快速增长时间在苗后 34d，快速生长持续 18d 左右，到苗后 52d 转为缓慢，其平均速率为 0.10/d，最大速率为 0.206/d，其时间点是苗后 43d。苗后 70d 达到最大，之后逐渐减少，到完熟期仍维持在 4.6 左右。

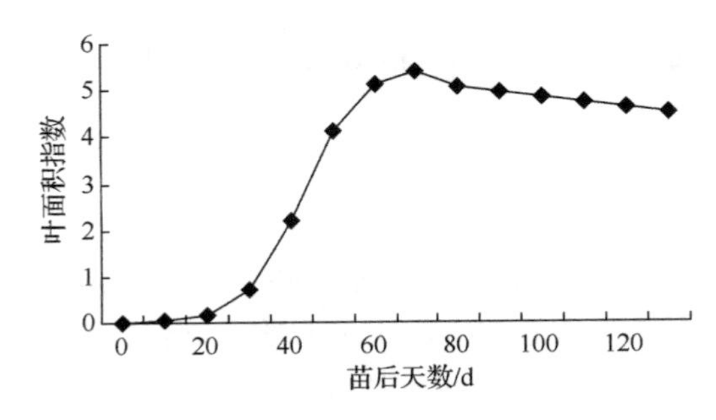

图 4-19　寒地吨粮田玉米郑单 958 叶面积指数理论曲线

随着玉米生长进程，叶片中叶绿素逐渐增加。利用 SPAD 仪对棒三叶的测定显示叶绿素相对含量（SPAD）呈先增加后减少的趋势，苗后第 59d、66d、99d，平均 SPAD 值分别为 47.8、64.7、62.2。吐丝期不同叶位叶片的 SPAD 值呈现随着叶位上升逐渐增加趋势，到棒三叶后改为逐渐减少的趋势，第 8～20 叶均超过 50，第 9～16 叶均在 60 左右，第 12、14 叶超过 70（图 4-20）。

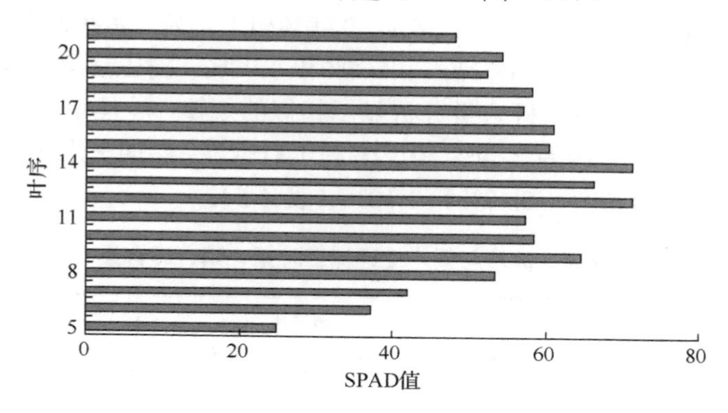

图 4-20　吐丝期吨粮田玉米郑单 958 单株逐叶 SPAD 值

4.4.3　干物质积累

玉米干物质积累规律遵循 S 形曲线，即苗期缓慢增长，中期直线上升，后期稳定增长。在高产的条件下，单株生长可以用方程 $Y = 462.5/(1+e^{3.845-0.049X})$ 描述，其中 Y 为干物质重，X 为苗后天数，F 值为 674.7，P 值为 0.0001，决定系数为 0.996。苗后 51～105d 是干物质快速积累阶段，平均速率为 2.9g/d，最大速率为 5.7g/d，出现在苗后 78d（图 4-21）。吨粮田玉米的籽粒生长同样可用逻辑斯谛方程 $Y = 34.93/(1+e^{3.736-0.1167X})$ 很好地表示，其中 Y 为百粒干重，X 为花后天数，F 值为 458.92，P 值为 0.0002，决定系数为 0.997。授粉后 21～43d 是籽粒的线性增长阶段，百粒重增加平均速率为 0.516g/d，最大速率为 1.02g/d。

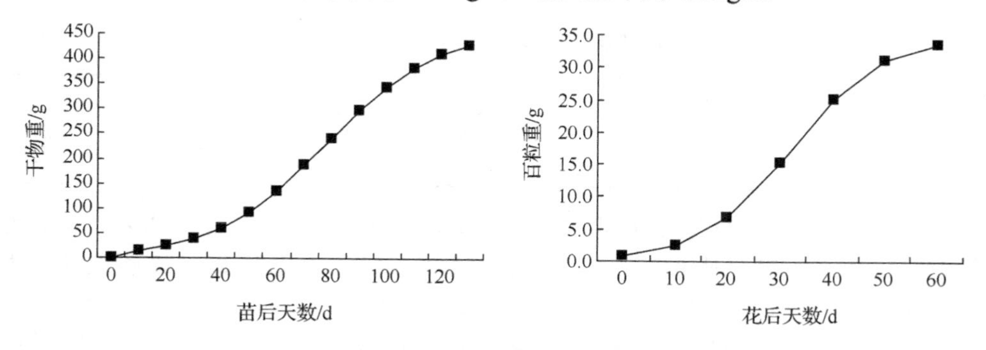

图 4-21　吨粮田玉米干物质积累及百粒重生长动态方程

4.4.4 氮、磷、钾含量

对 2013 年肥料试验（3414 设计）中，产量最高和最低的各 2 个处理在吐丝期和完熟期植株叶片中的氮、磷、钾含量进行测定，两个低产处理（1、2）在两个时期，叶片氮、磷、钾含量都低于两个高产处理（12、13）。高产处理吐丝期玉米叶片中氮、磷、钾含量平均为 2.88%，0.40%和 1.76%。完熟期玉米叶片中氮、磷、钾含量高产处理平均为 1.72%、0.165%和 1.07%。对上述 4 个处理在吐丝期和完熟期棒三叶的氮、磷、钾含量分析显示相似的规律，吐丝期玉米棒三叶中氮、磷、钾含量高产处理平均为 2.69%、0.39%和 1.81%。完熟期玉米棒三叶中氮、磷、钾含量高产处理为 1.74%、0.17%和 1.10%（表 4-6）。

表 4-6　高产与低产处理棒三叶氮、磷、钾含量

处理	氮含量/%		磷含量/%		钾含量/%	
	吐丝期	完熟期	吐丝期	完熟期	吐丝期	完熟期
12	2.75	1.83	0.40	0.18	1.86	1.21
13	2.63	1.65	0.38	0.16	1.76	1.09
1	2.31	1.04	0.33	0.16	1.68	1.02
2	2.05	0.96	0.27	0.14	1.62	0.96

对 2014 年高产处理叶片中的氮含量分析显示，随着生长进程叶片中氮含量均呈先上升再下降的趋势，高峰出现在吐丝期，氮含量为 2.9%，到完熟期氮含量降低至 1.4%。叶片中的磷含量呈逐渐下降趋势，吐丝期为 0.4%，乳熟期为 0.29%，随着生长进程叶片中钾含量呈下降趋势。对花后棒三叶氮、磷、钾的分析见表 4-7。综合 2 年试验结果，吨粮田郑单 958 的营养指标为，5 叶期植株氮含量应高于 4.7%，钾含量应在 2.01%左右；吐丝期棒三叶氮含量为 2.53%～2.75%，磷含量应为 0.38%～0.43%，钾含量应大于 1.76%；完熟期叶片氮含量应大于 1.4%，磷含量高于 0.2%，钾含量应高于 1.12%。

表 4-7　吨粮田玉米棒三叶氮、磷、钾含量

处理	氮含量/%			磷含量/%			钾含量/%		
	吐丝期	乳熟期	完熟期	吐丝期	乳熟期	完熟期	吐丝期	乳熟期	完熟期
施肥	2.53	2.52	1.35	0.43	0.31	0.22	2.02	1.76	1.20

黑龙江省哈尔滨市东北农业大学试验站的土壤为黑土，前茬为玉米，试验地基础肥力较高，有机质含量为 3.42%，全氮含量为 1850mg/kg，碱解氮含量为 127.9mg/kg，全磷含量为 1470mg/kg，速效磷含量为 98.1mg/kg，缓效钾含量为 1203.3mg/kg，速效钾含量为 193.5mg/kg，pH 值为 6.9。2013 年试验处理 12 的产量水平最高，为 15 092.5kg/hm^2，处理 2 的产量水平最低，为 12 492kg/hm^2，以 3

种肥料为自变量对产量进行回归分析，获得回归方程：

$$Y = 13\,201.2 - 9.308X_1 + 25.819X_2 + 19.965X_3 - 0.035X_1^2 - 0.096X_2^2 - 0.068X_3^2 + 0.0998X_1X_2 + 0.0988X_1X_3 - 0.229X_2X_3$$

优化结果显示：施氮肥 182.9kg/hm^2、不施磷肥、施钾肥 225kg/hm^2，可以获得最高产量 15 427.2kg/hm^2。这个结果与土壤基础肥力相匹配。由于连续多年大量施用磷酸二铵，土壤速效磷含量很高，施用磷肥并没有增产的效果，反而不利于产量的提高。

第5章　玉米的源库特点与产量形成

作物产量形成的基础是光合作用，影响光合作用的主要器官是叶源和根源。光合产物不仅构建了作物的营养体，也构建了作物的繁殖器官，因此对于谷类作物而言，穗的生长发育与籽粒灌浆过程决定了作物的最终库器官大小，源、库、流间的协调是作物高产的关键。探求寒地玉米的源库特点及其对产量形成的影响是认识寒地玉米高产规律的主要途径。

5.1　源库协调与产量形成

5.1.1　高产玉米的源库特点

1. 高产玉米群体源库性状及回归分析

叶源是光合产物的主要提供者，它通过库的建成和充实对产量产生影响。1999～2001年在东北农业大学香坊试验站进行不同氮、磷、钾和密度的田间试验，采用饱和设计416，品种为DH808，将不同生育期的叶面积指数与产量建立二次回归方程，可以求得各生育时期实现玉米最高产量的最适叶面积指数（表5-1）。

表5-1　不同生育时期叶面积指数与产量的回归分析

生育时期（月-日）	回归方程	*F* 值	相关系数	最适叶面积指数	最高籽粒产量/（kg/hm^2）
5叶期（6-5）	$Y = 1588.2 + 108\,983.87X - 282\,009.97X^2$	4.14*	0.624*	0.193	12 117
拔节期（6-18）	$Y = 11\,932.1 - 7750.57X + 7321.61X^2$	9.95**	0.778**	1.15	12 701
大口期（7-6）	$Y = -4560.5 + 7138.94X - 747.02X^2$	5.63*	0.681*	4.39	12 383
吐丝期（7-24）	$Y = -25\,345.0 + 12\,705.16X - 1071.72X^2$	30.60**	0.908**	5.93	12 299
乳熟期（8-16）	$Y = -5.39 + 3295.40X - 191.63X^2$	11.35**	0.797**	5.71	12 562
蜡熟期（8-30）	$Y = -8623.1 + 7732.92X - 714.54X^2$	23.36**	0.885**	5.41	12 300
完熟期（9-14）	$Y = 3888.0 + 470.96X - 604.24X^2$	3.3842	0.585	3.7	12 159

通过本试验实际得到寒地玉米产量在 12 500kg/hm^2 的群体生理指标（表 5-2），其中最大叶面积指数达到 6 以上，而且随着籽粒灌浆下降缓慢，完熟期的叶面积指数仍然在 3 以上，花后总光合势（LAD）达到 273.4 万 m^2 • d/hm^2，花后干物质积累接近总干物重的一半，最大光能利用率（7 月 6 日～7 月 24 日）达到 5.69%。这与表 5-1 中的最适叶面积指数十分接近。

表 5-2　产量在 12 500kg/hm^2 的玉米群体生理指标

生理指标	5 叶期（6-5）	拔节期（6-18）	大口期（7-6）	吐丝期（7-24）	乳熟期（8-16）	蜡熟期（8-30）	完熟期（9-14）
叶面积指数	0.175	1.07	3.87	6.07	5.68	5.12	3.23
LAD/（万 m^2 •d/hm^2）		8.09	44.5	89.5	135.2	75.6	62.6
群体干物重/（g/m^2）	10.99	101.7	487.5	1202	1800	2053	2330
光能利用率/%		0.91	2.6	5.69	4.05	2.92	2.96

利用 16 个处理的田间辐射量和叶面积求得不同处理的消光系数 K，其范围是 0.406～0.55，因此把 DH808 的消光系数按 0.4 计算，日平均辐射按 2 万 lx 计算，玉米的光补偿点按 0.2 万 lx 计算，群体的临界最大叶面积指数为 5.76。因此，低于 5.76 的处理必然要浪费一些光能，而高于 5.76 的处理，其下部叶片的呼吸要超过光合作用。考虑在中午前后的光辐射在 3 万 lx 左右，DH808 群体的临界最大叶面积指数达 6.76，在本试验中，高产处理的最大叶面积指数超过了 5.76，但是还低于 6.76，即强光照条件下，下部叶片仍然能得到必要的光能，向根系提供光合产物，而且乳熟期和蜡熟期的叶面积指数保持在 5 以上，为维持较高的群体粒数与应有的粒重提供了保证。

利用试验的调查结果，对源性状与库性状间的关系进行多元逐步回归分析，结果表明，单穗粒数与大口期（花前 18d）、乳熟期（花后 23d）和蜡熟期（花后 37d）的单株叶面积正相关[$r_{(Y,2)}=0.426$（偏相关系数，下同），显著水平 $P=0.127$；$r_{(Y,4)}=0.791$，$P=0.0006$；$r_{(Y,5)}=0.524$，$P=0.0527$]，特别是与乳熟期的叶面积呈极显著正相关，与蜡熟期的叶面积接近显著正相关。这表明大口期具有较大的叶面积，意味着个体发育良好，穗发育较为整齐，为单穗粒数多奠定了基础，而乳熟期和蜡熟期具有较大的叶面积，意味着籽粒可以获得更多的光合产物，减少籽粒的败育。

单穗粒数与开花期和完熟期的 LAI 分别是极显著负相关和接近显著正相关[$r_{(Y,4)}=-0.792$，$P=0.004$；$r_{(Y,7)}=0.462$，$P=0.0811$]，与孕穗后期（大口期至开花期）的 LAD 是极显著负相关[$r_{(Y,3)}=-0.743$，$P=0.0013$]，与成熟后期（蜡熟期至完熟期）的 LAD 是正相关关系[$r_{(Y,6)}=0.406$，$P=0.132$]。大口期至开花期的 LAD（或 LAI）较大，表明群体过大，群体与个体间的竞争激烈，影响了单株雌穗的分化，而蜡熟期和完熟期保持较大的 LAI（或 LAD），有利于向籽粒提供充足的有机营养。

群体粒数与乳熟期和蜡熟期的 LAI 呈极显著正相关[$r_{(Y,4)}=0.684$，$P=0.0045$；$r_{(Y,5)}=0.826$，$P=0.0001$]，与孕穗前期和成熟中期的 LAD 分别是接近显著正相关和极显著正相关[$r_{(Y,2)}=0.449$，$P=0.0918$；$r_{(Y,5)}=0.827$，$P=0.0001$]。它表明在孕穗前期群体与个体间的矛盾较小，较大的 LAD 有利于群体粒数的增加，同样到了乳熟期和蜡熟期叶面积开始下降，群体和个体的矛盾减小，较大的 LAI（或 LAD）有利于籽粒的灌浆，减少败育。

粒重与开花期的单株叶面积呈极显著的正相关[$r_{(Y,2)}=0.541$，$P=0.036$]，与蜡熟期的单株叶面积是正相关关系[$r_{(Y,4)}=0.321, P=0.242$]，与乳熟期 LAI 是极显著负相关[$r_{(Y,4)}=-0.631$，$P=0.0082$]，表明开花期个体发育良好有利于籽粒的发育，为最终粒重较高奠定了基础。相反乳熟期 LAI 大，群体与个体矛盾较大，个体发育不好，不利于胚乳细胞的充实；而蜡熟期单株叶面积较大意味着灌浆后期有充足的光合产物向籽粒输送。粒重与孕穗前期和成熟中期的 LAD 呈负相关关系[$r_{(Y,2)}=-0.304$，$P=0.290$；$r_{(Y,5)}=-0.314$，$P=0.272$]，与成熟后期的 LAD 呈正相关关系[$r_{(Y,6)}=0.304$，$P=0.290$]。这也表明了籽粒发育中期群体叶面积较大，不利于单个籽粒的发育，而成熟后期光合势较大意味着叶面积降低缓慢，可以较多地向籽粒提供光合产物。

由上述分析可知，源性状对库性状的影响在个体和群体间是矛盾的，单穗粒数多则群体粒数就少，因此协调二者的关系，获得群体最大产量，存在适宜的源性状指标。

2. 库源性状与产量的相关分析

选择花后平均 LAI（X_1）和每平方米穗粒数（X_2）分别代表源性状和库性状，建立二者与产量的回归方程：$Y=-45\,699.02+7988.4X_1+17.36X_2+578.84X_1^2-0.000\,376X_2^2-2.971X_1X_2$。

其复相关系数 $R=0.970$，F 值=31.919，显著水平 $P=0.000$，表明二者与产量间相关极显著。其中，穗粒数与产量的偏相关系数达显著水平[$r_{(Y,2)}=0.622$，$P=0.0289$]，花后平均 LAI 与产量的偏相关系数接近显著水平[$r_{(Y,1)}=0.556$，$P=0.0581$]。因此，可以利用二者代表源库性状来分析各自与产量的关系。

为了详细分析源库性状与产量的关系，将二者分别取不同的值（均在试验范围内），得到不同源库指标下的玉米产量，并分别作图（图 5-1）。

群体穗粒数在较低水平时（3500），随着花后平均 LAI 的逐渐增加，产量迅速增加（库源比与产量呈负相关关系），当群体穗粒数在中等水平时（4300），产量随着 LAI 的增加先略有降低，而后略有增加（库源比与产量无相关），当群体穗粒数在较高水平时（4700 和 5100），产量随 LAI 的增加而降低（库源比与产量呈正相关关系）。这表明在不同穗粒数水平下，产量与库源比的关系不同，由低库容下产量随源的增加而增加，逐渐转变为高库容下产量随源的增加而降低。

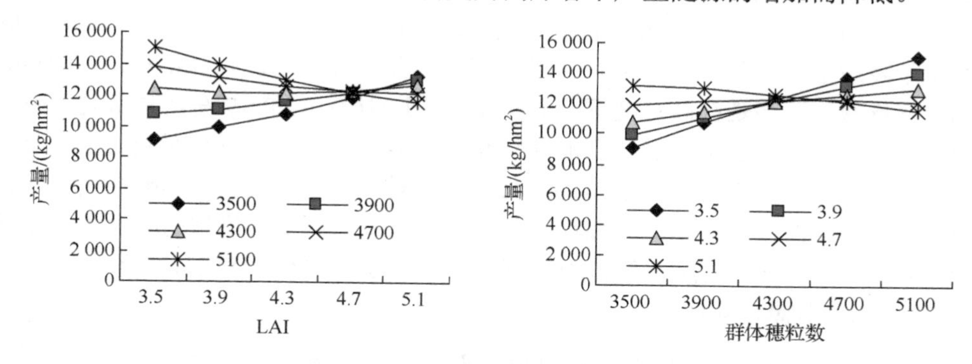

图 5-1 花后平均 LAI 和群体穗粒数对产量的影响

当花后平均 LAI 处于较低水平（3.5 和 3.9）时，随着群体粒数的增加，产量迅速提高（库源比与产量呈正相关关系），但提高速率因 LAI 的增加而减少，源库比与产量相关减弱甚至无相关（如 LAI 为 4.7）；当 LAI 处于较高水平（5.1）时，产量随着群体穗粒数的增加而逐渐降低（库源比与产量呈负相关）。这表明当源较小时，产量随库的增加而增加，而且随着源水平的逐渐增加，逐渐转变为当源较大时产量随库的增加而降低。产量的最高点均出现在库容最大而源量较小的点上，反映了 DH808 源强库弱的特点。

在库或源水平较低的情况下（如花后平均 LAI 为 3.5 或群体粒数为 3500），增源或增库均明显提高产量；随着库或源水平的逐渐提高，增源或增库的增产效果逐渐降低（如 LAI 为 4.7 或群体粒数为 4300）；当库或源水平较高时（如 LAI 达到 5.1 或群体粒数超过 4700），提高源或库水平则导致产量的降低。这表明在不同群体水平、不同产量水平下，源库对产量的影响不断变化。

5.1.2 减源限库的影响

由于遗传背景的差异导致玉米品种间源库性状表现不同，试验选用 4 个高产品种。其中：平展型 2 个，分别是哈尔滨地区的主栽品种四单 19 和本育 9；紧凑型 2 个，分别是 DH808 和 DH3149（引自登海种业）。在两种密度下种植：52 500 株/hm^2（适于平展型）和 75 000 株/hm^2（适于紧凑型）。在吐丝期分别采取减源（把穗位以上的叶片，除了第 3 片外，全部剪掉）和限库（在吐丝 2.5～3cm 时，用硫酸纸袋套上）处理。

1. 减源限库对玉米叶面积与光合势的影响

吐丝期减源处理使低密度下各品种叶面积分别降低 21.9%、22.6%、32.6%和27.5%，而在高密度下分别下降 25.4%、32.2%、32.5%和 28.4%。到成熟期各品种单株叶面积均明显下降，但品种间下降幅度不同，其中 DH808 属于活秆成熟，叶面积下降最小（33%和 45%）；限库处理对各个品种叶面积影响并不相同，DH808无论在低密度下还是在高密度下，叶面积均高于对照；四单 19 在两种密度下限库处理均导致叶面积低于对照；而本育 9 和 DH3149 在低密度下叶面积低于对照，在高密度下又都高于对照（表 5-3）。减源处理对成熟期叶面积的影响在类型间表现略有不同，两个平展型的叶面积多与对照接近，而两个紧凑型的叶面积明显低于对照。限库处理低密度下仅 DH808 高于对照，其他均低于对照，而高密度下仅四单 19 低于对照，其他均高于对照。

表 5-3　减源限库对玉米单株叶面积及单位面积光合势的影响

品种	密度	吐丝期叶面积/cm^2			成熟期叶面积/cm^2			光合势/（$m^2 \cdot d$）		
		对照	限库	减源	对照	限库	减源	对照	限库	减源
四单 19	52 500/（株/hm^2）	8076	8076	6305	934	378	911	130.1	122.1	104.2
本育 9		7067	7067	5471	1687	865	1612	126.4	114.5	102.3
DH808		8491	8491	5727	5708	7134	3253	186.4	205.1	117.9
DH3149		6618	6618	4801	4247	2340	1711	156.9	129.3	94.02
四单 19	75 000/（株/hm^2）	6175	6175	4605	2675	2126	2037	165.9	155.6	124.5
本育 9		6278	6278	4256	1154	3464	128	139.4	182.7	82.2
DH808		7376	7376	4981	4056	5491	2549	214.4	241.3	141.2
DH3149		6216	6216	4448	1122	3859	1266	137.6	188.9	107.1

减源处理对各个品种成熟期光合势的影响完全一致，LAD 明显低于对照，品种间仍然是 DH808 的光合势最高。限库处理对各个品种成熟期光合势的影响与单株叶面积的影响完全相同，但是 DH808 的光合势明显高于其他 3 个品种。

2. 减源限库对玉米干物质积累的影响

减源处理不仅会降低玉米生育后期的光合势，还导致干物质积累减少，4 个品种单株干物重均明显低于对照处理（表 5-4）。限库处理对干物质积累的影响在品种间表现不同，其中四单 19 的干物重在两种密度下均低于对照处理，表明光合生产受到籽粒库大小的影响；本育 9 和 DH3149 正相反，干物重因限库处理而高于对照，表明二者光合源的供应能力没有受到库大小的影响；在低密度下 DH808的干物重积累不受限库处理影响，而在高密度下，干物质积累明显增加。

表 5-4　减源限库对成熟期玉米单株干物重的影响

品种	低密度/（52 500 株/hm²）			高密度/（75 000 株/hm²）		
	对照	限库	减源	对照	限库	减源
四单 19	306.5	281.7	228.5	263.8	254.8	179.3
本育 9	313.5	340.3	241	217	231.7	149.5
DH808	384.2	381.5	269.9	254.7	298.4	220.1
DH3149	273.5	288.9	224.2	220.7	229.9	169.1

在低密度（适宜密度）下，减源处理使四单 19 成熟期茎鞘重比吐丝期茎鞘重减少最多，达到 47.4%，表明因光合面积下降，干物质积累减少，光合产物不能满足籽粒的要求，茎鞘中临时贮藏的光合产物被再分配到籽粒，而百粒重比对照仅下降 1%，是 4 个品种中最少的。限库处理使四单 19 干物重仅增加 5.9%，明显低于其他品种，同时百粒重比对照增加 41.1%，是 4 个品种中最大的。这都反映了该品种源供应能力不足，而库调动光合产物的能力最强。

在高密度下减源处理对四单 19 的影响与低密度下不同。成熟期茎鞘干物重比吐丝期减少 13.4%，是 4 个品种中最少的，而且小于对照的降低幅度，尽管百粒重比对照还增加 9.1%，但是因穗粒数下降较多（36%），整体库容有限，它调动的光合产物相应减少；限库处理仅增加茎鞘干物重的 0.5%，百粒重增加 47.8%，同样表明其库调动光合产物的能力较强。四单 19 在两种密度下限库处理的产量均最高，说明四单 19 的库很强（表 5-5）。

表 5-5　不同处理成熟期比吐丝期茎鞘重减少率　（单位：%）

品种	低密度/（52 500 株/hm²）			高密度/（75 000 株/hm²）		
	对照	限库	减源	对照	限库	减源
四单 19	41.9	−5.9	47.4	17.5	−0.5	13.4
本育 9	19.7	−53	24.9	32.1	−2	32.7
DH808	5.47	−46	11.2	18.2	−3.	18.7
DH3149	14.8	−37	29.4	22.7	0.57	37.7

DH808 在低密度下减源处理的茎鞘干物重仅下降 11.2%，是 4 个品种中最少的，表明光合产物的再分配最少，但百粒重下降 17%（表 5-6）。限库处理使 DH808 的茎鞘干物重增加 46%，表明光合产物大量积累在茎鞘中，同时百粒重增加 31.1%，仅高于 DH3149。这反映该品种源供应能力较强，而库调动光合产物的能力较弱。

在高密度条件下，减源处理使 DH808 的茎鞘干物重比吐丝期茎鞘重减少 18.7%，比对照略多一点，而百粒重下降 8%，是 4 个品种中最多的；限库处理使 DH808 茎鞘干物重增加 3%，在 4 个品种中最多，但百粒重的增加幅度最低

（37.8%），同样反映它的库征调能力较弱、源供应能力较强的特点。DH808 在两种密度下限库处理的产量均最低，说明 DH808 的库最弱；而减源处理下，DH808 在低密度下的产量较高，尤其是在高密度（适宜密度）下的产量，明显高于其他 3 个品种，表明源供应能力最强。

表 5-6　不同处理百粒重及相对变化

品种	低密度/（52 500 株/hm²）					高密度/（75 000 株/hm²）				
	对照	限库	增加/%	减源	增加/%	对照	限库	增加/%	减源	增加/%
四单 19	36.18	51.03	41.1	35.87	−1	32.68	48.3	47.8	35.64	9.1
本育 9	32.7	45.11	37.9	28.39	−13	29.6	44	48.7	28.42	−4
DH808	31.88	41.88	31.3	26.52	−17	29.75	41	37.8	27.32	−8
DH3149	32.03	40.28	25.7	24.74	−23	28.88	41.8	44.7	28.31	−2

本育 9 和 DH3149 在低密度下减源处理，茎鞘的干物重比吐丝期分别减少 24.9%和 29.4%，介于四单 19 和 DH808 之间，但与各自对照比较，后者下降更严重，二者的百粒重分别下降 13%和 23%，后者在 4 个品种间降低幅度最大。限库处理使二者的干物重大量增加，分别比吐丝期增加 53%和 37%，而百粒重分别增加 37.9%和 25.7%。本育 9 在低密度下表现出源供应能力较强，与 DH808 接近；其库调动光合产物的能力也较强，与四单 19 接近，因此减源处理的产量也比较高。DH3149 的源供应能力较弱，在减源处理中，它的产量最低，而且它的库调动光合产物的能力也不强，在限库处理中，其产量也不高。

3. 减源限库对玉米产量及其构成因素的影响

在两种密度下，对 4 个品种分别进行减源和限库处理，产量均明显降低，但是在低密度下（群体库容较小）限库处理的产量均低于减源处理，表明产量受限库的影响更大一些；而在高密度下，四单 19、本育 9 和 DH3149 限库处理的产量均高于减源处理，表明产量受源的影响更大一些，品种 DH808 则表现不同，限库处理的产量仍低于减源处理，与低密度下表现一致，表明产量仍然受限库的影响更大一些（表 5-7）。

表 5-7　减源限库对玉米籽粒产量的影响

品种	低密度/（52 500 株/hm²）			高密度/（75 000 株/hm²）		
	对照	限库	减源	对照	限库	减源
四单 19	10 355	6 284	6 690	11 051	9 534	6 321
本育 9	10 948	6 045	7 452	11 555	8 267	6 322
DH808	11 289	5 758	7 396	11 944	8 059	8 306
DH3149	8 338	5 895	5 927	10 169	8 119	6 309

减源导致玉米穗长明显缩短；限库的影响在不同品种间表现不同，DH3149 的穗长增加，本育 9、DH808 的穗长缩短，四单 19 在低密度下穗长缩短，而在高密度下不变（表 5-8）。减源导致玉米穗粗（周长）变小（但本育 9 在高密度下略有增加）；限库的影响表现不同，其中 DH3149 的穗变细，DH808 在低密度下略微变细，其他品种表现为变粗。

表 5-8　减源限库对玉米穗粒的影响

品种	处理	低密度/（52 500 株/hm^2）					高密度/（75 000 株/hm^2）				
		穗长/cm	穗粗/cm	穗粒数/个	穗粒重/g	粒重/轴重	穗长/cm	穗粗/cm	穗粒数/个	穗粒重/g	粒重/轴重
四单 19	限库	20	14.99	259	124.9	4.54	21.52	14.67	319.4	156.8	4.61
	减源	18.7	14.27	440	136.6	8.97	14.64	13.5	318.8	111.3	8.75
	对照	22.4	14.7	588	203.8	8.41	20.57	14.12	496.6	174.8	8.69
本育 9	限库	22.4	15.3	294	123.5	3.74	20.78	14.71	328.8	150.4	5.10
	减源	19	13.85	475	127.2	7.88	15.95	14.27	428.8	141.8	6.60
	对照	24.1	14.68	680	221.5	6.97	21.26	13.8	548.8	176.7	7.00
DH808	限库	16.8	16.27	298	105.5	2.49	16.97	16.04	312.1	143	2.73
	减源	16	15.5	544	143.9	4.85	14.58	15.11	483.4	146.2	5.39
	对照	19.2	16.59	674	212.3	4.21	17.71	15.62	634.2	213.9	4.85
DH3149	限库	22.9	13.36	291	104.1	3.29	23.54	13.38	267.8	133.9	3.26
	减源	19.2	12.78	529	110.8	8.05	17.92	12.32	424.2	101.5	7.79
	对照	22.1	14.31	615	177.5	6.51	21.54	13.99	581	167.8	6.90

减源限库均使玉米的穗重比对照明显减少，而减源和限库的影响在品种间存在差异，四单 19、本育 9、DH3149 减源的穗重小于限库的穗重，而 DH808 则相反。减源和限库对穗粒重的影响与之相同。在对穗轴重的影响上，四单 19、本育 9、DH3149 的表现一致，即限库导致穗轴重明显增加，减源则导致穗轴重明显下降；而 DH808 在减源条件下和低密度限库条件下，穗轴重均明显下降，只是在高密度限库条件下比对照略有增加。

4. 4 个品种的源库性状与产量分析

利用 2 个密度 3 个处理共 6 组数据，以花后光合势和群体粒数为自变量，以产量为因变量建立回归方程，将自变量分为 5 个水平，分别作图讨论光合势降低或群体粒数变化对各个玉米品种产量的影响（超出试验结果的数据未利用）。由图 5-2 可以看出，四单 19 在群体粒数较高（3160 粒/m^2）的情况下，减少光合势使产量略有增加，这与其不耐密植有关；在群体粒数较低情况下，产量随着光合势减少迅速降低。四单 19 在较高光合势下，减少群体粒数导致产量先降低后逐渐平缓再逐渐增加；在较低光合势下（如 105 万 $m^2 \cdot d/hm^2$），产量随着群体粒数的减少迅速降低。低产点出现在库源均较小处。

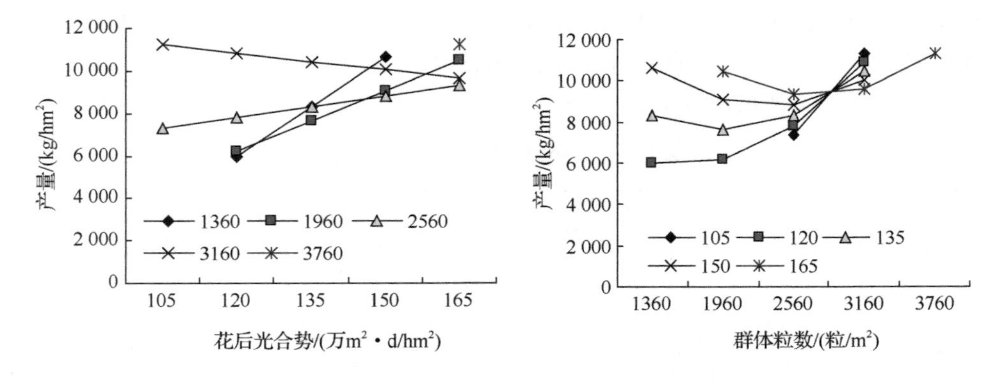

图 5-2　花后光合势和群体粒数对四单 19 产量的影响

DH808 在群体粒数较多的条件下，减少光合势，产量迅速下降；在群体粒数中等情况下，随着光合势的降低，产量降低的幅度下降；在群体粒数较少的条件下，适当减少光合势，产量略有增加，而进一步减少光合势则产量下降。在高光合势条件下，少量减少群体粒数，产量基本不变，进一步减少群体粒数则产量迅速降低；而低光合势条件下，减少群体粒数，产量有所提高，进一步减少群体粒数，产量基本不变。该品种的高产点出现在高光合势和高群体粒数处，表明适于密植，而低产点出现在二者不匹配或双低处（图 5-3）。

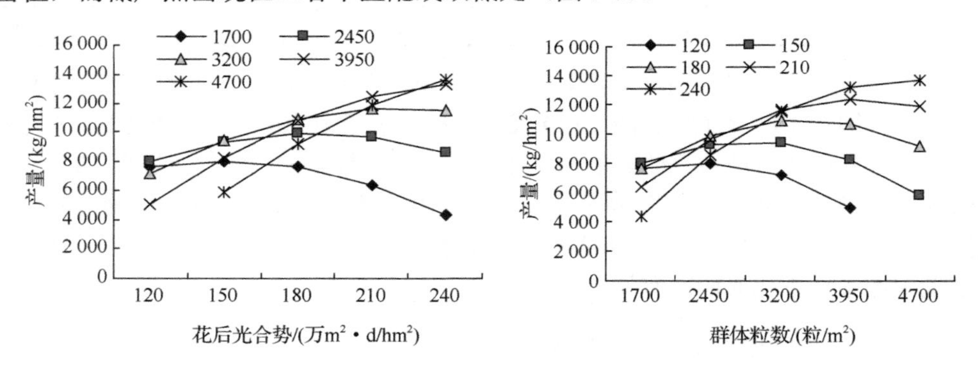

图 5-3　花后光合势和群体粒数对 DH808 产量的影响

本育 9 在高库容条件下，降低一定的花后光合势可使产量明显提高，表明因群体过大，品种不耐密植，但进一步减少光合势，产量开始下降；而在低库容条件下，产量对减少光合势的反应是先略有升高而后迅速降低。在高光合势条件下，产量水平不高而且对群体粒数的减少基本不变；在低光合势条件下，产量随着群体粒数的减少而迅速降低。最高产量出现在群体粒数多而光合势适中的条件下（图 5-4）。

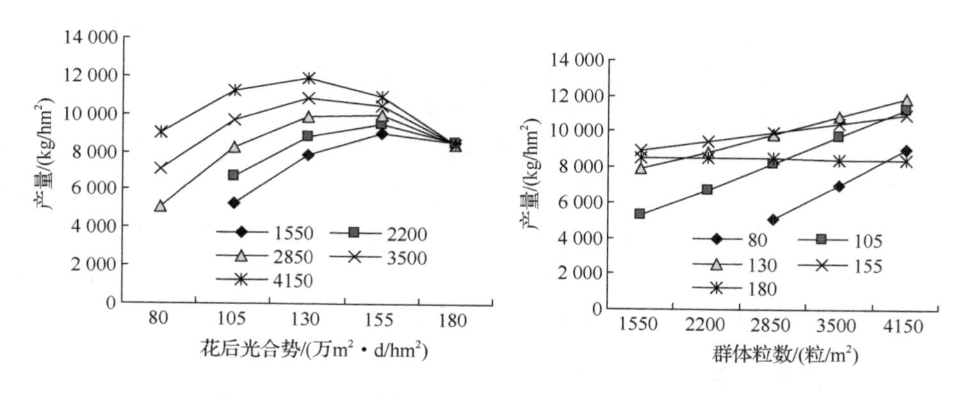

图 5-4　花后光合势和群体粒数对本育 9 产量的影响

DH3149 的产量无论在何种库容水平下，均随着花后光合势的减少而降低；而且无论在何种光合势水平下，产量均随着群体粒数的减少而降低。最高产量出现在群体粒数多且花后光合势最大的情况下，表明该品种适于密植（图 5-5）。

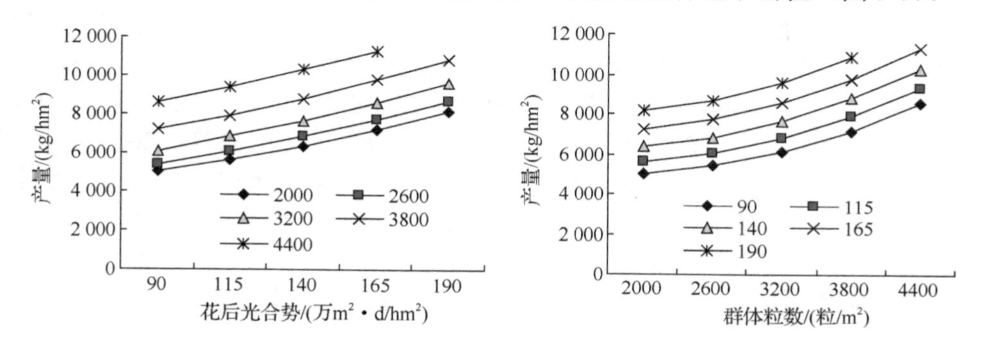

图 5-5　花后光合势和群体粒数对 DH3149 产量的影响

减源处理导致开花期叶面积减少 30%左右，使成熟期的光合势大幅度降低，因此截获的光能减少，同化的二氧化碳数量也减少，导致最终干物质积累量减少，产量明显降低。光合产物的再分配使茎鞘的干物质积累减少，同时粒重/轴重略有提高。限库处理导致穗粒数减少近 50%，即库容降低，但是玉米的粒重增加了 30%左右，表明其具有很好的自我调节能力，也可以反映其库强的大小。由于限库导致光合产物在茎、鞘和穗轴中积累，而不是像对照中被调动，粒重/轴重明显降低，限库处理的产量同样低于对照的产量。

在本试验中，品种间对减源和限库处理的反应均存在差异。两个紧凑型玉米产量最高点均出现在穗粒数多、花后光合势高的点上，证明适于密植。减源或限库处理均降低其产量，但是高密度下减源处理的产量均高于低密度下，尤其是 DH808 属于保绿品种，减源处理对其影响相对较小，表现出源供应能力强而库调动光合产物能力弱的特点。两个平展型品种均不耐密植，尽管高密度下对照的产量略有增加，但是减源处理的产量却低于低密度下的产量，尤其是四单 19 的叶面积下降较快，而籽粒调动光合产物的能力较强。

源库均影响玉米的产量。在不同基因型间源库特性存在差异，而基因型的源库性状表达又受到环境条件的限制和栽培措施的调控。基因型与环境条件间原有的平衡关系，因新品种应用而被打破，需要通过栽培措施调节环境条件，以满足品种遗传潜力发挥的要求，即通过栽培措施调节源库关系来协调个体与群体矛盾，从而在基因型与环境条件间建立新的平衡关系。

5.1.3 源库关系与寒地玉米产量形成

源库关系问题是作物生理中最重要的问题之一，它把群体光能利用和作物产量形成紧密联系起来，因而众多学者进行了多方面的研究。Evans（1975）在《作物生理学》一书中以作物产量的生理基础为题对作物源库和产量的关系进行了深入分析和综述。过去 30 多年，人们对作物产量形成过程的认识更加深入，对源库关系的研究更加广泛，涉及水稻（曹显祖等，1987；凌启鸿等，1986；荣湘民等，1998；王夫玉等，1997；赵强基等，1995；赵全志等，1999；郑华等，2000；黄育民等，1998）、小麦（高松洁等，2000；郭文善等，1995）、大豆（满为群等，1995；傅金民等，1998）、棉花（陈德华等，1996；纪从亮等，2000）、玉米（Abd-el-gawad，1998；Rajcan et al.，1999）等各种作物。但很多观点大相径庭，尤其是在源和库何者是产量限制因素的问题上，仍是“仁者见仁，智者见智”。就玉米而言，由于试验环境条件、供试品种、产量水平、种植方式、处理方法及分析角度等方面的差异，形成了不同的观点，其中不乏矛盾之处，包括源限制说（Daynard et al.，1969；山东省农业科学院玉米所，1987）、库限制说（Barnett et al.，1983）、源库共同限制说（Uhart et al.，1991；陈国平等，1998）、品种差异说（山东省农业科学院玉米所，1987；曹靖生，1992）、环境差异说（山东省农业科学院玉米所，1987；Uhart et al.，1991）、群体水平说（徐庆章等，1994）等，并在栽培技术上提出了保源增库理论（徐庆章等，1994）、扩库限源增效理论（尹枝瑞，2000）等。但在表现不同的现象背后，必然存在统一的基本规律有待人们去揭示。通过我们的试验结果和对前人研究结果的分析表明，这些观点基本可以围绕基因型与环境条件（包括栽培措施）相互作用的动态平衡关系加以统一。

我们利用不同群体下减源限库的方法，对 2 个类型（平展型和紧凑型）4 个玉米品种进行分析，结果表明不同品种的产量对减源限库的反应不同。四单 19 的叶源较小（因叶片早衰），但是库容较大，籽粒增重过程调动临时储存的光合产物能力较强，茎鞘的干物质减少较多，因此其适宜群体相对较小。DH808 的叶源较大，成熟时叶片仍保持绿色，但库容有限，后期光合产物再分配能力较弱，茎鞘干物质略有减少，因此其适宜群体相对较大。后者的特点被认为是高产的重要特征，因为它反映了籽粒与叶片争夺氮素的矛盾得到缓解，不会出现前者因光合产物输送至籽粒的同时，叶片中的氮素也向籽粒转移，导致叶片早衰现象出现（Tollenaar et al.，1992）。试验还反映出玉米源库性状在生长过程中不断调整变化，具有较强的源库自我调节能力（尽管品种间的表现不同）。当源被限制时，通过部分籽粒败育保证剩余部分籽粒充实（尽管粒重略有减少）；当库被限制时，能发育的籽粒尽可能增加粒重，剩余的光合产物贮藏在临时库中。这种调节在源库关系上就是源库间的相互适应，使库源比接近适宜的范围。

Barnett 等（1983）认为，玉米开花后干物质生产量高的品种，籽粒产量高或茎鞘在成熟期尚有可转移的碳水化合物，不同品种不同栽培条件下均以单位面积总粒数多者产量高，表明玉米籽粒产量受库容能力的限制，主张进一步增产必须寻找扩大库容的途径。其实是反映了一类玉米的特点，即源的供应能力很大，而库容相对较小，适宜密植，如同我们试验中的 DH808 及 Tollenaar 等报道的 Pioneer3902。此外，胡昌浩等（1998）对华北地区过去半个世纪的品种改良研究发现，20 世纪 90 年代的新品种的花后光合势大，积累的光合产物多，花前茎鞘中贮藏的光合产物向籽粒转移的比例降低，比 50 年代和 70 年代品种的源性状得到改善。表明品种间存在差异，因此这种观点可以用基因型来概括。

Daynard 等（1969）曾提出产量的源库限制特征因生态条件而异，在高纬度地区通常表现为源限制。在高纬度温带，玉米一般植株矮小，雄穗小，顶端优势低，经济系数＞0.5，对前期积累的干物质能充分利用，灌浆期“源”不足是限制产量的主要因子（墨西哥国际玉米小麦改良中心）。这种观点同样反映了一类基因型的特点，如同本试验中的四单 19，成熟期茎鞘干物质大量被籽粒调动。Tollenaar 等后来认识到玉米品种间的源库特性差别，而墨西哥国际玉米小麦改良中心的观点明显带有品种类型的色彩，它反映了过去基因型与环境间适应和选择的结果。对高产来说，必须选择生物产量大的品种，并在此基础上提高经济系数，否则单纯提高经济系数十分困难。事实上热带的育种材料被引到温带，温带的育种材料被引到寒地用于玉米育种和栽培。北方寒地利用的品种正在改变，如 DH808 这样的品种株高 3m，株型紧凑，耐密性好，活秆成熟，保绿性好，后期干物质积累数量很多，而茎鞘（临时库）向籽粒转移的数量较少。

不同环境条件会对玉米产量的形成产生影响，基因型与环境的相互作用反映在作物自身是个体与群体的矛盾，更进一步说，是作物生长发育过程中的源库平衡。陈国平等（1998）通过两个品种（紧凑多花型和紧凑中花型）在不同生态条件（新疆、北京、济南、扬州）下的联合试验提供了很好的例证。根据该试验提供的 4 地日照时数和产量，二者变化最为一致，呈显著正相关（$r=0.972^*$），产量与 4 地平均气温则呈负相关关系（$r=-0.589$），可以看出，产量与光辐射呈正相关关系，而气温高、温差小导致干物质积累量减少，即截获的光能因呼吸作用消耗过多，因此由于源供应能力的差异造成 4 地产量的差异。4 地的联合试验非常有意义。但该论文的结论（源库都是限制因子，但库相对作用更大）由于处理的方法和分析的角度仍存在可商榷之处。

有关栽培技术对玉米源库和产量的影响，我们利用一个源较强而库相对较弱的品种在不同施肥水平、不同施肥比例和不同群体条件下得到的结果表明，源库关系在个体和群体中反映的规律不完全相同，栽培措施对玉米源库性状的调控效果在个体和群体中也不完全相同。当花后平均光合势（代表源）较低或群体粒数（代表库）较少时，增加二者均能提高产量。它反映了小群体条件下个体与群体间的矛盾较小，尽管个体源库较大，但是群体的源库数量不足，因此产量不高。这与徐庆章等（1994）提出的小群体情况下，增源或增库均使产量提高的结论相同。但是当花后平均叶面积指数过大或群体粒数过多时，增加另一方均导致减产，说明由于群体源库数量过大，个体与群体间的矛盾增加，个体源减小导致个体库减小的幅度超过群体库增加的幅度，导致产量降低，这与徐庆章等（1994）提出的大群体情况下要保源增库才能提高产量相悖，但他的观点是针对叶片早衰现象。我们的试验结果是在施肥水平很高、产量水平也很高的情况下得到的，而且利用活秆成熟品种，所以结论不完全相同，但基本点一致，即通过栽培措施调整玉米的源库关系，在较高源库水平上使二者的平衡保持在（或恢复到）适宜的范围，从而获得高产。凌碧莹等（2000）利用高产晚熟紧凑型品种 3119 在高施肥水平、高密度下得到剪叶增产的结论。周凤兰等（1998）提出在生长过旺的超高产田中，施用生长延缓剂“壮丰灵”可以降低株高，减少穗位以上的叶面积，并减小茎叶夹角，从而适当抑制营养生长，促进生殖生长，增加产量。这些研究实际上都是在群体源库水平较高时，改善群体结构，调节库源比，增加对光能的转化，这一结果也验证了在大群体高产栽培条件下，过分增源只能减产。

在玉米源库关系研究中，前人多以剪叶剪穗为处理手段，此外还有减少光照、大小群体、^{14}C 同位素及生长调节剂处理等方法。近年来国内研究多以剪叶剪穗为主，结合肥力密度处理较少，而从生产角度考虑，利用氮、磷、钾和密度处理可能对指导生产更为有利。我们认为剪叶剪穗在研究品种特性方面方法比较简便，但应重视由于部分器官减除后产生的补偿，而肥料和密度处理在研究产量形成方面更为恰当。特别是多因素试验，不仅能够解释试验结果，而且还可以进行预测，提供试验中未直接得到的结论。在源库性状与产量关系的研究中，采取多元回归分析方法，可以更深入分析对产量的影响（李少昆，1995），但必须建立在生物学基础之上。要认识到开花前，源的作用，一是构造营养体，二是构造库结构，三是在临时库中积累光合产物以备花后向籽粒转移。而在开花后，源的作用，一是减少库容量的下降，二是积累备用光合产物（源大于库时），三是向库提供光合产物充实库容（库超过源时）。库对源的能力大小有影响，库大可夺取光合产物（严重时导致叶片早衰），库小可限制光合产物输送和形成（降低叶片光合能力）。源性状是通过库性状对产量产生影响，而库性状对源性状有反馈作用。因此在分析源库性状时，以源性状为自变量，而库性状为因变量，分析源性状对库性状的影响，并通过库性状对最终产量产生影响。试验结果显示，不同生育期的源性状大小（LA、LAI、LAD）对不同库性状（穗粒数、群体粒数、粒重）的影响不同，高产的关键是调节二者的关系，使之处于适宜的比例。在不施肥条件下，DH808 的适宜库源比为 0.083；在施肥条件下，适宜的库源比为 0.106。当产量在极低水平到高产水平间变化时，群体源库水平提高，其中库的增加幅度超过源的增加幅度，库源比与产量之间是正相关关系，但是在高产阶段，产量与库源比之间相关不显著甚至是负相关关系，说明库源比是动态变化的。源库平衡是一种动态变化的相对平衡，是通过栽培措施对玉米源库关系进行有针对性人为调控的基础。

前人指出，玉米产量的进一步增加依靠提高光合速率（陈国平，1994），玉米的源性状由重视数量向重视质量转变（赵明等，1998）。我们的研究表明，在高产再高产阶段（单产 8.8～12.6t），花后光合势起重要作用，对产量的直接通径系数为 0.910，大大超过净同化率的贡献。因此，我们认为，源的数量潜力还很大。尤其是通过对本研究所获得数学模型的分析，利用肥料和密度调控建立合理的源性状时空分布，即花后总光合势大（280.6 万 $m^2 \cdot d/hm^2$），但最大 LAI 不应过高（在本试验条件下为 5.62），灌浆后期叶片不早衰，光能利用率高，可以进一步提高群体粒数（5320 粒/m^2），是玉米再高产（提高到 14.2t）的重要生理保证。

通过上述分析我们可以得出，源库均影响玉米的产量，在不同基因型间源库特性存在差异，而基因型的源库性状表达又受到环境条件的限制和栽培措施的调控。基因型与环境条件间原有的平衡关系，因新品种引进和培育而被打破，需要通过栽培措施调节环境条件，以满足品种遗传潜力发挥的要求，即通过栽培措施调节源库关系及协调个体与群体矛盾，从而在基因型与环境条件间建立新的平衡关系。栽培措施通过调节源库的大小对产量产生影响，在一般生产条件下增源或增库均能提高玉米的产量，当源库水平提高后（如群体增大），确定最适宜的密度，建立源性状合理的时空分布最为关键。如果营养（包括无机营养和有机营养）不能满足玉米的需求，库对光合产物及叶片中氮素的竞争导致早衰出现，因此必须保源增产。如果肥力等因素可以满足其需求并出现群体过大，应适当减源（如使用植物生长延缓剂或剪叶等）以调控群体结构才能获得高产。叶片是玉米截获光能和转化光能的重要器官，是冠层结构的最重要组成，其同化产物是产量形成的物质基础，根系是提供养分和水分的主要器官，如何调节叶源和根源十分重要，源的调控是玉米增产的关键所在。

在产量形成过程中，产量的提高和潜力的发挥是作物与环境相互作用的调节过程，表现在源库平衡关系中，源是主导因素。当源充足时，库容大，源不足时，库容小，库随源的变化进行调整，达到源库新的平衡。因此，源库不平衡是绝对的，平衡是相对的。在作物生产过程中，人类在掌握源库动态平衡规律的基础上，根据品种遗传特性与所在环境条件，通过栽培措施调控作物群体生长、器官形成与发育及产量形成过程中个体与群体的关系。黑龙江省地处北方寒地，玉米产量更多地受源的供应能力限制，这不仅是指原有品种的特点，更重要的是因为源的大小决定库的大小（图 5-6）。因此，在育种工作中不仅要重视库性状的选择，更要重视对源性状的选择，培育源供应能力强、活秆成熟、株型紧凑适于密植的品种。在栽培上，由于辐射充足，雨热同季，通过调节肥料、密度，建立合理的源性状时空分布和适宜的库源比是获得高产的重要途径。

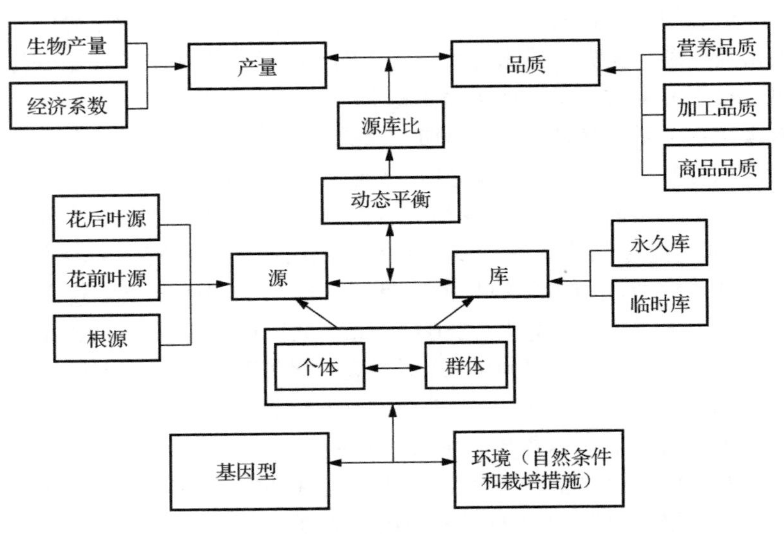

图 5-6　玉米产量与品质形成过程的源库关系

5.2　不同熟期玉米品种的源库特点

选取早、中、晚不同熟期玉米代表性品种在哈尔滨种植，种植密度 6 万株/hm^2，65cm 等距，比较不同熟期间的品种差异。

5.2.1　叶源特点

1．叶面积动态与吐丝期分布

2018 年，将 17 个品种按生育期分为 3 组，其中早熟品种吐丝期在 7 月 12～16 日，生育期为 105～109d；中熟品种吐丝期在 7 月 20～23 日，生育期为 118～121d；晚熟品种吐丝期在 7 月 26 日左右，生育期为 128d 左右（图 5-7）。

早熟品种前期生长快，最大叶面积较小，单株叶面积约为 4500cm^2，后期叶面积下降快，叶片早衰，推迟收获则叶片枯死，利于籽粒脱水；中熟品种前期叶片生长较慢，最大叶面积高于早熟品种，单株叶面积为 5000～7000cm^2，出现时间略晚，维持时间略长；晚熟品种中期叶面积生长快，吐丝期较晚，总叶面积明显高于其他熟期品种，一般为 7000～8000cm^2，后期叶片衰老速率慢，活秆成熟，不利于籽粒脱水。

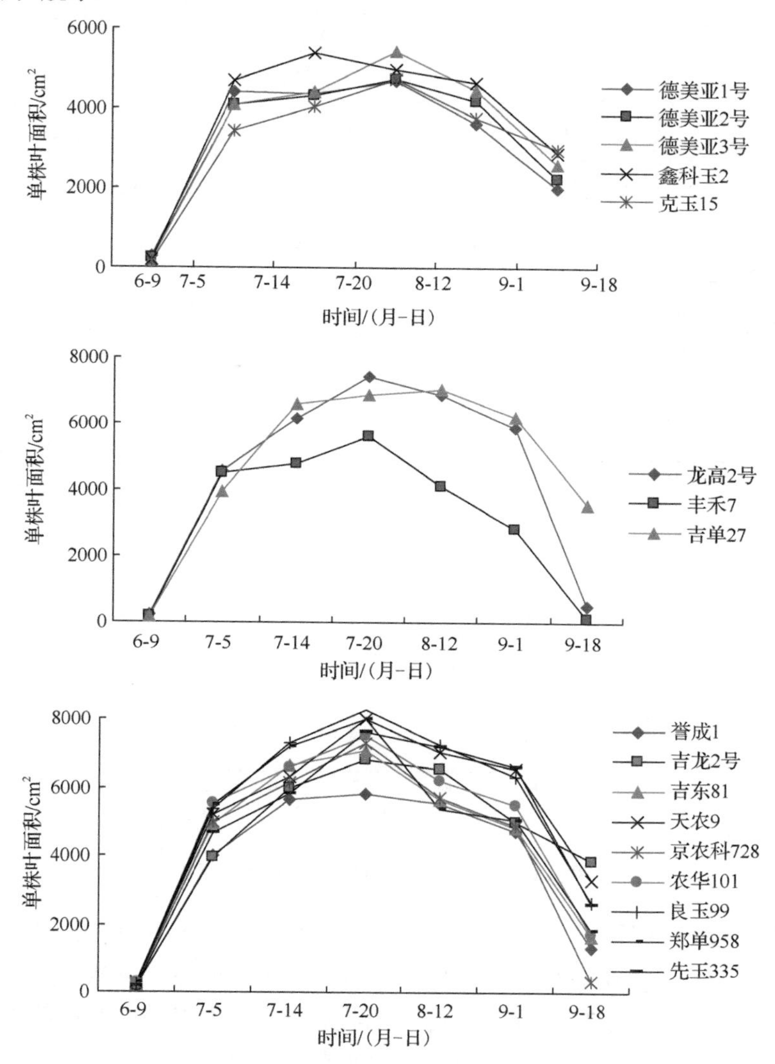

图 5-7　不同玉米品种单株叶面积变化特点

2019 年有 5 个品种的最大叶是穗上叶（垦沃 2、德美亚 3 号、京农科 728、先玉 335、天农 9），有 6 个品种的最大叶出现在穗位叶（德美亚 2 号、克玉 15、益农玉 10、京科 968、垦沃 1、吉龙 2 号），有 2 个品种的最大叶是穗下叶（龙高 2 号、吉单 27），而德美亚 1 号最大叶在棒三叶上叶，郑单 958 最大叶在棒三叶下叶（图 5-8）。

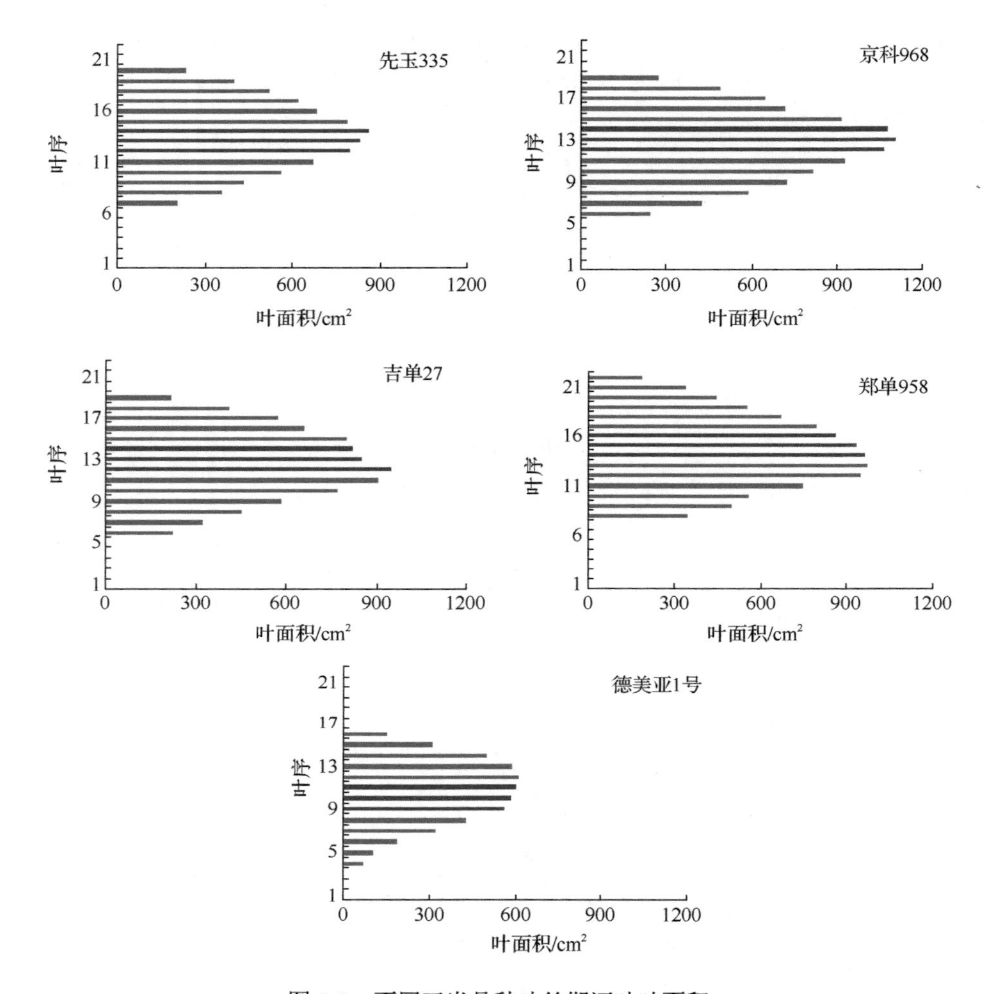

图 5-8　不同玉米品种吐丝期逐叶叶面积

注：先玉 335、京科 968、吉单 27、郑单 958 和德美亚 1 号的棒三叶叶序分别为 12～14、12～14、12～14、14～16、9～11。

以玉米棒三叶为中心将叶片分为上、中、下 3 个部分，上部叶的面积比例为 27%～43%，其中垦沃 2、德美亚 3 号、德美亚 1 号、先玉 335 都超过 40%，而益农玉 10、先玉 696 都小于 30%；中部叶的面积比例为 28%～39%，其中郑单 958、登海 605 较小，而克玉 15、德美亚 2 号、德美亚 1 号、垦沃 2 较大；下部叶的面积比例为 22%～43%，其中德美亚 2 号和垦沃 2 较小，而郑单 958、先玉 696 都超过 40%（表 5-9）。

表 5-9　不同玉米品种吐丝期各部分叶面积占总叶面积的百分比　（单位：%）

品种	下部叶	中部叶	上部叶	品种	下部叶	中部叶	上部叶
克玉 15	32	35	33	郑单 958	42	28	30
德美亚 1 号	22	35	43	先玉 335	28	31	41
德美亚 2 号	28	39	33	京农科 728	31	33	36
德美亚 3 号	25	32	43	益农玉 10	40	31	29
垦沃 2	22	36	42	登海 605	35	29	36
龙高 2 号	35	31	34	先玉 696	43	30	27
吉单 27	38	31	31	京科 968	37	33	30
吉龙 2 号	31	32	37	垦沃 1	34	34	32
天农 9	34	30	36				

对上述品种按熟期类型进行分类比较，早熟品种上部叶面积比例较高而下部比例较低；中、晚熟品种上、下部叶面积比例接近，下部略高；晚熟品种间差异较大（图 5-9）。整体来看，下部叶面积比例排序为中熟≥晚熟＞早熟，中部叶面积比例排序为早熟＞中熟＞晚熟，上部叶面积比例排序为早熟＞晚熟＞中熟。

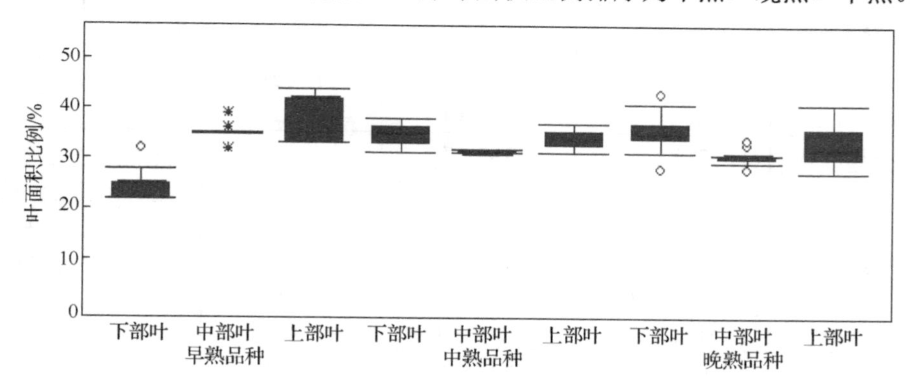

图 5-9　不同熟期玉米品种间叶面积比例

利用动态聚类分析可以反映品种间的特点与相似程度。当相似系数在 10 左右时，可以把 17 个品种分为 3 类。第 1 类由吉龙 2 号、京农科 728、登海 605、天农 9、龙高 2 号、克玉 15、垦沃 1、德美亚 2 号组成，特点是上、中、下部叶面积比例接近，或者由上而下比例逐渐减少，平均为 34.7%、32.8%和 32.5%，主要是中晚熟品种，但是克玉 15、德美亚 2 号是早熟品种；第 2 类由吉单 27、京科 968、益农玉 10、郑单 958、先玉 696 组成，特点是下部叶面积比例较高，而上部叶面积比例较小，平均为 29.4%、30.7%和 39.9%，主要是晚熟品种，但吉单 27 是中熟品种；第 3 类由德美亚 3 号、先玉 335、垦沃 2、德美亚 1 号组成，特点是上部叶面积比例较大，下部叶面积比例略小，平均为 42.4%、33.4%和 24.2%，主要是早熟高产品种，但先玉 335 是晚熟品种。随着熟期的延长，棒三叶及其上下部叶面积占比趋于一致，群体叶面积的垂直分布倾向于均匀分布，甚至塔形分布。

2. 干物质积累与分配

品种间茎鞘物质输出率差异显著，吉单 27 的茎鞘物质输出率和贡献率最小，说明其后期源的生产能力大于库容；德美亚 1 号茎鞘物质输出率和贡献率最大，说明其后期源的生产能力相对不足。早熟品种茎鞘干物质转移率高、贡献率高，而晚熟品种相反，籽粒产量主要依赖后期光合产物（表 5-10）。不同熟期的玉米拥有不同的源库分配比例，其中相较于中晚熟品种，早熟品种倾向更高的源物质分配，多数晚熟品种的库物质分配占比明显高于早中熟品种，且中晚熟品种倾向更高的非源器官的物质分配；随着熟期的延长，玉米品种的物质分配发生变化，花后合成的光合产物对籽粒库的需要满足度较高，不需要调动太多的临时库存储物质，因此源组织避免早衰，这更有利于经济产量的提高。

表 5-10　不同玉米品种花后干物质分配

品种	茎鞘干重		穗粒重/g	输出率/%	贡献率/%
	吐丝期/g	成熟期/g			
垦沃 2	67.4±15.9	34.7±1.0	106.0±23.4	46±11	29±8
德美亚 1 号	110.3±7.0	54.8±3.9	113.7±20.4	50±0	50±6
德美亚 2 号	78.7±8.2	53.4±4.7	117.5±9.2	17±3	11±2
德美亚 3 号	115.0±12.5	96.8±17.0	147.6±9.0	16±6	13±4
克玉 15	73.9±3.3	53.7±9.2	94.7±31.7	28±9	26±15
龙高 2 号	110.3±3.6	97.3±8.7	166.1±17.3	12±5	8±4
吉单 27	127.0±11.6	122.4±6.3	198.5±5.3	3±4	2±3
京科 968	117.1±12.3	104.7±6.8	217.4±13.3	10±4	6±2
垦沃 1	125.8±8.5	114.3±5.0	178.2±2.5	9±2	6±2
吉龙 2	99.7±12.3	71.9±7.4	128.8±6.1	28±1	21±3
益农玉 10	108.1±6.1	89.3±4.4	173.4±3.0	17±1	11±1
登海 605	144.0±8.4	125.7±3.2	189.4±7.2	13±3	10±2
天农 9	111.0±13.4	84.7±9.0	191.5±21.9	24±1	14±1
郑单 958	103.9±3.6	98.2±10.9	177.5±9.1	6±7	3±4
先玉 696	114.3±13.2	107.2±12.9	171.0±3.2	6±0	4±0
先玉 335	131.1±12.8	120.4±8.8	209.8±13.9	8±2	5±2
京农科 728	117.5±9.7	107.2±6.4	157.9±6.5	9±2	6±2

5.2.2 根源特点

根也是源的一部分，合成碳水化合物所需要的矿质营养元素和水分需要通过根系的吸收。玉米初生根和 1～4 层次生根发生于苗期，5～6 层次生根发生于拔节-孕穗期，第 7 层以上气生根发生于孕穗-抽雄期。在完熟期对不同品种次生根根系发育情况调查显示，早、中、晚熟品种前 4 层层间差别很小；早、中熟品种根系共 7 层，在根系 5 层以上开始大幅度增加，4～7 层均大于晚熟品种，晚熟品种多数为 8 层，根系在 6 层以上开始大幅度增加；从总根数看，早熟和中熟品种相似，平均为 48.2 条和 48.7 条，晚熟品种偏多，平均为 52.3 条，其中 5～8 层分别为 34 条、33.7 条和 39.8 条，与总根数变化一致（表 5-11，图 5-10）。

表 5-11　不同玉米品种各层根数比较（2018 年）　（单位：条）

品种	1层	2层	3层	4层	5层	6层	7层	8层	5～8层	合计
德美亚 1 号	2±0	3±0	3±0	3±0	7±3	11±3	14±0	0	32	43
德美亚 2 号	3±0	4±0	4±0	4±0	6±2	11±3	14±0	0	31	46
德美亚 3 号	3±0	3±0	4±0	4±0	6±4	11±2	13±1	0	30	44
克玉 15	4±0	4±0	4±0	6±0	11±2	15±2	18±0	0	44	62
鑫科玉 2	3±0	3±1	3±0	4±0	7±1	11±2	15±3	0	33	46
龙高 2 号	3±0	3±0	3±1	5±0	8±2	14±0	15±2	0	37	51
吉单 27	2±0	3±1	3±1	4±1	7±3	12±3	13±0	0	32	44
丰禾 7	3±0	4±0	4±1	6±1	8±2	10±0	16±0	0	32	51
吉龙 2 号	3±1	3±0	4±1	4±1	5±2	9±2	13±1	11±3	38	52
天农 9	3±0	3±0	3±1	4±0	5±1	10±4	15±4	14±0	44	57
郑单 958	2±0	3±0	3±1	3±1	5±1	9±5	16±5	0	30	41
先玉 335	2±0	3±0	4±0	4±0	7±1	12±2	13±3	0	32	45
京农科 728	3±0	3±1	3±0	4±1	4±0	9±2	11±1	14±0	42	51
誉成 1	3±0	4±1	4±0	4±1	7±1	8±3	12±0	18±0	45	60
吉东 81	3±1	3±0	3±1	3±0	5±2	9±3	12±3	17±0	43	55
农华 101	2±0	3±1	3±0	3±0	6±1	12±1	15±2	0	33	44
良玉 99	3±1	3±1	5±0	4±0	5±1	13±2	15±2	18±0	51	66

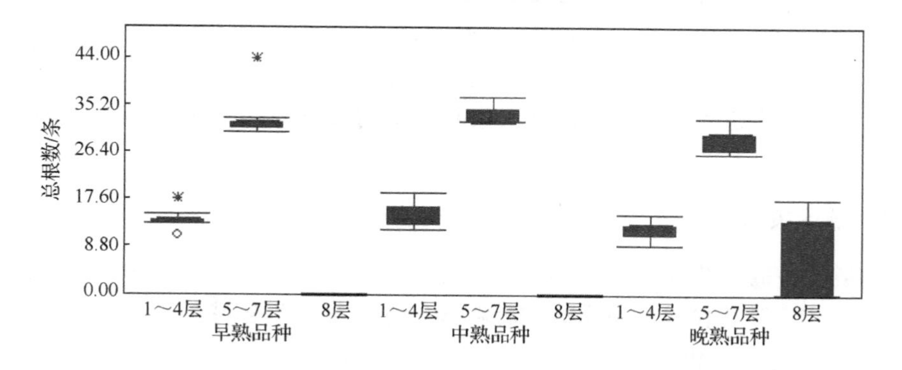

图 5-10　不同熟期玉米品种间根系比较

5.2.3 库的特点

不同熟期品种间的穗部性状存在差异：德美亚 3 号的穗长、穗粗明显高于其他品种，龙高 2 号秃尖最严重，良玉 99 的穗行数、克玉 15 的行粒数明显高于其他品种，吉单 27 的百粒重明显高于其他品种，天农 9 的穗粒重明显高于其他品种，德美亚 2 号的穗粗、穗粒重明显小于其他品种，吉龙 2 号的产量最高，郑单 958 次之，德美亚 2 号的产量最小（表 5-12）。

表 5-12　不同玉米品种穗部性状及产量构成因素比较（2018 年）

处理	穗长/cm	穗粗/cm	秃尖/cm	穗行数/个	行粒数/个	百粒重/g	穗粒重/g	产量/（kg/hm^2）
德美亚 1 号	16.8	4.4	0.3	15.0	34.0	30.7	151.9	8 883.6
德美亚 2 号	16.3	4.3	1.1	15.0	30.3	30.3	134.6	7 456.5
德美亚 3 号	21.9	5.1	0.5	16.0	39.8	38.5	215.9	9 631.0
克玉 15	18.7	4.5	0.3	14.0	41.3	32.2	171.2	8 167.8
鑫科玉 2	18.1	4.4	0.2	12.0	35.2	20.7	166.1	8 688.1
龙高 2 号	20.5	4.9	1.6	18.7	36.3	33.0	184.1	10 197.5
吉单 27	18.2	4.8	0.1	14.7	35.8	38.8	177.5	8 468.7
丰禾 7	15.9	4.9	0.1	14.3	33.5	37.0	174.9	9 148.8
吉龙 2 号	19.0	4.8	0.4	18.0	34.3	31.4	191.8	11 513.1
天农 9	18.2	4.9	1.1	17.8	35.8	34.0	219.8	10 166.9
郑单 958	17.0	4.9	0.3	15.0	39.5	33.2	187.1	11 316.5
先玉 335	17.0	4.6	0.8	15.7	33.8	33.0	167.7	9 874.8
京农科 728	16.8	4.8	0.9	14.0	34.5	38.4	201.2	11 006.9
誉成 1	17.8	4.5	0.5	14.0	37.5	33.2	148.1	10 023.8
吉东 81	19.3	4.9	1.0	17.3	37.7	28.6	205.6	9 585.8
农华 101	17.7	4.9	0.3	17.7	34.5	34.4	184.8	8 702.5
良玉 99	16.3	4.8	0.1	19.3	34.2	33.7	164.2	10 179.6

玉米的产量构成因素包括穗数、穗粒数和百粒重，这 3 个因素都对玉米的产量有直接的影响。对产量及其构成因素的通径分析表明，穗粒数（0.543）和穗数（0.531）的直接通径系数接近，穗粒数对产量的影响最大，穗数其次，是影响产量的主要因素，粒重最小（0.006）。

5.2.4 源库关系

粒叶比反映源库比例，是源库协调程度的量化指标。在适宜叶面积指数范围内，粒叶比高则单位叶片所承载的籽粒多、库容足，库容足对光合产物的拉动作用能促进光合生产和同化物运输。维持一定库源比是高产的必要条件。以粒数/叶面积（粒叶比）计算不同品种的粒叶比，2018 年 17 个品种中克玉 15 的粒叶比最大，为 0.122；先玉 335 最小，为 0.072，不同熟期间表现为早熟（0.108）＞中熟（0.085）＞晚熟（0.082）；2019 年 17 个品种中垦沃 2 的粒叶比最大（0.137），京科 968 最小（0.059），早熟品种平均为 0.108，晚熟品种平均为 0.074（图 5-11）。

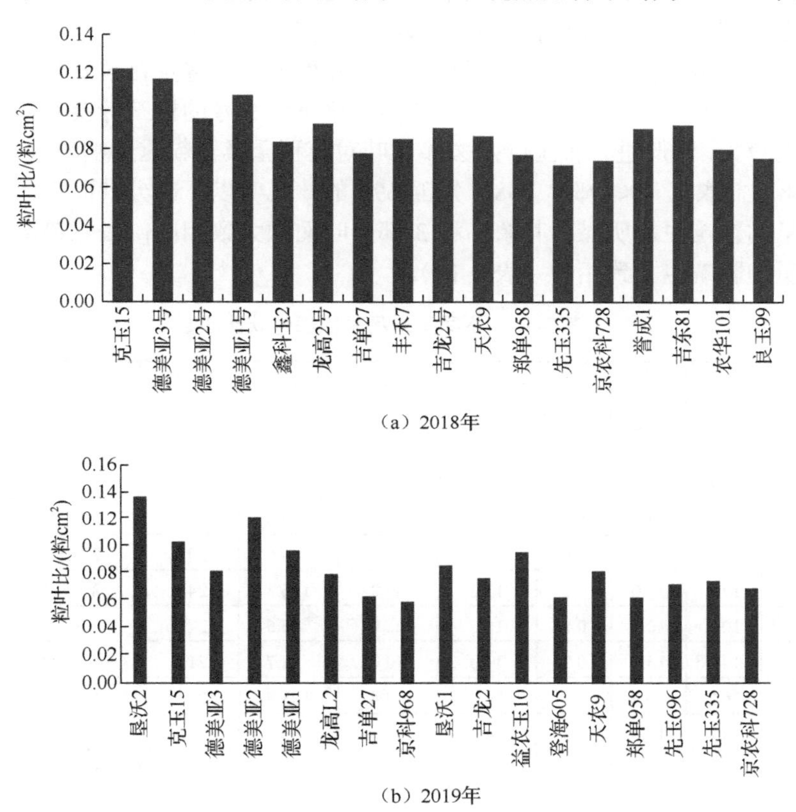

（a）2018年

（b）2019年

图 5-11　不同玉米品种粒叶比

相关性分析显示，花前光合势与穗粗、穗重、百粒重呈极显著正相关关系，与行粒数呈显著正相关关系，表明不同熟期品种间花前光合势对玉米产量影响较大。最大叶面积与穗粗、行粒数、穗重、百粒重呈极显著正相关关系。花后光合势对玉米产量影响较小，这与品种间花前光合势差别大而花后光合势差别小有关，也说明花后光合势可能存在较大的冗余（表 5-13）。

表 5-13　不同玉米品种叶部性状与穗部性状相关性分析

相关系数	穗长	穗粗	秃尖	穗行数	行粒数	穗重	百粒重
LAD1	0.370	0.891**	0.297	0.479	0.533*	0.858**	0.730**
LAD2	0.127	0.331	0.084	0.118	0.194	0.347	0.420
叶面积	0.388	0.887**	0.301	0.435	0.975**	0.921**	0.769**

在吐丝期对不同部位叶片进行去叶处理对玉米雌穗生长影响很大，去上叶处理使 17 个品种的穗长变短、穗粗变细、秃尖增加、行粒数和穗粒数减少，行数由于在穗分化过程中已经确定，因此不受去叶处理的影响。穗重及百粒重在不同品种间及在不同的剪叶处理条件下表现出较大的差异性，主要与不同品种上、中、下部叶面积比例有关。叶面积比例越大，剪叶处理后穗重及百粒重减少越多。德美亚 3 号、先玉 335、垦沃 2、德美亚 1 号、德美亚 2 号的棒三叶及其以上部分叶面积比例较大，因此进行去上叶及去棒三叶对其穗重及百粒重影响较大；吉单 27、京科 968、益农玉 10、郑单 958、先玉 696 的棒三叶以下部分叶面积占比较大，对其产量的影响更加明显；其余品种 3 部分叶面积大致相同，去除该部分叶之后对其产量的影响也大致相同（表 5-14）。

表 5-14 不同玉米品种穗部性状比较

处理	穗长/cm	穗粗/cm	秃尖/cm	穗行数/个	行粒数/个	百粒重/g	穗粒重/g	产量/（kg/hm²）	减产幅度/%
垦沃 2	17.7	13.9	0.7	16.1	35.1	137.5	26.7	9 026.5	
上	9.8	10.9	1.6	11.6	19.6	34.2	21.2	2 253.4	75
中	16.1	13.1	0.7	14.0	34.0	94.0	24.3	6 149.5	32
下	10.4	11.0	1.0	13.2	19.6	40.5	20.3	2 645.8	71
克玉 15	17.4	14.0	0.5	13.2	40.2	126.3	24.5	8 169.5	
上	10.6	10.8	0.8	10.5	22.0	46.5	27.3	3 031.4	63
中	14.5	13.2	0.9	14.0	30.0	78.7	21.5	4 990.0	39
下	16.2	14.3	1.5	14.4	34.4	103.8	25.2	6 524.6	20
德美亚 3 号	18.2	14.6	0.3	14.8	37.4	155.5	31.1	9 697.6	
上	15.0	12.9	0.9	14.0	32.6	82.4	24.1	5 167.6	47
中	17.4	14.4	0.6	14.4	35.2	107.4	29.5	6 893.9	29
下	17.7	14.9	0	15.6	34.6	154.1	31.6	9 847.7	−2
德美亚 2 号	18.3	13.9	0.4	14.5	36.3	141.7	28.9	9 210.7	
上	12.2	11.3	1.0	9.6	19.6	32.9	25.8	2 210.5	76
中	16.6	13.4	0.8	16.4	32.2	92.2	21.8	6 027.3	35
下	18.1	13.1	0.4	14.8	35.8	121.4	25.1	7 867.2	15
德美亚 1 号	17.8	13.5	0.6	13.9	34.9	137.1	28.4	8 892.1	
上	11.1	11.6	4.0	12.8	19.2	37.0	21.4	2 436.2	73
中	14.6	12.6	1.6	14.0	29.0	66.7	19.5	4 410.2	50
下	16.3	12.9	1.0	14.0	35.0	82.9	22.7	5 471.1	38
龙高 2 号	20.5	17.2	1.5	17.5	39.2	241.4	36.5	13 970.2	
上	15.9	16.0	4.2	15.6	27.6	132.7	36.8	7 767.4	44
中	19.8	16.4	2.8	16.0	35.2	193.6	36.3	11 413.9	18
下	19.2	16.9	3.1	18.0	34.6	200.5	36.1	11 607.2	17

续表

处理	穗长/cm	穗粗/cm	秃尖/cm	穗行数/个	行粒数/个	百粒重/g	穗粒重/g	产量/（kg/hm^2）	减产幅度/%
吉单 27	18.6	15.9	0.5	14.3	37.8	219.0	42.1	12 955.4	
上	16.2	15.3	1.7	13.2	27.2	138.5	46.0	8 123.5	37
中	18.0	15.8	1.5	14.4	34.2	186.9	42.4	11 138.7	14
下	20.2	16.0	0.4	14.0	37.4	215.6	44.9	13 275.4	−2
京科 968	18.5	17.0	1.1	15.2	38.9	220.5	38.8	12 700.0	
上	17.1	16.1	2.9	15.6	31.4	144.7	36.6	8 026.3	37
中	17.8	16.8	3.0	15.6	31.8	181.5	42.3	10 351.4	18
下	19.6	16.9	2.6	16.0	34.4	195.2	40.5	11 183.5	12
垦沃 1	18.7	16.9	0.9	16.5	39.4	233.9	37.2	13 739.6	
上	12.8	14.3	1.7	15.2	23.6	92.6	30.9	6 337.3	54
中	17.1	16.1	1.0	15.6	33.0	177.5	35.3	10 722.3	22
下	18.6	16.7	0.7	16.4	37.8	207.7	34.7	12 135.3	12
吉龙 2	19.5	16.7	1.0	18.1	36.2	214.8	36.3	12 593.4	
上	12.8	14.3	2.6	14.8	18.4	82.7	36.3	4 893.2	61
中	15.6	16.1	2.7	18.0	25.6	133.8	34.6	8 209.0	35
下	19.9	16.6	2.2	17.2	34.4	199.7	38.8	10 885.8	14
益农玉 10	18.3	15.6	0.6	17.3	40.2	201.2	32.3	12 177.0	
上	14.0	14.6	2.3	16.8	25.6	104.8	30.0	6 242.1	49
中	18.6	15.1	1.9	16.4	37.0	158.5	33.2	9 502.6	22
下	16.8	14.3	1.5	15.6	32.0	138.9	31.6	8 329.7	32
登海 605	18.1	16.6	0.3	16.5	37.9	215.8	36.8	13 080.3	
上	12.8	15.1	3.3	16.4	23.0	89.4	32.2	5 571.5	57
中	17.7	16.1	2.4	16.8	33.2	181.8	35.5	10 738.9	18
下	20.1	16.5	1.5	15.2	38.8	216.8	37.4	12 588.2	04
天农 9	20.4	16.8	1.4	17.9	38.1	207.2	33.5	12 357.7	
上	13.6	14.7	1.7	15.5	21.8	96.0	31.6	5 617.5	55
中	17.8	15.5	3.0	17.2	29.6	141.7	30.6	8 178.2	34
下	18.9	16.2	3.1	17.6	33.6	184.4	34.3	10 369.1	16
郑单 958	17.8	16.6	0.9	15.3	40.0	208.5	36.2	12 493.7	
上	16.7	16.2	1.6	16.0	35.4	162.8	33.4	9 230.1	26
中	18.3	16.6	0.8	16.4	35.4	200.5	35.8	11 643.9	7
下	15.4	16.1	1.2	15.2	33.0	165.2	37.8	9 052.9	28
先玉 696	18.5	16.0	0.4	17.1	39.1	212.7	34.3	13 005.4	
上	13.8	15.7	1.6	15.6	26.0	122.4	33.9	7 104.6	45
中	17.6	15.4	1.5	16.8	29.2	141.5	31.0	8 125.5	38
下	18.6	15.5	1.0	17.2	37.0	175.5	32.6	10 500.5	19

续表

处理	穗长/cm	穗粗/cm	秃尖/cm	穗行数/个	行粒数/个	百粒重/g	穗粒重/g	产量/(kg/hm²)	减产幅度/%
先玉 335	19.3	15.9	1.6	15.9	37.5	211.7	36.5	12 895.8	
上	10.0	12.8	2.5	11.6	17.8	50.5	34.6	3 068.1	76
中	14.8	15.6	2.8	16.4	28.6	128.4	33.7	7 845.8	39
下	17.2	15.6	1.5	16.8	31.4	165.2	32.8	9 898.3	23
京农科 728	18.3	16.6	1.0	14.3	38.1	216.4	43.0	12 958.8	
上	9.2	13.8	1.1	12.0	17.0	58.1	38.9	3 633.6	72
中	14.7	15.8	3.1	14.8	23.8	116.3	37.9	7 022.2	46
下	14.6	15.6	3.3	14.4	24.4	137.1	41.5	7 882.0	39

多数品种的上部叶片对籽粒产量贡献最大，其次是中部，下部最小，少数品种叶片对产量的贡献排序是上部＞下部＞中部，而郑单 958 的顺序是下部＞上部＞中部。对去叶后减产幅度进行动态聚类分析，可以把 17 个品种分为 3 类。第 1 类由品种德美亚 1 号、垦沃 2、先玉 335、京农科 728 组成，特点是减产幅度最大，平均为 52.8%，特别是剪上叶减产幅度高达 74%，剪中叶和下叶分别为 41.8%和 42.8%；第 2 类是由品种克玉 15、德美亚 2 号、德美亚 3 号、垦沃 1、登海 605、天农 9、吉龙 2、益农玉 10、先玉 696 组成，特点是减产幅度中等，平均为 33.7%，剪上、中、下叶分别为 56.3%、30.2%和 14.4%；第 3 类由郑单 958、吉单 27、京科 968、龙高 2 号组成，特点是减产幅度较小，平均为 21.3%，剪上、中、下叶分别为 36.0%、14.3%和 13.8%。

5.3 高产品种郑单 958 及其亲本的源库特点

郑单 958 是我国培育最成功的玉米品种，也是种植面积最大、分布范围最广的品种，其适应性极强，耐非生物逆境能力极强，具有独特的优势，因此有必要对该品种及其亲本的源库特点进行分析研究。

5.3.1 减源限库对郑单 958 源库性状的影响

1. 郑单 958 吐丝期叶片特点

郑单 958 由于叶片数多、穗位高，其棒三叶并不是最大的，而是棒三叶下一片最大。在吐丝期将郑单 958 的棒三叶（T1）或其上部（T2）或下部（T3）所有叶片剪去，极显著降低了玉米的单株叶面积（图 5-12），剪下叶相比于剪中叶和剪上叶更大程度上减少了植株的叶面积。郑单 958 吐丝期下部叶片面积占总叶面积的 47.8%，棒三叶占 25.9%，上部叶片占 26.3%。

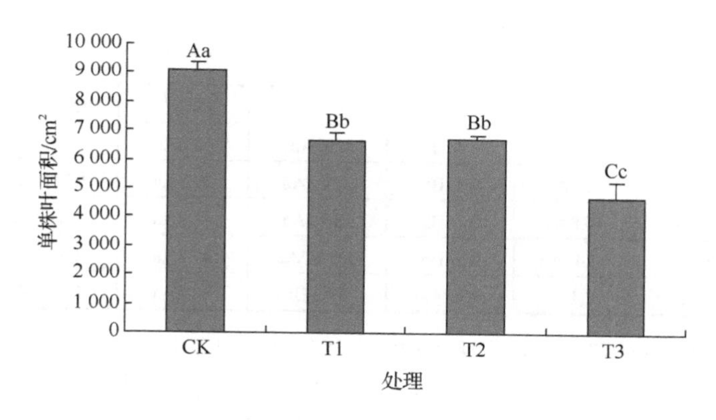

图 5-12　吐丝期剪叶对郑单 958 单株叶面积的影响

2. 减源限库对郑单 958 成熟期干物质积累分配的影响

减源限库处理降低了成熟期玉米植株营养器官的干重，剪下叶处理（T3）降低了 30%左右，剪上叶（T2）、剪中叶（T1）及套袋（T4）处理使干重只降低了 10%～15%（表 5-15）。其中，剪叶处理的绿叶重比对照处理和套袋处理都低，但是黄叶重比剪上叶的偏高，剪下叶的没有黄叶。各处理的玉米植株的茎重也都有所降低，但是多数并未达到差异显著。结合后续穗重和粒重计算表明，各处理也降低了植株总重，但是剪叶处理增加了向籽粒的分配，提高了收获指数，而套袋处理正相反。

表 5-15　减源限库对植株干重的影响

处理	绿叶重/g	黄叶重/g	茎重/g	营养器官总重/g	收获指数/%
CK	39.1Aa	16.45Aa	118.7Aa	174.25Aa	48.4
T1	21.85Aa	20.6Aa	111.9Aa	154.45Aa	49.3
T2	34.2Aa	9.35Aa	112.95Aa	156.5Aa	51.2
T3	29.1Aa	0Bb	103.55Aa	132.65Aa	53.7
T4	39.65Aa	11.4Aa	107.4Aa	159.35Aa	41.9

3. 减源限库对郑单 958 穗部性状及产量构成因素的影响

剪叶处理对郑单 958 的穗部形态性状影响不大，在穗长、穗粗、秃尖、穗粒数等方面均差异不显著（表 5-16）。套袋处理使穗长相比于对照显著减少，穗粗略有增加但是不显著，秃尖长度显著增加，可以看出限库处理对玉米穗部形态性状影响较大。剪中叶处理降低了郑单 958 的穗重、轴重和穗粒重，剪上叶和剪下叶处理都增加了这几个指标，但是剪叶处理的影响未达到差异显著水平。套袋处理明显降低了穗重和穗粒重，对轴重的影响未达到差异显著水平。尽管套袋处理的轴重最小，但是从出籽率看却最低，说明轴重所占比例最高。

表 5-16　减源限库对郑单 958 穗部性状的影响

处理	穗长/cm	穗粗/cm	秃尖/cm	穗重/g	轴重/g	穗粒重/g	出籽率/%
CK	18.5Aa	16.8Aa	0.41Bb	290Aa	43.6Aa	246.8Aa	85.0
T1	17.4Aa	16.8Aa	0.39Bb	272.3Aa	39.7Aa	232.5Aa	85.4
T2	18.5Aa	16.8Aa	0.16Bb	293.1Aa	40.8Aa	252.3Aa	86.1
T3	19.25Aa	16.45Aa	0.14Bb	301.67Aa	47.3Aa	254.3Aa	84.3
T4	15.8Bb	17.1Aa	2.25Aa	217.32Bb	38.2Aa	179.1Bb	82.4

3 种剪叶处理对郑单 958 的穗粒数影响不同，但是差异并不显著；剪叶导致百粒干重降低，但同样没有达到显著水平；剪叶处理导致群体产量降低（表 5-17）。但是比较 3 个剪叶处理间的影响，剪上叶的影响最小，剪下叶的影响最大，这从双穗率也得到了验证。表明郑单 958 不同部位叶源的作用比较均衡，特别是其下叶的功能很强，这与其穗下叶最大有关，这是郑单 958 的一个特点。套袋处理显著减少了穗粒数，显著增加了百粒干重，并且双穗率比对照增加一倍，这显示了郑单 958 具有一定的库调节能力。但是穗粒数减少过多，导致群体产量明显降低。

表 5-17　减源限库对产量及其构成因素的影响

处理	穗粒数/个	百粒干重/g	产量/（kg/hm^2）	双穗率/%
CK	610Aa	33.0Bb	14 806	35.7
T1	591Aa	32.7Bb	13 822	29.0
T2	654Aa	31.4Bb	14 157	36.4
T3	668Aa	30.6Bb	13 090	15.0
T4	417Bb	37.7Aa	12 258	74.3

4. 减源限库对玉米籽粒营养品质的影响

减源限库影响郑单 958 籽粒的营养品质。剪上叶处理使粗淀粉含量相比于对照下降了 1.4%，剪中叶、剪下叶和套袋处理下降了 2%左右，但是所有处理的影响均未达到差异显著水平。套袋处理相比于对照的粗蛋白含量有所增加，但是未达到显著水平，剪上叶和中叶的粗蛋白没有变化，剪下叶的减少较多，与套袋处理间达到显著水平。剪中叶和下叶处理使郑单 958 籽粒的粗油分含量略有减少，但均未达到差异显著，而剪上叶和限库处理的油脂含量没有变化（表 5-18）。

表 5-18　减源限库对籽粒营养品质的影响

处理	粗淀粉含量/%	粗蛋白含量/%	粗油分含量/%
CK	66.7Aa	7.79Aab	4.8Aa
T1	64.8Aa	7.78Aab	4.2Aa
T2	65.3Aa	7.82Aab	4.8Aa

续表

处理	粗淀粉含量/%	粗蛋白含量/%	粗油分含量/%
T3	64.6Aa	7.09Ab	4.5Aa
T4	64.9 Aa	9.40Aa	4.8Aa

5.3.2　郑单 958 及其亲本源库性状比较

1. 源性状

营养生长是作物构建营养体及孕育繁殖器官的过程，营养生长的杂种优势是玉米产量杂种优势的基础。郑单 958 在株高上不同时期的表现均远高于父本昌 7-2 和母本郑 58（表 5-19）。6 月 18 日是郑单 958 的拔节期，其株高高于母本 24.8%，高于父本 60.2%，中亲优势为 40.4%。7 月 5 日是郑单 958 的大口期，其株高高于母本 43.4%，高于父本 76.9%，中亲优势 58.4%。在 7 月 18 日郑单 958 抽雄时，其株高高于母本 50.6%，高于父本 56.1%，中亲优势 53.3%。7 月 23 日是郑单 958 的吐丝期，其株高高于母本 61.1%，高于父本 54.2%，中亲优势 57.5%。

表 5-19　郑单 958 与亲本的株高对比　（单位：cm）

品种	6 月 18 日	7 月 5 日	7 月 18 日	7 月 23 日
郑单 958	75.3	184.0	236.5	250.5
郑 58	60.3	128.3	157.0	156.5
昌 7-2	47.0	104.0	151.5	176.5

郑单 958 在大口期叶面积高于母本 80.7%，高于父本 176.6%；在抽雄期叶面积高于母本 89.1%，高于父本 83.0%；在吐丝期叶面积高于母本 98.7%，高于父本 75.1%；在乳熟期（8 月 14 日）叶面积高于母本 111.2%，高于父本 75.3%；在蜡熟期（9 月 10 日）叶面积高于母本 122.5%，高于父本 73.4%（表 5-20）。由此可知，在大口期郑单 958 的叶面积高于父本的百分比达到最大，在蜡熟期高于母本的百分比达到最大。

表 5-20　郑单 958 与亲本的单株叶面积　（单位：cm^2）

品种	7 月 5 日	7 月 18 日	7 月 23 日	8 月 14 日	9 月 10 日
郑单 958	6 985	9 498	9 586.5	10 190	10 261
郑 58	3 865	5 022	4 824.5	4 824.5	4 611.5
昌 7-2	2 525	5 189	5 474.5	5 812	5 917

郑单 958 的亲本都是紧凑株型，因此郑单 958 表现同样的特点，上部 5 叶叶角均小于 20°，中部 5 叶叶角在 30° 左右，下部 3～4 叶的叶角在 34° 左右，总体呈现由上至下逐渐增加的趋势，但是郑单 958 并没有表现出超亲优势，平均叶角十分接近（表 5-21）。

表 5-21 郑单 958 及其亲本的逐叶叶角 [单位：（°）]

品种	1	2	3	4	5	6	7	8	9	10	11	12	13	14
郑单 958	14	14	17	19	20	28.5	30	30	27.5	29	31	30	34	40
郑 58	10	10.5	16	18	23.5	40	37	35	28.5	32.5	30	37.5	35	
昌 7-2	13.5	17.5	19	20	20	20	27.5	30	33.5	30	27.5	37.5	31	40

利用叶绿素SPAD仪对抽雄期和吐丝期的郑单958及其亲本进行了逐叶测定，籽粒灌浆期测定了棒三叶的 SPAD 和穗上叶的光合速率。在郑单 958 抽雄时，其叶绿素含量高于母本 6.04%，高于父本 28.99%，中亲优势为 16.4%；在吐丝期，郑单 958 的叶绿素含量高于母本 2.02%，高于父本 33.7%，中亲优势为 15.73%。郑单 958 与母本差异不显著，与父本差异显著。郑单 958 籽粒灌浆前期和中期，其棒三叶叶绿素含量极显著高于双亲，高于母本 5.0%～10.0%，高于父本 33.1%～47.8%（表 5-22）。由此可以看出，郑单 958 的叶绿素含量与母本关系更加密切，这与叶绿体 DNA 遗传为母系遗传有关，在选育光合作用强的玉米品种时应将这一因素考虑进去。

表 5-22 不同时期郑单 958 与亲本的 SPAD 值

品种	所有叶片平均值		棒三叶平均值	
	抽雄期	吐丝期	鼓泡期	乳熟期
郑单 958	61.4aA	60.7aA	67.4aA	63.2aA
郑 58	57.9aAB	59.5aAB	61.3bB	60.2bB
昌 7-2	47.6bB	45.4bB	45.6cC	47.5cC

郑单 958 的穗上叶光合速率同样高于双亲，表现出超亲优势，但是没有棒三叶的 SPAD 值差异明显；其蒸腾速率和气孔导度均介于亲本之间，低于母本；而胞间二氧化碳浓度低于亲本，这与其光合速率高有关。郑单 958 的初始荧光 F_0 高于母本，母本高于父本，这与叶绿素含量一致；最大荧光产量 F_m 表现了同样的特点，郑单 958＞郑 58＞昌 7-2，郑单 958 的 PSⅡ最大光化学量子产量 F_v/F_m 与母本相同，略高于父本（表 5-23）。

表 5-23 郑单 958 与亲本棒三叶的光合参数和荧光参数

品种	光合速率/[μmol/(m^2·s)]	蒸腾速率/[mmol/(m^2·s)]	气孔导度/[mmol/(m^2·s)]	细胞间 CO_2 浓度/（mg/kg）	F_0	F_m	F_v/F_m
郑单 958	26.5±2.0	4.0±0.7	144.7±30.1	200.3±58.3	105	415	0.745
郑 58	24.3±3.2	4.2±0.5	159.2±47.8	256.6±51.5	94.5	386	0.745
昌 7-2	23.3±2.2	3.9±0.4	126.3±13.5	220.4±29.2	77	278.5	0.724

郑单 958 的根系数量生长没有表现出超亲优势，郑单 958 有 7 层节根，比母本少 1 层气生根，比父本多 1 层气生根，与亲本均值一致；郑单 958 前 2 层根系数量与亲本相似，3～5 层与母本相似，但是低于父本，第 6 层低于母本，更低于父本，气生根数量也比母本少，最终总根数略低于父本，明显低于母本（表 5-24）。

表 5-24　郑单 958 及其亲本成熟期次生根数量

品种	1 层	2 层	3 层	4 层	5 层	6 层	7 层(气)	8 层(气)	总数
郑单 958	3.7±0.5	4.0±0.0	4.7±0.9	9.0±2.8	10.3±3.3	10.7±1.2	5.3±7.5		47.7
郑 58	3.7±0.5	4.7±0.9	4.3±0.5	7.7±1.7	10.7±1.7	14.7±0.5	20.3±1.2	17±3.7	83.1
昌 7-2	2.3±0.9	4.3±0.5	7.0±0.8	11.3±1.9	13.0±0.8	17.0±1.4			54.9

2. 库的特点

郑单 958 的穗部性状表现都超过亲本，穗长超母本 37.1%，超父本 84.8%，中亲优势为 55.9%；穗粗超母本 22.7%，超父本 32.8%，中亲优势为 27.6%；秃尖长度明显缩短，同样具有超亲优势，3 个性状的超亲优势均达到极显著水平。穗重超母本 244%，超父本 287%，穗粒重超母本 236%，超父本 278%，超亲优势均达到极显著水平（表 5-25）。

表 5-25　郑单 958 与亲本的穗部性状

品种	穗长/cm	穗粗/cm	秃尖长度/cm	穗重/g	穗粒重/g
郑单 958	20.7aA	17.8aA	0.04bB	338.54aA	289.02aA
郑 58	15.1bB	14.5bB	1.20aA	98.42bB	86.12bB
昌 7-2	11.2cC	13.4cC	1.04aA	87.38bB	76.38bB

郑单 958 的穗行数与父本相同，没有超亲优势，而与母本差异达到极显著水平，表现超亲优势（33.3%），中亲优势为 14.3%。行粒数超母本 91.3%，超父本 131.6%。穗粒数超母本 146%，超父本 106%，其行粒数和穗粒数超亲优势均达到极显著水平。百粒重超母本 18%，超父本 59%，超中亲 35%，超亲优势达到极显著水平（表 5-26）。

表 5-26　郑单 958 与亲本产量构成因素

品种	穗行数	行粒数	穗粒数	百粒重/g
郑单 958	16aA	45.6aA	730.8aA	39.4aA
郑 58	12bB	24.8bB	297.6bB	33.5bA
昌 7-2	16aA	22.2cB	355.2bB	24.8cB

郑单 958 的籽粒长度明显高于双亲，差异达到极显著水平。粒宽和粒厚略高于父本，但是明显低于母本，说明在籽粒形态性状上，郑单 958 的杂种优势主要

表现在籽粒长度方面。郑单 958 的淀粉含量和油分含量均高于双亲，蛋白含量略低于双亲，与母本差异更大些，这些差异均未达到显著水平，反映在籽粒营养品质性状没有表现出杂种优势（表 5-27）。

表 5-27　郑单 958 与亲本的籽粒形态与品质性状

品种	粒长/cm	粒宽/cm	粒厚/cm	淀粉含量/%	油分含量/%	蛋白含量/%
郑单 958	13.6aA	8.4bB	4.01bB	72.3aA	4.9aA	7.7aA
郑 58	11.2bB	9.5aA	5.1aA	61.9aA	3.9aA	8.6aA
昌 7-2	9.8cC	8.0bB	4.0bB	71.4aA	4.4aA	8.2aA

综上所述，郑单 958 具有源强的特点，特别是下部叶片数量多、保绿性好，因此存在一定的冗余，1～2 片叶的损失不对其生长和产量产生影响，这也是其适应性强的重要原因。郑单 958 源强还体现在光合能力方面，其叶绿素含量和光合速率明显继承了母本郑 58 的优点。郑单 958 的叶角和次生根数量没有表现出超亲优势。郑单 958 并不是大穗型，且一般情况下籽粒败育很少，因此秃尖很小。当第一穗生长不良时，第二穗可以很好地发育，其穗部性状具有极显著的超亲优势，其产量构成因素综合了双亲的优点，因此稳产性很高。

第6章　玉米籽粒的营养品质特点

玉米籽粒不仅是重要的粮食，也是重要的饲料和轻工业原料。随着人们生活水平的提高和膳食结构的变化，以及淀粉和油脂工业的发展，玉米品种由产量型逐渐向质量型转变，玉米品质及其专用性变得越来越重要。玉米籽粒的生长过程，既是玉米产量的形成过程，也是玉米品质的形成过程。随着光合产物由“源”器官不断地输送到籽粒中，籽粒不断地生长，同时同化产物不断地转化，形成淀粉、蛋白质、油分等营养物质。一般从3个方面对玉米品质进行评价：一是营养品质，指玉米籽粒中所含的营养成分，如蛋白质、脂肪、淀粉，以及各种维生素、矿质元素、微量元素等，进一步说，则是指蛋白质中含人畜必需的赖氨酸和色氨酸，脂肪中所含的亚油酸，淀粉中所含的支链淀粉等；二是商业品质，指籽粒形态、色泽、整齐度、容重及化学物质的污染程度；三是加工品质，指影响籽粒加工利用过程的特性，因不同类型玉米及不同利用途径而不同，如玉米籽粒的硬度、出粉率、黏度、糊化温度等。中国是世界第二大玉米生产国和消费国，黑龙江省近年来已经成为中国主要玉米生产省份，关于玉米籽粒营养品质的形成规律，前人研究得不多，结论也不一致，特别是在北方寒地条件下对玉米品质的研究更少。因此，深入研究玉米品质的形成与调控规律不仅具有重要理论意义，而且对指导生产具有应用价值。

6.1　玉米籽粒营养物质积累动态

6.1.1　高产普通玉米品质积累

我们将肥料密度试验中产量最高的2个处理（处理8、处理10）和最低的2个处理（处理2、处理12）进行比较，品种为紧凑型高产玉米DH808。籽粒发育及品质形成调查从吐丝开始挂牌并标明日期，每个处理每10d取样3穗，每穗取中部籽粒100粒左右称量鲜重后，置烘箱中105℃杀青半小时，而后于80℃下烘干至恒重，称量后样品通过高速粉碎机粉碎，测定参照何照范（1985）的方法并略加改进，分别用硫酸蒽酮比色法测定淀粉含量，考马斯亮蓝法测定蛋白质含量，索氏提取法测定油分含量。

1. 淀粉积累特点

玉米籽粒的淀粉含量随着籽粒的生长而迅速增加，到40d以后其含量趋于稳定，接近成熟期略有下降，不同处理间差异较小（图 6-1）。淀粉含量变化可以用方程 $Y = A + BX - CX^2$ 表示，决定系数均达极显著水平（表 6-1）。单粒中淀粉质量的积累过程符合逻辑斯谛生长曲线（图 6-1），F 值达极显著。处理 2 由于单粒重较高，淀粉量的积累略高于其他处理，最大积累速率达 13.4mg/d。淀粉积累最快的时间是授粉后 32～34d，2 个产量低的处理达到最大积累速率的时间一个早 1d 一个晚 1d。

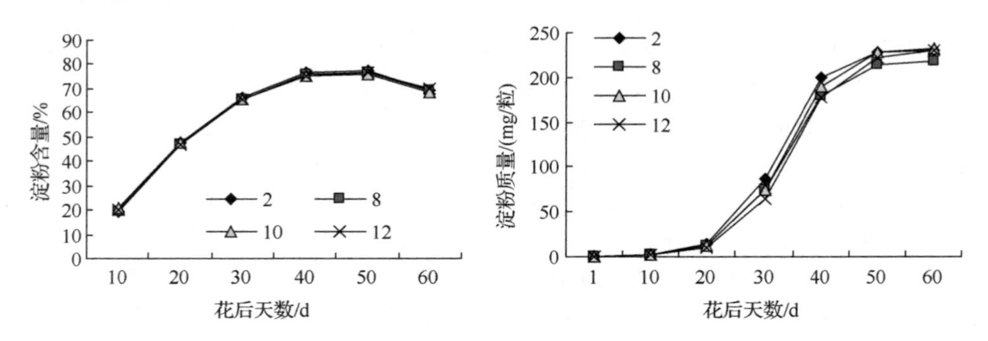

图 6-1　淀粉含量变化与单粒淀粉积累曲线

表 6-1　淀粉含量变化与单粒淀粉积累曲线方程

处理	含量变化方程	R^2	积累曲线方程	F 值	V_{max} /（mg/d）	$T_{V_{max}}$ / d
2	$Y = -18.15 + 4.192X - 0.0457X^2$	0.956	$Y = 231.03 / (1 + 1704.13e^{-0.232X})$	135.1**	13.4	32.1
8	$Y = -16.48 + 4.05X - 0.0437X^2$	0.895	$Y = 218.00 / (1 + 1608.95e^{-0.224X})$	120.8**	12.2	33.0
10	$Y = -14.37 + 3.96X - 0.0431X^2$	0.929	$Y = 232.58 / (1 + 1580.91e^{-0.221X})$	95.48**	12.9	33.3
12	$Y = -15.27 + 3.95X - 0.0423X^2$	0.889	$Y = 229.96 / (1 + 1768.42e^{-0.218X})$	92.52**	12.5	34.3

注：V_{max} 为最大积累速率；$T_{V_{max}}$ 为达到最大积累速率的时间。

2. 蛋白质积累特点

籽粒蛋白质含量的变化动态，可以用方程 $Y=A-BX+CX^2$ 表示，决定系数达显著或极显著表明拟合很好（表 6-2）。蛋白质含量由高逐渐降低，到 30d 左右时达到最低，然后逐渐增加，到收获时达到最高。这表明前 30d 主要是合成结构蛋白，因籽粒内容物的充实，其蛋白质含量逐渐降低，而后 30d 主要是大量合成储藏蛋白，尽管淀粉等数量也不断增加，但是蛋白质含量仍逐渐提高。处理间变化趋势基本一致，但是在成熟期，处理 12 因不施氮肥而导致蛋白质含量最低，处理 2 由于密度最小（4.9575 万株/hm^2），个体发育良好，籽粒中蛋白质含量较高（图 6-2）。

表 6-2　蛋白质含量变化与单粒蛋白质积累曲线方程

处理	含量变化方程	R^2	积累曲线方程	*F* 值	V_{max} /（mg/d）	$T_{V_{max}}$ / d
2	$Y = 2.99 - 0.128X + 0.0027X^2$	0.925	$Y = 16.31/(1 + 816.27e^{-0.160X})$	101.7**	0.653	42
8	$Y = 3.17 - 0.121X + 0.0024X^2$	0.806	$Y = 13.03/(1 + 582.21e^{-0.152X})$	123.3**	0.494	42
10	$Y = 4.81 - 0.231X + 0.0037X^2$	0.918	$Y = 13.60/(1 + 613.44e^{-0.153X})$	61.82**	0.519	42
12	$Y = 4.51 - 0.195X + 0.0029X^2$	0.843	$Y = 9.665/(1 + 455.06e^{-0.151X})$	98.5**	0.364	41

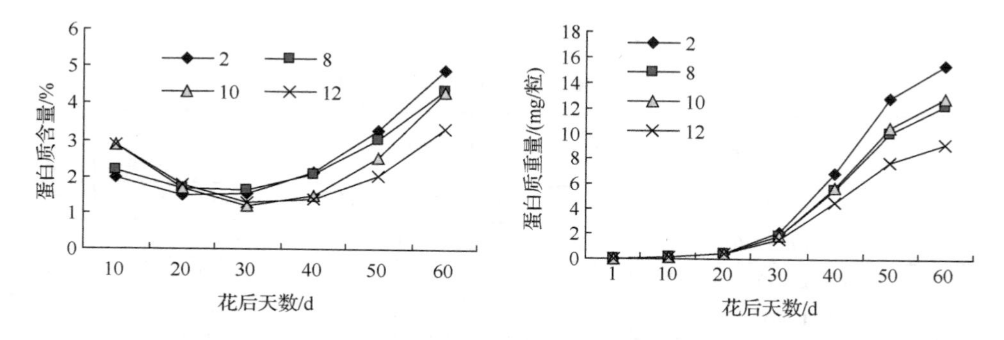

图 6-2　蛋白质含量变化与单粒蛋白质积累曲线

单粒中蛋白质积累过程符合逻辑斯谛方程，*F* 值均达极显著水平（表 6-2）。不同处理间的差异从授粉后 30d 起逐渐明显，到成熟期单粒蛋白质重量表现出明显差异，其中处理 2 因粒重较大、含量较高，单粒蛋白质积累最多；处理 12 正相反，单粒蛋白质积累最少；处理 8 和处理 10 居中（图 6-2）。差异也表现在蛋白质最大积累速率上，处理 2 最大，为 0.653mg/d，处理 12 最小，为 0.364mg/d，处理 8 和处理 10 分别为 0.494mg/d 和 0.519mg/d。但是不同处理蛋白质最大积累速率出现的时间相同，都是 41～42d。

3. 油分积累特点

玉米籽粒油分含量变化呈抛物线状，可以用方程 Y=A+BX−CX^2 表示，决定系数为显著或极显著。油分含量的最高点在 30d 左右，不同处理间差异较小（图 6-3）。单粒中油分质量的积累过程符合逻辑斯谛生长曲线，*F* 值达显著或极显著水平，最大积累速率出现在 30d 左右，最大积累速率为 0.76mg/d 左右（图 6-3，表 6-3）。

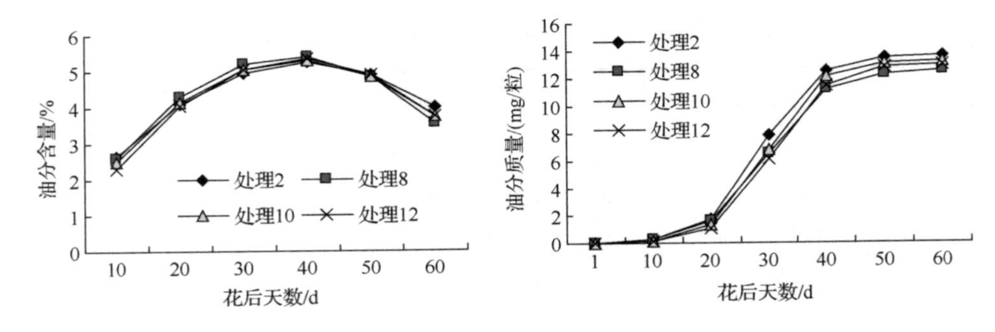

图 6-3　油分含量变化与单粒油分积累曲线

表 6-3　油分含量变化与单粒油分积累曲线方程

处理	含量变化方程	R^2	积累曲线方程	F 值	V_{max}/(mg/d)	$T_{V_{max}}$/d
2	$Y=0.625+0.234X-0.003X^2$	0.871	$Y=13.60/(1+566.10e^{-0.222X})$	25.15**	0.754	29
8	$Y=0.2+0.278X-0.0037X^2$	0.876	$Y=12.50/(1+405.01e^{-0.203X})$	14.57*	0.636	30
10	$Y=0.156+0.268X-0.0035X^2$	0.814	$Y=13.20/(1+902.29e^{-0.229X})$	67.9**	0.757	30
12	$Y=-0.186+0.283X-0.0036X^2$	0.852	$Y=12.90/(1+940.33e^{-0.224X})$	69.89**	0.722	31

在籽粒发育过程中，蛋白质含量变化呈反抛物线状，淀粉和油分含量变化均可以用抛物线方程表示，单籽粒中蛋白质、淀粉和油分的积累呈 S 形曲线变化，可以用逻辑斯谛方程描述。从玉米的 3 种主要营养物质的最大积累速率看，淀粉积累速率最大，而蛋白质积累速率最小；从达到最大速率的时间看，油分积累最快，这与胚的发育时期有关，而蛋白质的积累最慢，这与玉米储藏蛋白主要在中后期积累有关，尤其是该品种为活秆成熟，后期氮素吸收较多。处理间蛋白质含量和质量差别较为明显，而处理间淀粉含量和油分含量的差别相对较小。

6.1.2　不同品种玉米营养物质积累

试验采用 5 个杂交种：高油玉米春油 1 号和 5 号，优质玉米长单 58，高淀粉玉米四单 19 及普通玉米 DH808。种植密度为 5.25 万株/hm^2。4 月 23 日播种，机械开沟人工点种，施用磷酸二铵做种肥 375kg/hm^2，6 月下旬追肥，施尿素 300kg/hm^2。其他管理同大田生产。取样及测定方法同前，但蛋白质含量用消煮蒸馏后凯氏定氮法测定。

1. 籽粒淀粉积累特点

玉米籽粒淀粉含量随着籽粒生长逐渐上升，在 50d 左右时达到最高点，到成熟后又略有下降，总体呈抛物线状，符合方程 $Y=\mathrm{A}+\mathrm{B}X-\mathrm{C}X^2$（$Y$ 为淀粉百分含量，X 为授粉后天数，A、B、C 为参数）。授粉后 30d 内，长单 58 和四单 19

的淀粉含量较高，40d 后长单 58 的淀粉含量开始降低，而四单 19 的含量超过 70%，成熟期春油 5 号的淀粉含量最低。不同品种玉米单粒淀粉积累量都呈 S 形曲线，同样可以用方程 $Y=K/(1+Ae^{-BX})$ 表示，F 值均达极显著水平。淀粉达到最大积累速率的时间均在 32～33d（春油 1 号熟期较长，籽粒发育较晚），而最大积累速率在不同品种间明显不同，其大小排序为四单 19＞长单 58＞DH808＞春油 1 号＞春油 5 号。四单 19 的积累速率明显高于其他品种的玉米，因其玉米籽粒中淀粉占比最高，所以四单 19 籽粒干物质积累的量也大于其他品种的玉米。而春油 5 号由于淀粉含量最低且单粒淀粉重也最小，故粒重较小（表 6-4，图 6-4）。

表 6-4　不同品种玉米籽粒淀粉含量变化与积累规律

品种	含量变化方程	积累曲线方程	F 值	V_{max} /（mg/d）	$T_{V_{max}}$ / d
春油 1 号	$Y=-13.39+3.90X-0.047X^2$	$Y=149.1/(1+2\ 676.9e^{-0.287X})$	284**	10.7	27.5
春油 5 号	$Y=-16.65+3.38X-0.035X^2$	$Y=151.2/(1+958.8e^{-0.212X})$	31.4**	8.0	32.4
四单 19	$Y=3.44+3.12X-0.033X^2$	$Y=295.3/(1+1\ 294.3e^{-0.220X})$	35.5**	16.3	32.5
长单 58	$Y=9.81+2.98X-0.0337X^2$	$Y=233.3/(1+928.5e^{-0.208X})$	32.3**	12.2	32.8
DH808	$Y=-18.38+3.68X-0.038X^2$	$Y=203.3/(1+1\ 330.4e^{-0.217X})$	39.0**	11.0	33.2

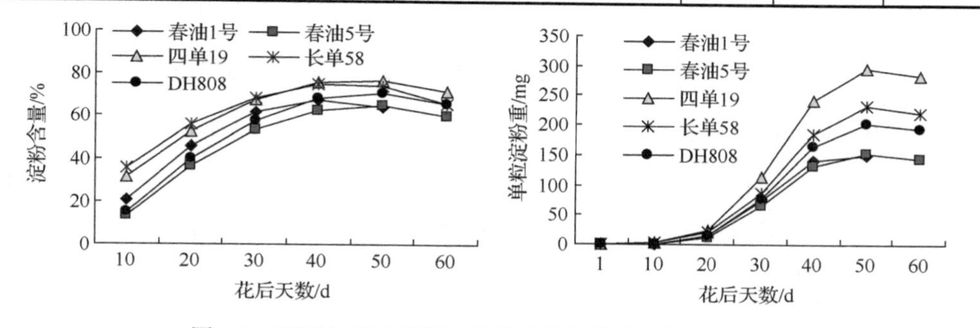

图 6-4　不同品种玉米籽粒淀粉含量与单粒淀粉积累变化

2. *籽粒蛋白质积累特点*

玉米籽粒蛋白质含量随着授粉天数增加而不断下降，可以用方程 $Y=X/(-A+BX)$（Y 为蛋白质含量，X 为授粉后天数，A、B 为参数）表示，授粉 10d 后籽粒蛋白质含量最高，而后迅速下降，30d 后变化不大，到成熟期不同品种间较为接近。长单 58 作为优质玉米其蛋白质含量并不低，显示谷蛋白含量较高。不同品种玉米单粒蛋白质积累量都呈 S 形曲线，F 值均达极显著水平。四单 19 的积累速率最大（1.436mg/d），其次是优质蛋白玉米长单 58 和 DH808，其他玉米品种的蛋白质积累速率较小。各个类型玉米单粒蛋白质积累达到最大速率的时间一般为 34.3～40.2d，长单 58 表现最晚，为 40.2d，四单 19 和 DH808 为 39d，这 3 个品种的单粒蛋白质含量最高。而高油玉米的最大积累速率低于其他类型，这与其积累较多的脂肪有关，也与粒重小有关（表 6-5，图 6-5）。

表 6-5　不同品种玉米籽粒粗蛋白含量变化与积累规律

品种	含量变化方程	积累曲线方程	F 值	V_{max} /(mg/d)	$T_{V_{max}}$ /d
春油 1 号	$Y = X/(-1.285+0.166X)$	$Y = 15.1/(1+1492.7e^{-0.213X})$	111**	0.805	34.3
春油 5 号	$Y = X/(-0.911+0.151X)$	$Y = 17.4/(1+1261.7e^{-0.189X})$	611**	0.823	37.8
四单 19	$Y = X/(-0.921+0.144X)$	$Y = 30.2/(1+1704.7e^{-0.190X})$	235**	1.436	39.1
长单 58	$Y = X/(-0.769+0.148X)$	$Y = 23.8/(1+1353.3e^{-0.179X})$	223**	1.07	40.2
DH808	$Y = X/(-1.015+0.155X)$	$Y = 2.1/(1+1302.3e^{-0.184X})$	316**	0.972	39.0

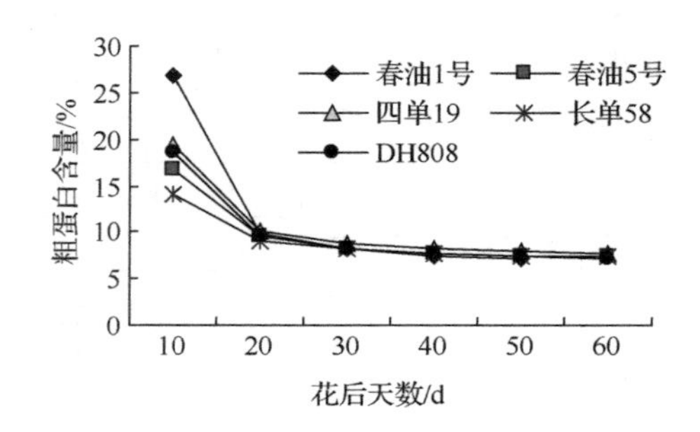

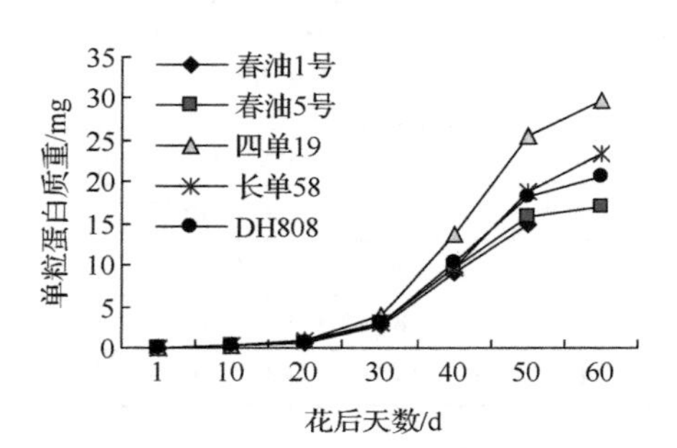

图 6-5　不同品种玉米籽粒粗蛋白含量与单粒蛋白质积累变化

3. 籽粒油分积累特点

玉米油分含量随授粉天数增加而增加，在 40d 左右达到最大值，之后逐渐降低，其变化呈抛物线状，符合曲线方程 $Y= A+BX-CX^2$（Y 为油分含量，X 为授粉后天数，A、B、C 为参数），不同品种间玉米油分含量差异显著，特别是高油玉米油分含量在授粉后 20d 明显高于其他玉米品种，到 40～50d 时春油 5 号和 1 号的油分含量达到 7.8%，到成熟期略有降低（表 6-6，图 6-6）。

单粒玉米油分积累量同样呈 S 形曲线，F 值均达到极显著水平。高油玉米的最大积累速率达到 1.12～1.16mg/d，尽管高油玉米的粒重较小，但是单粒的油分重始终较高，最终与粒重较大的四单 19 和长单 58 相似。不同品种玉米籽粒油分达到最大积累速率的时间为 34～40d，其中高油玉米最早，而长单 58 最晚（表 6-6，图 6-6）。

表 6-6　不同品种玉米籽粒脂肪变化与积累规律

品种	含量变化方程	积累曲线方程	F 值	V_{max} /(mg/d)	$T_{V_{max}}$ /d
春油 1 号	$Y = -0.906+0.366X-0.003\,94X^2$	$Y = 15.84/(1+23\,280.2e^{-0.294X})$	139.2**	1.16	34.2
春油 5 号	$Y = -0.543+0.368X-0.004\,06X^2$	$Y = 16.13/(1+14\,998.4e^{-0.278X})$	165.1**	1.12	34.5
四单 19	$Y = 1.96+0.156X-0.001\,92X^2$	$Y = 16.94/(1+9\,220.0e^{-0.245X})$	305.6**	1.04	37.3

续表

品种	含量变化方程	积累曲线方程	F 值	V_{max} /（mg/d）	$T_{V_{max}}$ / d
长单 58	$Y = 2.05 + 0.124X - 0.001\,15X^2$	$Y = 16.97/(1+7\,977.2e^{-0.227X})$	154.6**	0.96	39.7
DH808	$Y = 1.406 + 0.202X - 0.002\,36X^2$	$Y = 14.44/(1+9\,089.8e^{-0.245X})$	454.4**	0.884	37.2

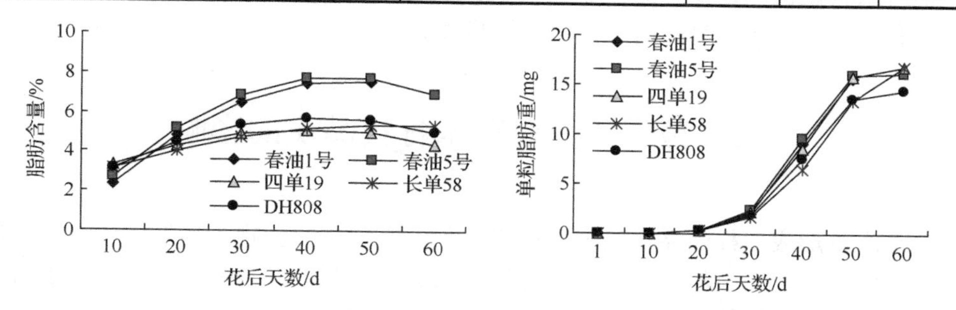

图 6-6　不同品种玉米籽粒脂肪含量与单粒脂肪积累变化

玉米蛋白质可进一步分成 4 个组分，即作为结构蛋白的清蛋白和球蛋白，以及作为储藏蛋白的醇溶蛋白和谷蛋白。图 6-7 表明，优质蛋白玉米长单 604 的醇溶蛋白含量随着籽粒的发育而逐步降低，而春油 1 号和四单 19 正相反，呈现逐步增加的趋势。单籽粒中醇溶蛋白积累都符合 S 型生长曲线，F 值表明四单 19 和春油 1 号均达到极显著水平，而长单 604 也达到显著水平（表 6-7）。但是 3 个品种的差异十分明显，籽粒授粉 20d 后，长单 604 的醇溶蛋白仍然是缓慢增长，而另两个品种开始迅速增加，超过 30d，春油 1 号与四单 19 的差别开始显现（图 6-7）。

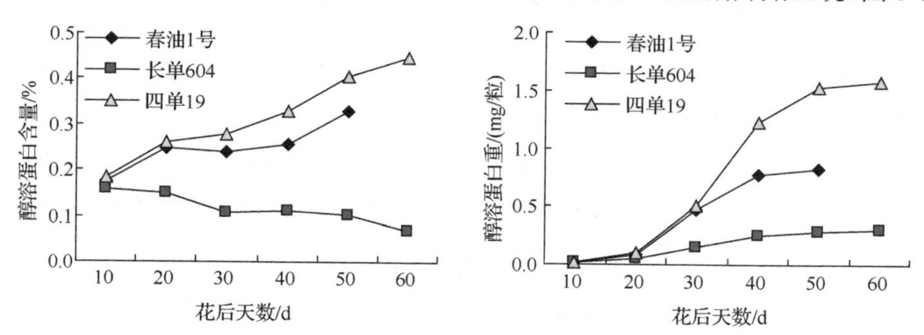

图 6-7　不同品种玉米籽粒醇溶蛋白含量变化与积累变化

表 6-7　不同品种玉米籽粒醇溶蛋白积累曲线方程

品种	积累曲线方程	F 值	V_{max} /（mg/d）	$T_{V_{max}}$ /d
四单 19	$Y = 1.585/(1+830.462e^{-0.199X})$	88.82**	0.079	33.8
春油 1 号	$Y = 0.825/(1+935.215e^{-0.237X})$	56.82**	0.049	28.9
长单 604	$Y = 0.308/(1+96.608e^{-0.149X})$	12.02*	0.012	30.6

玉米在授粉后 20d 内营养物质积累较慢，20～50d 淀粉积累较快，30～50d 蛋白质和油分积累较快。四单 19 的淀粉、蛋白质积累较快，干物质积累量也明显高于其他品种，而春油 1 号、春油 5 号只是油分积累较快。从 3 种营养物质积累的动态可以发现，尽管在玉米籽粒灌浆后期，蛋白质和脂肪含量均有降低，但是其绝对积累量仍然是增加的，而淀粉略有降低，显示晚收有利于碳水化合物向蛋白质和脂肪的转化，对此生产上不宜提早收获。

6.2　源库改变对玉米籽粒品质的影响

与产量形成一样，品质的形成同样受到源库关系的影响，为了探讨源库对籽粒品质的影响，在吐丝期对玉米进行源库改变。减源处理是把穗上叶片除了第 3 叶外均剪去，限库处理是在花丝伸长 2～3cm 时套袋。

6.2.1　减源限库对玉米籽粒蛋白质含量的影响

在低密度条件下，4 个品种在限库后，籽粒中蛋白质含量比对照都有所提高，最大的为四单 19（0.99%），最小的为 DH3149（0.46%）；在高密度条件下，4 个品种的蛋白质含量也有所提高，最大为 DH808（0.77%），最小的为本育 9（0.5%）。平展型品种四单 19 和本育 9 限库处理后，低密度条件下的蛋白质增加量高于高密度条件下蛋白质增加量。紧凑型品种在不同密度下因品种不同，变化也不同。减源处理平展型品种四单 19 和本育 9 均与对照相近，且高密度条件下蛋白质增加量低于低密度。紧凑型品种在低密度条件下蛋白质含量有所上升，但在高密度条件下，DH808 的蛋白质含量略有降低（0.08%），DH3149 蛋白质含量上升了 0.33%，品种间差异较大（表 6-8）。

表 6-8　不同处理下玉米籽粒蛋白质含量　（单位：%）

品种	低密度（52 500 株/hm^2）			高密度（75 000 株/hm^2）		
	对照	限库	减源	对照	限库	减源
四单 19	5.09	6.08	5.05	4.91	5.49	4.88
本育 9	5.29	6.01	5.23	4.90	5.40	4.95
DH808	4.76	5.71	5.15	4.85	5.62	4.77
DH3149	5.02	5.48	5.18	4.77	5.29	5.10

6.2.2　减源限库对玉米籽粒油分含量的影响

在限库处理后，不同品种间油分含量的变化差异较大，而随着密度的增加，油分含量均有所增加。平展型品种四单 19 和本育 9 的油分含量在两种密度下均有所增加，特别是后者增加明显（0.26%～0.27%）；而紧凑型品种 DH808 和 DH3149 的油分含量略有减少或几乎不变。在低密度条件下，减源处理使平展型品种四单 19 和本育 9 的油分含量明显增加，甚至超过限库处理后的增加量；而紧凑型品种 DH808 和 DH3149 几乎不变化，这与对蛋白质的影响正相反。在高密度条件下，平展型的四单 19 和本育 9 的油分增加量与限库处理的增加量相近；而紧凑型品种 DH808 和 DH3149 减源处理后油分含量略有减少（表 6-9）。

表 6-9　不同处理下玉米籽粒油分含量　（单位：%）

品种	低密度（52 500 株/hm^2）			高密度（75 000 株/hm^2）		
	对照	限库	减源	对照	限库	减源
四单 19	3.49	3.56	4.24	4.05	4.17	4.21
本育 9	3.83	4.10	4.24	4.16	4.42	4.36
DH808	4.36	4.27	4.36	4.75	4.56	4.73
DH3149	4.52	4.52	4.53	4.83	4.78	4.64

6.2.3　减源限库对玉米籽粒淀粉含量的影响

在低密度条件下，限库处理导致 4 个品种的淀粉含量均下降，其中本育 9 下降最多（7.3%），DH3149 下降最少（1.7%）。在高密度条件下，4 个品种的淀粉含量也都下降，其中 DH3149 下降最多（3.8%），DH808 下降最少（2.7%）。在低密度条件下，减源处理后 4 个品种的淀粉含量都有所增加，其中 DH808 增加最多（2.9%）；四单 19 和 DH3149 增加最少（0.3%）。在高密度条件下，4 个品种的淀粉含量也都增加，其中 DH808 增加最多（6.7%）；本育 9 增加最少（2.9%）（表 6-10）。

表 6-10　不同处理下玉米籽粒的淀粉含量　（单位：%）

品种	低密度（52 500 株/hm^2）			高密度（75 000 株/hm^2）		
	对照	限库	减源	对照	限库	减源
四单 19	78.0	74.1	78.3	75.3	71.7	79.2
本育 9	75.5	68.2	75.9	74.5	70.8	77.4
DH808	73.6	70.0	76.5	73.9	71.2	80.6
DH3149	77.3	75.6	77.6	76.4	72.6	81.1

6.2.4　减源限库对玉米籽粒中蛋白质、油分、淀粉总含量的影响

限库处理后，在两种密度条件下，蛋白质、油分、淀粉 3 种营养物质总含量均减少。其中，减少最多的是低密度条件下的本育 9（减少 6.31%），减少最少的是低密度条件下的 DH3149（减少 1.24%）。减源处理后，蛋白质、油分、淀粉 3

种营养物质总含量在不同密度条件下均增加。其中，增加最多的是高密度条件下的 DH808（增加 6.6%），增加最少的是高密度条件下的四单 19（增加 0.13%）（表 6-11）。

表 6-11　减源限库对玉米籽粒中蛋白质、油分、淀粉总含量的影响　（单位：%）

品种	低密度（52 500 株/hm²）			高密度（75 000 株/hm²）		
	对照	限库	减源	对照	限库	减源
四单 19	86.58	83.74	87.59	84.26	81.36	84.39
本育 9	84.64	78.31	85.37	83.56	80.62	86.71
DH808	82.72	79.98	86.01	83.50	81.38	90.10
DH3149	86.84	85.6	87.31	86.00	82.67	90.84

限库处理后 4 个品种的蛋白质含量明显上升，这与小麦限库后反应相似，小麦去除部分小穗（源库比增加），籽粒含氮量因部分去穗而增加。减源处理后蛋白质含量基本不变（平展型品种）或略有上升（紧凑型品种），四单 19 和本育 9 的蛋白质含量增加或减少在 0.05%范围内，表明其氮素向籽粒的分配变化较小，而紧凑型品种略有增加，可能与其吸收氮素较多有关。因此在选育高蛋白玉米时，较低的粒叶比可能是一个适宜的指标。在栽培生产中，增加后期氮肥的供应，使玉米籽粒形成过程中粒叶比较低，可能获得较高的蛋白质含量。

减源或限库处理后，平展型品种的油分含量在两种密度条件下均显著增加，其中减源后增加量较大。紧凑型品种在限库或减源处理后油分含量不变或略有下降（最多下降 0.19%）。由此可见，株型不同的品种其油分含量对减源限库处理的反应存在差异。

淀粉含量受减源限库影响显著。限库处理后，不论密度高低，不同株型淀粉含量都下降，这与蛋白质含量的变化正相反，显示较多的光合产物被用于蛋白质的合成；减源处理后，4 个品种的淀粉含量均有所上升，低密度条件下增加 0.3%～2.9%；高密度条件下增加 2.9%～6.7%。减叶导致后期根系吸收氮素减少，同时促进叶片的早衰。这与淀粉含量较高的品种如四单 19、海玉 9 号、DH3149 等都表现一定程度的早衰相一致，因此早衰现象可能是高淀粉品种的特点。值得注意的是，DH808 减源处理后淀粉含量增加最大，分别为 2.9%和 6.7%，这与其对照的淀粉含量较低有关，可能还与其成熟后期叶源仍能提供大量光合产物有关。

在限库处理后，源库比值增大，3 种营养物质总含量减少，其中蛋白质含量增加，油分含量增加或基本不变，淀粉含量降低，这与养分间的转化有关，也与灰分、可溶性糖等的增加有关。减源处理后，源库比值减小，3 种营养物质总含量增加，其中蛋白质基本不变或略有增加，淀粉含量明显增加，油分含量变化在不同品种间不同，平展型的增加，而紧凑型的不变或略有下降。对其变化原因，有待于今后进一步的研究。

6.3　气象因素与玉米籽粒品质的关系

6.3.1　基于多点试验的结果

黑龙江省 4 个地区（哈尔滨、齐齐哈尔、大庆、佳木斯）的气象条件与玉米品质性状的相关分析结果表明，淀粉含量与全生育期的积温呈极显著负相关，与全生育期的降水、光照相关性不显著，说明降水、光照对淀粉积累影响不明显。蛋白含量与全生育期积温的相关系数为 0.51，与全生育期降水、日照时数的相关系数分别为 0.90*、1.0**，达到显著或极显著水平，说明生育期降水量和日照时数增加对蛋白质含量有促进作用。油分含量与全生育期积温、降水、日照时数呈负相关关系（表 6-12）。

表 6-12　气象因素与玉米品质的相关分析

品质指标	积温	降水量	日照时数	花后积温	花后降水量	花后日照时数
淀粉含量	−0.96**	−0.28	−0.62	−0.46	0.42	−0.39
蛋白含量	0.51	0.90*	1.00**	0.98**	−0.44	0.98**
油分含量	−0.35	−0.83	−0.53	−0.69	0.91*	−0.63

玉米籽粒品质的形成与花后气象因素更加密切，因此进一步讨论花后的气象环境对玉米品质的影响。结果表明：淀粉含量与花后积温、花后光照时数呈负相关，与花后降水量呈正相关。蛋白含量与花后积温呈显著正相关，说明花后温度适当地提高，可促进蛋白质的积累，与花后降水量呈负相关，与花后光照时数呈显著正相关，说明花后光照充足有利于蛋白质含量提高。油分含量与花后积温呈负相关，与花后降水量呈显著正相关，与花后光照时数呈负相关。

6.3.2　基于播期试验的结果

德美亚 1 号 5 个播期的籽粒品质与相应气象数据（表 6-13）的相关分析表明，淀粉含量与全生育期的积温、降水量、日照时数呈负相关；蛋白含量与全生育期的积温、降水量呈显著正相关，与日照时数呈正相关，说明温度高、降水足有利于蛋白积累；油分含量与全生育期积温、降水量、日照时数呈显著负相关或极显著负相关，说明全生育期的积温高、降水量多、光照多不利于籽粒油分含量的提升（表 6-14）。

表 6-13　不同播期玉米气象因素与籽粒品质

播期	积温/℃	降水量/mm	日照时数/h	花后积温/℃	花后降水量/mm	花后日照时数/h	淀粉含量/%	蛋白质含量/%	油分含量/%
1	2630.4	346.1	920.9	1188.5	135.6	359.7	72.1	9.7	5.3
2	2560.2	340.1	849.3	1197.0	159.4	374.7	71.6	9.8	5.4
3	2408.6	302.1	806.7	1177.1	158.3	387.8	71.6	9.8	5.6
4	2294.5	245.4	784.4	1101.2	137.3	403.8	72.7	9.5	6
5	2116.1	249.8	736.6	958.3	62.0	424.4	73.2	9.3	5.9

表 6-14　气象因素与玉米品质相关分析

品质指标	积温	降水量	日照时数	花后积温	花后降水量	花后日照时数
淀粉含量	−0.71	−0.56	−0.53	−0.92**	−1.00**	0.69
蛋白含量	0.85*	0.82*	0.69	0.96**	0.92*	−0.84*
油分含量	−0.91*	−0.99**	−0.89*	−0.76	−0.52	0.91*

淀粉含量与花后积温、花后降水量呈极显著负相关，与花后日照时数呈正相关，说明在整个籽粒灌浆期内，积温过高、降水过多不利于淀粉的形成，而较多的光照有利于淀粉含量的提高。蛋白质含量与花后积温、花后降水量呈显著正相关，与花后日照时数呈显著负相关，说明花后积温高、降水充足利于蛋白质的积累。油分含量与花后积温、降水量呈负相关，与花后日照时数呈显著正相关，说明花后积温过高、降水过多不利于油分含量的提高，而日照时间长对于籽粒油分含量的提高有促进作用。

基于黑龙江省 4 个地区的试验数据，淀粉含量与全生育期积温呈极显著负相关，花后积温过高不利于淀粉含量提高。全生育期较高的积温和降水量、较长的光照时间有利于蛋白质的积累，即在积温较高、光照充足的地区，蛋白质含量较高；花后积温高、光照充足，可促进蛋白质的积累。油分含量与全生育期积温、降水量、日照时数、花后积温及花后日照时数呈负相关，与花后降水量呈正相关，即在冷凉、降水较少地区适宜积累油分。

基于播期试验的研究表明，淀粉含量与全生育期的积温、降水量、日照时数呈负相关，说明在此试验环境下，积温高、降水多、光照充足并不利于淀粉含量的提升。蛋白质含量与全生育期的积温、降水量呈显著正相关，与日照时数呈正相关；积温高使蛋白质含量提高。油分含量与全生育期积温、降水量、日照时数呈显著负相关或极显著负相关，说明全生育期的积温、降水、光照多不利于籽粒油分含量的提升。

综上所述，黑龙江省气象因素对玉米品质的影响很大，且气象因子对不同品质指标的影响不同。区域试验和播期试验的品种不同，分别是郑单 958 和德美亚 1 号，条件也不同，但是结果基本一致，即高温、降水多或日照时数长不利于淀粉和油分的积累，而有利于蛋白质的积累。

6.4　肥料和密度对玉米籽粒营养品质的影响

试验于 1999～2001 年在哈尔滨市东北农业大学香坊试验站进行，选用紧凑型品种 DH808。试验采用二次饱和 D 最优设计（416），选择氮、磷、钾肥、密度 4 个因素 5 个水平。肥料为 N（0～450kg/hm^2），P_2O_5（0～240kg/hm^2），K_2O（0～290kg/hm^2）；密度为 4.9575 万～8.8905 万株/hm^2。共设 16 个处理，小区行长 5m，6 行区，行距 0.7m，随机区组排列，设 4 次重复。

6.4.1　肥料和密度对蛋白质含量的影响

建立氮（X_1）、磷（X_2）、钾（X_3）、密度（X_4）与玉米籽粒蛋白质含量（Y）的回归方程如下：

$$Y = 11.622 + 0.67X_1 + 0.045X_2 - 0.101X_3 - 0.038X_4 - 1.213X_1^2 - 1.121X_2^2 - 1.32X_3^2 - 1.73X_4^2 - 0.317X_1X_2 - 0.168X_1X_3 - 0.192X_1X_4 + 0.085X_2X_3 - 0.075X_2X_4 + 0.022X_3X_4$$

方程经卡方检验，$\chi^2 = 0.0239$，小于 $\alpha_{0.05} = 24.996$，即 0.05 水平不显著，预测值与实际值相吻合。对模型采用降维法，将其他各因素固定在零水平（氮 225kg、磷 120kg、钾 145kg、密度 67 500 株/hm^2），得到各因素的一元二次回归子模型（图 6-8）。根据这些模型可以看出：①在香坊农场试验地的条件下，紧凑型春玉米的蛋白质含量受密度影响略大，氮肥、磷肥、钾肥的影响大小相似；②氮肥、磷肥、钾肥、密度在最佳水平以下时，蛋白质含量随自变量的增大而增加，当各因素水平超过最佳水平时，蛋白质含量均出现下降趋势，表明过量施用肥料或过密种植对提高蛋白质含量不利；③从单因素角度看，磷肥、钾肥和密度的最佳水平在零水平附近（+0.02、−0.04、−0.01），而氮肥的最佳水平为+0.28 水平，显然氮肥更有利于籽粒蛋白质含量的提高。

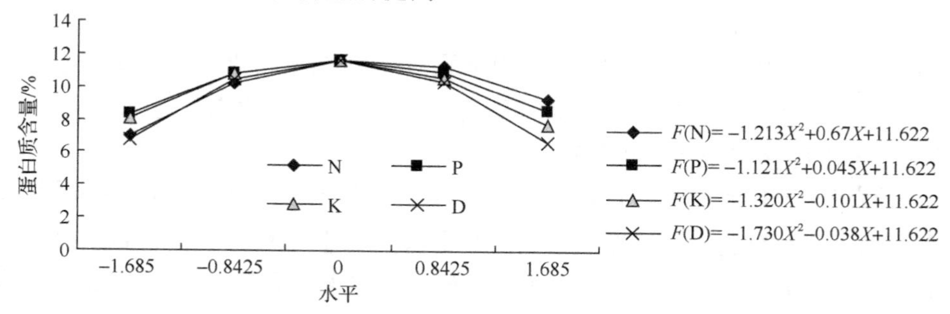

图 6-8　氮肥、磷肥、钾肥和密度对玉米籽粒蛋白质含量的影响

固定任意两个因素在零水平时，分析剩余两个因素对产量的交互作用。氮磷

间、氮钾间、氮肥与密度间均存在明显的互作效应。随着磷肥、钾肥、密度的逐步增加，氮肥对籽粒蛋白质含量的影响逐渐增加，但是当这 3 个因素过高时会导致氮肥的效应降低。反之，随着氮肥的增加，磷肥、钾肥、密度的影响也逐步增加，当氮肥施用过量时，各因素对蛋白质含量的效应下降。磷钾间、磷肥与密度间、钾肥与密度间同样存在互作效应。当两个因素均处于最佳水平时，玉米籽粒的蛋白质含量达到最高。当两个因素处于极端水平时，玉米籽粒的蛋白质含量明显降低（图 6-9）。

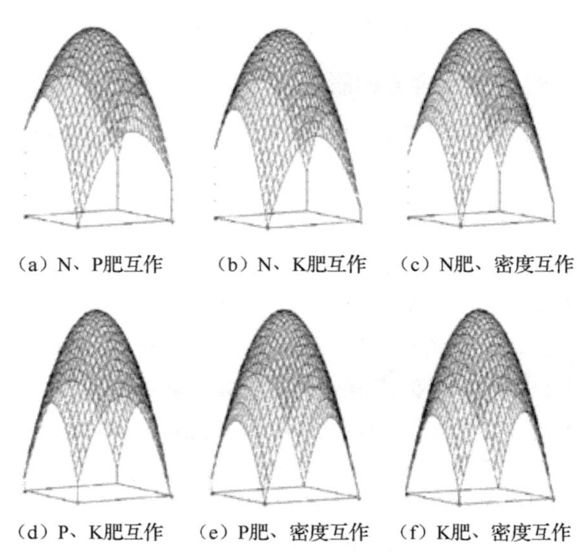

（a）N、P肥互作　（b）N、K肥互作　（c）N肥、密度互作

（d）P、K肥互作　（e）P肥、密度互作　（f）K肥、密度互作

图 6-9　两因素对蛋白质含量的互作效应

醇溶蛋白是玉米蛋白中含量最多的组分，也是最易受到肥料影响的组分，建立氮（X_1）、磷（X_2）、钾（X_3）、密度（X_4）与醇溶蛋白含量（Y）的回归方程如下：

$$
\begin{aligned}
Y = & 1.617 + 0.179X_1 + 0.026X_2 - 0.018X_3 - 0.062X_4 - 0.126X_1^2 - 0.019X_2^2 \\
& - 0.001X_3^2 - 0.072X_4^2 - 0.001X_1X_2 - 0.041X_1X_3 - 0.062X_1X_4 \\
& + 0.016X_2X_3 - 0.046X_2X_4 + 0.029X_3X_4
\end{aligned}
$$

方程经卡方检验，$\chi^2 = 0.0082$，小于 $\alpha_{0.05} = 24.996$，即 0.05 水平不显著，预测值与实际值相吻合。将 3 个因素固定在零水平，可以获得另一个因素与醇溶蛋白含量的回归方程。结果表明，玉米籽粒醇溶蛋白含量受氮肥影响最大，随着氮肥增加而迅速增长，当氮肥接近 0.69 水平（316.5kg/hm^2）时达到最高，而后略有降低；磷肥和钾肥对醇溶蛋白的影响较小且作用相反，醇溶蛋白含量随着前者的增加而逐渐增加，随着后者的增加而逐渐降低；随着密度的增加，玉米籽粒的醇溶蛋白含量略有增长，当超过−0.43 水平（62 340 株/hm^2）后，其含量逐渐降低（图 6-10）。

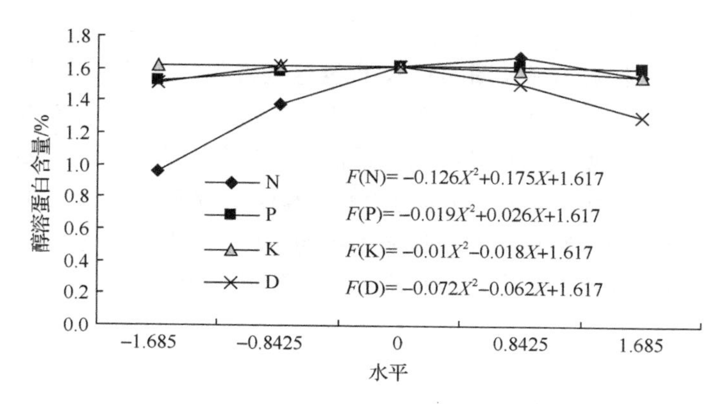

图 6-10　氮肥、磷肥、钾肥和密度对醇溶蛋白含量的影响

前人的研究多认为单独增加氮肥、磷肥、钾肥或配合施用，有利于玉米籽粒蛋白质含量的提高。本研究表明，氮肥、磷肥、钾肥和密度等单项措施对蛋白质含量的影响呈二次曲线，即随着各因素量的增加，籽粒蛋白质含量逐渐增加；当各因素过量时，均导致籽粒蛋白质含量下降。同时 4 个因素间存在明显的互作效应，在数量较少时相互促进，在数量较多时相互抑制，因此互作有一个适宜的比例。这个结论更加全面，是对前人研究成果的修正与发展，并由此得出在适宜的密度下种植，采取适宜的氮肥、磷肥、钾肥比例（本试验条件下为 2∶0.91∶1）可以获得最高的蛋白质含量。

各因素对蛋白质不同组分含量的影响程度不同，因此其对醇溶蛋白含量的影响与粗蛋白含量不同。4 个因素对醇溶蛋白含量的影响差异明显，其中磷肥和钾肥影响较小，氮肥和密度的影响较大，随着氮肥的增加，醇溶蛋白含量迅速增长，接近+0.69 水平时达到最高，而后略有降低；醇溶蛋白含量随密度的增加缓慢增长，−0.43 水平时达到最高，而后随着密度的进一步增加迅速下降。通过比较对蛋白质的影响可知，增加磷、钾肥有利于调节其他蛋白质组分含量。

6.4.2　肥料和密度对淀粉含量的影响

2001 年试验结果经饱和设计程序包计算，建立氮（X_1）、磷（X_2）、钾（X_3）、密度（X_4）与玉米籽粒粗淀粉含量（Y）的回归方程如下：

$$
\begin{aligned}
Y = 67.202 &+ 0.098X_1 + 0.093X_2 - 0.075X_3 + 0.079X_4 + 1.47X_1^2 + 1.54X_2^2 \\
&+ 1.012X_3^2 + 1.94X_4^2 - 0.612X_1X_2 - 0.288X_1X_3 - 0.076X_1X_4 \\
&- 0.087X_2X_3 - 0.126X_2X_4 + 0.408X_3X_4
\end{aligned}
$$

方程经卡方检验，$\chi^2 = 0.0139$，小于 $\alpha_{0.05} = 24.996$，即 0.05 水平不显著，预测值与实际值相吻合。

对上述因素采用降维法，将其他各因素固定在零水平（接近适宜条件），得到各因素的一元二次回归方程（图 6-11）。根据这些方程可以看出：①紧凑型春玉米的淀粉含量受密度的影响较大，而受钾肥的影响相对较小；②淀粉含量随氮肥、磷肥、钾肥和密度的增大而逐渐降低到最低点，当各因素水平进一步提高时，淀粉含量均出现上升趋势，尤其是过量施用氮肥和磷肥对淀粉含量增加的影响最大，4 个因素对成熟期玉米籽粒淀粉含量的影响均可用反抛物线表示；③从单因素角度看，氮肥、磷肥和密度都在零水平附近，但钾肥在+0.37 水平。

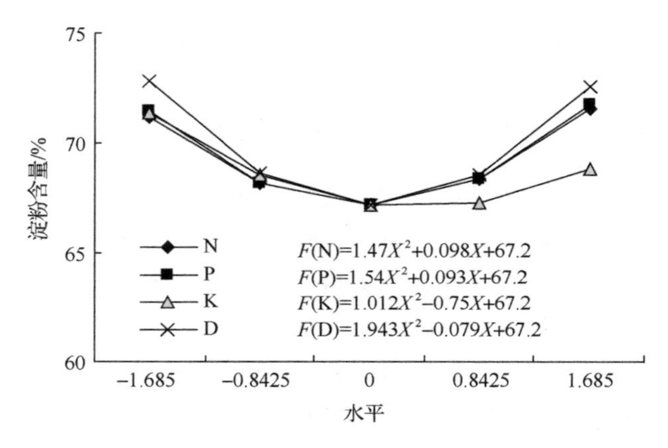

图 6-11　肥料和密度对淀粉含量的影响

固定任意两个因素在−1.685 水平时，可以分析剩余两个因素对淀粉含量的交互作用。由图 6-12 可以看出，氮磷间、氮钾间、氮肥与密度间存在明显的互作效应。其中氮肥和磷肥的作用相似，而氮肥在与钾肥及密度的互作中起主导作用。淀粉含量的最高点均出现在氮肥的极值点上，而最低点分别在零水平附近。磷钾肥间、磷肥与密度间也存在明显的互作。对籽粒淀粉含量的影响主要受磷肥数量控制，淀粉含量最高点均出现在过量施用磷肥处，最低点出现在少量施用磷肥，而钾肥或密度处于零水平附近时。钾肥和密度间同样存在互作效应，尤其是高密度与大量使用钾肥可以获得较高的淀粉含量，而淀粉含量的最低点出现在钾肥和密度均处于零水平附近。

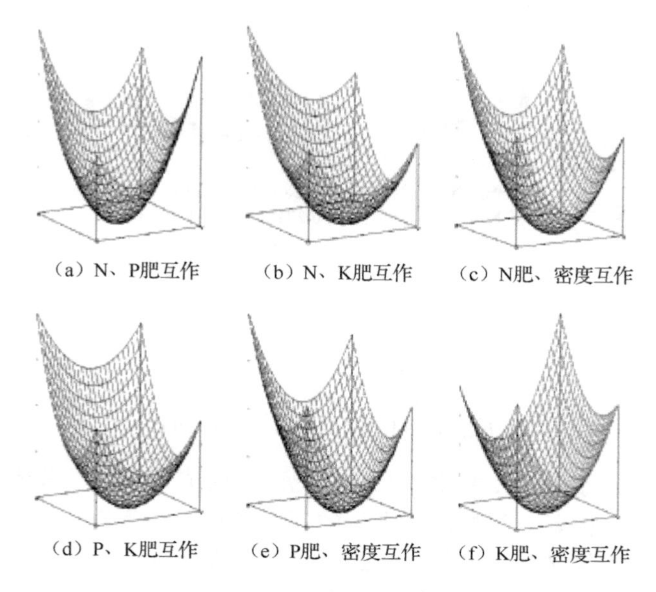

图 6-12　两因素对淀粉含量的互作效应

6.4.3　肥料和密度对油分含量的影响

2001 年的试验结果经饱和设计程序包计算，建立氮（X_1）、磷（X_2）、钾（X_3）、密度（X_4）与玉米籽粒粗油分含量（Y）的回归方程如下：

$$Y = 3.625 - 0.041X_1 - 0.055X_2 - 0.079X_3 + 0.052X_4 + 0.283X_1^2 + 0.221X_2^2 + 0.198X_3^2 + 0.304X_4^2 + 0.022X_1X_2 + 0.045X_1X_3 + 0.076X_1X_4 - 0.013X_2X_3 - 0.034X_2X_4 - 0.025X_3X_4$$

方程经卡方检验，$\chi^2 = 0.0236$，小于 $\alpha_{0.05} = 24.996$，即 0.05 水平不显著，预测值与实际值相吻合。将 4 个因素中任意 3 个因素固定于零水平，讨论另一个因素对玉米籽粒粗油分含量的影响，得到相应的回归方程，并绘制相应的曲线图。由图 6-13 可以看出，随着氮肥、磷肥、钾肥和密度的增加，玉米籽粒中的粗油分含量均表现为先降后升，而且最低点都是零水平附近（0.07、0.12、0.20、−0.09）。氮肥、磷肥、钾肥的影响十分相似，都是下降较快而回升较慢。4 个因素对玉米籽粒油分含量的影响与蛋白质相反，而与对淀粉含量的影响有些相似，也呈反抛物线状。

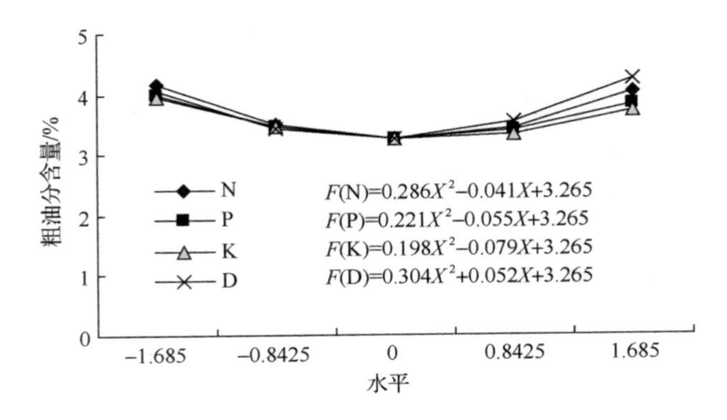

图 6-13　肥料和密度对粗油分含量的影响

把任意两个因素固定在零水平，分析另两个因素对籽粒油分含量的影响，结果表明，任意两个因素对籽粒油分含量的互作影响均是负效应，含量最低点多在零水平附近，只有氮肥和密度的互作最低点偏向高密度方面；而含量最高点均出现在极值点上（图 6-14）。氮磷肥间、氮钾肥间对粗油分含量的影响相似；在施用适量的磷肥和钾肥情况下，氮肥与密度的影响主要受密度的控制。磷钾肥间、磷肥与密度、钾肥与密度对玉米籽粒油分含量的互作效应十分相似，均在两个因素处于零水平附近时出现油分含量的最低点，而在后两个效应中密度的作用更大一些，油分含量的最高点均出现在高密度（+1.685 水平）处。

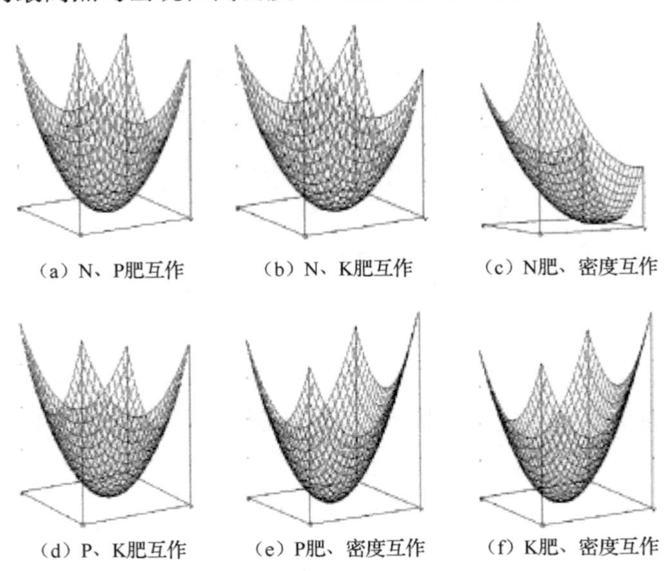

（a）N、P肥互作　（b）N、K肥互作　（c）N肥、密度互作

（d）P、K肥互作　（e）P肥、密度互作　（f）K肥、密度互作

图 6-14　两因素对油分含量的互作效应

6.4.4　玉米主要品质性状间的相关关系

对DH808肥料密度试验结果的分析表明，蛋白质含量与油分含量间是相关程度很低的负相关关系（$r=-0.085$），与淀粉含量是相关程度较高的负相关（$r=-0.393$），而淀粉含量与油分含量间是接近中等相关的正相关关系（$r=0.209$）。产量与蛋白质、油分和淀粉含量的相关系数分别是0.200、-0.013和-0.105。

对8个品种营养品质的分析表明，蛋白质含量与油分含量间呈不显著的负相关关系（$r=-0.267$），与淀粉含量间是相关程度较高的负相关（$r=-0.561$），而淀粉含量与油分含量呈不显著的正相关关系（$r=0.156$）。产量与蛋白质、油分和淀粉含量的相关系数分别是0.453、0.173和-0.024。两个结果相近似，不同的是产量与油分含量的关系一正一负。

对减源限库试验4个品种的养分含量分别进行分析，蛋白质含量与油分含量的关系均是负相关关系（-0.499、-0.199、-0.474、-0.472），蛋白质含量与淀粉含量的关系也均是负相关关系（-0.642、-0.696、-0.674、-0.248），而油分含量和淀粉含量的关系在品种间存在差异（0.038、-0.121、0.673、-0.664）。

综合上述分析可知，玉米籽粒蛋白质含量与淀粉含量间是相关程度较高的负相关关系，与油分含量是相关程度不高的负相关关系，而淀粉含量与油分含量间多是相关程度不高的正相关关系，且品种间存在差异。

6.4.5　肥料和密度对氨基酸含量的影响

2013～2014年设置氮、磷、钾肥“3414”试验，试验设计4个水平，分别为零水平（不施肥）、1水平（适宜量减50%）、2水平（适宜量，参考生产确定）、3水平（适宜量加50%），14个处理的编码值和氮、磷、钾肥施用量见表6-15，对籽粒进行相关品质指标测定。

表6-15　试验设计与各处理施肥水平

处理	编码值			施肥量/（kg/hm^2）		
	X_1	X_2	X_3	N	P	K
1	0	0	0	0	0	0
2	0	2	2	0	110	150
3	1	2	2	110	110	150
4	2	0	2	220	0	150
5	2	1	2	220	55	150
6	2	2	2	220	110	150
7	2	3	2	220	165	150

续表

处理	编码值			施肥量/（kg/hm^2）		
	X_1	X_2	X_3	N	P	K
8	2	2	0	220	110	0
9	2	2	1	220	110	75
10	2	2	3	220	110	225
11	3	2	2	330	110	150
12	1	1	2	110	55	150
13	1	2	1	110	110	75
14	2	1	1	220	55	75

氨基酸组分含量采用 A200 氨基酸分析仪进行测定。结果表明，氨基酸总量与非必需氨基酸总量随着氮素水平的增加先升高后下降，在 N_2 处理时最高，达到 8.19%和 5.58%，而必需氨基酸总量随着氮素水平增加持续上升。必需氨基酸总量随着磷肥的增加而呈下降趋势，氨基酸总量和非必需氨基酸总量随磷素水平提高波动变化。增施钾肥时，必需氨基酸总量呈先下降后上升趋势，氨基酸总量和非必需氨基酸总量随着钾素水平提高呈持续升高趋势（表 6-16）。

表 6-16　氮、磷、钾肥对籽粒氨基酸总量、必需氨基酸总量和非必需氨基酸总量的影响

处理	氨基酸总量/%	必需氨基酸总量/%	非必需氨基酸总量/%
N_0	6.39	2.22	4.16
N_1	7.08	2.59	4.49
N_2	8.19	2.61	5.58
N_3	8.05	2.96	5.08
P_0	7.84	2.89	4.95
P_1	7.15	2.65	4.50
P_2	8.19	2.61	5.58
P_3	7.87	2.56	5.31
K_0	7.00	2.63	4.37
K_1	7.10	2.52	4.59
K_2	8.19	2.61	5.58
K_3	9.48	3.07	6.41

7 种必需氨基酸中缬氨酸、异亮氨酸、亮氨酸、苯丙氨酸和赖氨酸含量均在 N_3 处理时最高，随着施氮量的增加，含量呈逐渐升高趋势。蛋氨酸含量在 N_1 处理时最高，呈先升高后降低趋势。苏氨酸在磷素作用下呈逐渐降低趋势，亮氨酸呈先增高后降低的抛物线状。在钾素作用下必需氨基酸含量皆为逐渐升高趋势（苏氨酸除外），见表 6-17。

表 6-17　氮、磷、钾肥对籽粒必需氨基酸含量的影响　　（单位：%）

处理	苏氨酸	缬氨酸	蛋氨酸	异亮氨酸	亮氨酸	苯丙氨酸	赖氨酸
N_0	0.30	0.25	0.18	0.24	0.72	0.30	0.23
N_1	0.43	0.27	0.19	0.28	0.85	0.34	0.23
N_2	0.20	0.30	0.18	0.29	1.01	0.37	0.25
N_3	0.52	0.32	0.18	0.29	1.03	0.37	0.26
P_0	0.52	0.30	0.18	0.29	0.98	0.37	0.25
P_1	0.43	0.28	0.19	0.27	0.90	0.34	0.23
P_2	0.20	0.30	0.18	0.29	1.01	0.37	0.25
P_3	0.21	0.30	0.18	0.27	0.99	0.36	0.24
K_0	0.50	0.29	0.15	0.27	0.90	0.30	0.23
K_1	0.23	0.29	0.18	0.28	0.97	0.35	0.20
K_2	0.20	0.30	0.18	0.29	1.01	0.37	0.25
K_3	0.37	0.33	0.21	0.32	1.16	0.41	0.27

9 种非必需氨基酸中丙氨酸、谷氨酸在增施氮肥条件下含量随施氮量增大呈先升高后下降趋势，但其他氨基酸组分均随氮肥的增多而逐渐升高，其中脯氨酸含量随施氮量增长趋势最为明显，N_3 处理与 N_0 处理相比涨幅达到 0.36%。磷肥条件下，谷氨酸、组氨酸、精氨酸含量呈先下降后升高趋势。氮磷肥不变而增施钾肥条件下，天门冬氨酸、甘氨酸、丙氨酸、酪氨酸、精氨酸、脯氨酸随着钾素的增多含量逐渐升高，丝氨酸呈先升高后下降的抛物线状（表 6-18）。

表 6-18　氮、磷、钾肥对籽粒非必需氨基酸含量的影响　　（单位：%）

处理	天门冬氨酸	丝氨酸	谷氨酸	甘氨酸	丙氨酸	酪氨酸	组氨酸	精氨酸	脯氨酸
N_0	0.32	0.33	1.11	0.28	0.46	0.25	0.27	0.31	0.84
N_1	0.34	0.26	1.24	0.30	0.50	0.27	0.30	0.33	0.95
N_2	0.40	0.62	1.50	0.30	0.62	0.30	0.31	0.36	1.17
N_3	0.40	0.90	0.66	0.32	0.60	0.30	0.33	0.37	1.20
P_0	0.41	0.53	1.06	0.32	0.58	0.30	0.32	0.38	1.06
P_1	0.35	0.45	0.99	0.29	0.52	0.28	0.29	0.34	0.99
P_2	0.40	0.62	1.50	0.30	0.62	0.30	0.31	0.36	1.17
P_3	0.38	0.30	1.68	0.31	0.58	0.29	0.33	0.36	1.08
K_0	0.36	0.59	0.76	0.28	0.54	0.27	0.30	0.33	0.94
K_1	0.36	0.76	0.69	0.28	0.58	0.28	0.28	0.33	1.03
K_2	0.40	0.62	1.50	0.30	0.62	0.30	0.31	0.36	1.17
K_3	0.44	0.50	1.84	0.30	0.73	0.34	0.42	0.42	1.42

6.4.6 肥料和密度对脂肪酸含量的影响

利用气相色谱分析玉米油分中 4 种主要脂肪酸的组成和含量，根据峰面积和保留时间确定脂肪酸种类，采用面积归一法确定脂肪酸含量，分析结果见表 6-19。棕榈酸在增施氮肥的条件下缓慢升高，其增高幅度不大，N_0 与 N_1 处理间，N_2 与 N_3 处理间差异不显著；硬脂酸呈先升高后下降趋势，N_2 与 N_3 处理间差异不显著；油酸含量随氮肥量增大呈下降趋势，处理间差异极显著。亚油酸呈先显著下降后略升高的反抛物线状，处理间差异极显著。在氮钾肥不变、磷肥增加时，棕榈酸呈先升高后下降的抛物线状，处理间差异极显著。硬脂酸呈升高趋势，处理间差异不显著。油酸含量随着磷肥的升高呈下降的趋势，P_0 与 P_3 处理间差异极显著，其余处理间差异不显著。亚油酸含量呈先下降后明显上升趋势，P_1 与 P_2 处理间差异不显著，其余处理间差异极显著。随着钾肥水平的提高，棕榈酸含量增加，K_2 与 K_3 处理间差异不显著，其余处理间差异极显著，硬脂酸含量也是增加的趋势，K_2 与 K_3 差异性不显著，其余各处理间差异极显著。油酸中各处理间差异极显著。亚油酸含量先下降后略有回升，各处理间差异极显著。

表 6-19 氮、磷、钾肥对脂肪酸含量影响 （单位：%）

处理	棕榈酸	硬脂酸	油酸	亚油酸
N_0	0.68bB	0.10cC	1.34aA	2.09aA
N_1	0.68bB	0.12aA	1.33bB	1.88bB
N_2	0.71aA	0.11bB	1.29cC	1.75dD
N_3	0.71aA	0.11bB	1.22dD	1.79cC
P_0	0.68cC	0.09cC	1.31aA	1.82bB
P_1	0.69bB	0.09cC	1.29bB	1.70dD
P_2	0.71aA	0.11bB	1.29bB	1.75cC
P_3	0.66dD	0.12aA	1.26cC	2.05aA
K_0	0.66cC	0.10bB	1.26bB	2.24aA
K_1	0.67bB	0.08cC	1.25cC	1.87bB
K_2	0.71aA	0.11aA	1.29aA	1.75dD
K_3	0.71aA	0.11aA	1.22dD	1.79cC

注：表中小写字母表示 5%水平的差异显著性，大写字母表示 1%水平的差异显著性，下同。

6.4.7 肥料和密度对可溶性糖含量的影响

成熟期可溶性糖含量是玉米后期光合能力、运转能力和转化成淀粉等贮藏物质间平衡的结果。选取处理 2、处理 3、处理 6、处理 11 分析在 P_2K_2 水平下的氮素效应，选取处理 4、处理 5、处理 6、处理 7 分析在 N_2K_2 水平下的磷素效应，选取处理 8、处理 9、处理 6、处理 10 分析在 N_2P_2 水平下的钾素效应。氮、磷、钾单因素效应方程的决定系数为 0.998～0.999（表 6-20，图 6-15），对测定结果的拟合方程进行 F 检验均达到显著，表明拟合很好。氮肥的效应曲线呈抛物线，在 N_0 到 N_2 处理间增加明显，在达到最高点后缓慢下降。磷肥和钾肥的效应曲线分别是近似直线的抛物线和反抛物线，对成熟期可溶性糖含量的影响较小。

表 6-20　氮、磷、钾肥对可溶性糖含量的影响

处理	方程	R^2	F 值	P
N	$Y = 0.124 + 0.09X - 0.02X^2$	0.998	204.04*	0.049
P	$Y = 0.133 + 0.002X - 0.001X^2$	0.998	287.00*	0.042
K	$Y = 0.134 - 0.004X + 0.002X^2$	0.999	435.75*	0.034

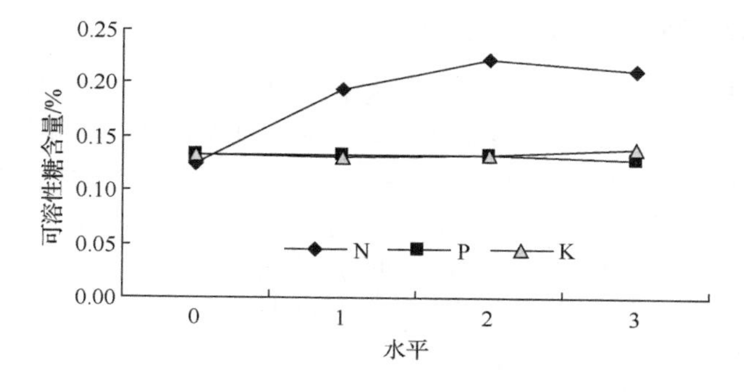

图 6-15　氮、磷、钾肥对籽粒可溶性糖含量的影响

建立氮肥（X_1）、磷肥（X_2）、钾肥（X_3）与玉米籽粒可溶性糖含量（Y）的回归方程如下：

$$Y = 0.1286 + 0.002\,838X_1 + 0.006\,238X_2 - 0.003\,262\,6X_1^2 - 0.002\,262\,6X_2^2 + 0.000\,608\,4X_3^2 + 0.002\,479X_1X_2 + 0.002\,35X_1X_3 - 0.002\,65X_2X_3$$

对方程进行降维分析，即将其中一个因素固定在零水平（不施肥条件），得到剩余两个因素对可溶性糖含量的交互作用，并利用 MATLAB7.0 绘制效应图。

不管是氮磷间、氮钾间还是磷钾间都存在明显的互作效应（图 6-16）。氮磷互作时，可溶性糖的最低点出现在高氮、低磷肥处，最高点出现在 P_2 与 N_1 水平附近；氮钾互作时，可溶性糖含量最高点则出现在 $N_{1.5}K_3$ 水平附近；磷钾互作时，最低点出现在高磷肥、高钾肥时，最高点出现在高钾低磷肥处。从互作角度看，钾素可促进可溶性糖积累。

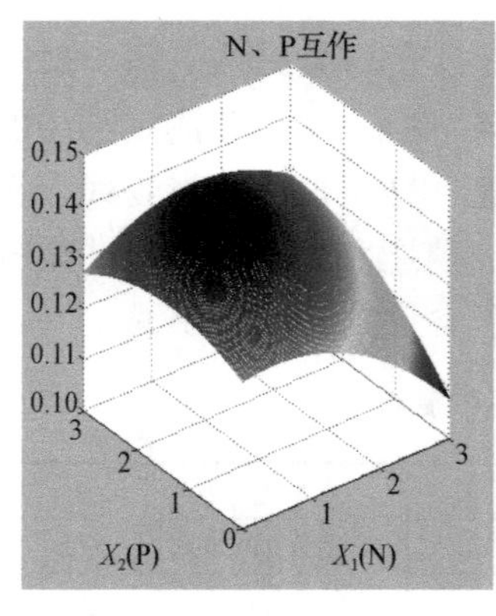

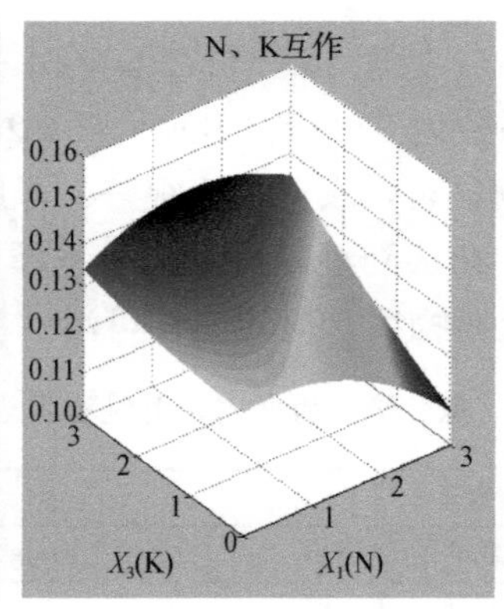

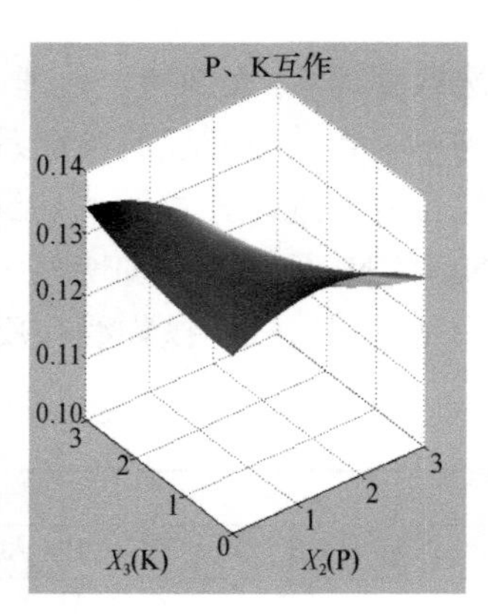

图 6-16　氮、磷、钾肥对可溶性糖的互作效应

6.4.8　肥料和密度对灰分含量的影响

籽粒灰分含量反映了玉米吸收和转移矿物质的能力，也受籽粒灌浆好坏的影响。选取不同处理分析氮素、磷素和钾素效应，其氮、磷、钾单因素效应方程的决定系数为 0.998～0.999（表 6-21，图 6-17），对测定结果的拟合方程进行 *F* 检验均达到显著，表明拟合很好。从图 6-17 可以看出磷肥对玉米籽粒灰分含量有明显的促进作用，但是也不排除与磷肥（重过磷酸钙）本身含有大量灰分元素有关，而当氮水平较低时对灰分的影响很小，当氮水平较高时对灰分含量有促进作用；籽粒灰分含量随着施钾量的增多而降低，显示钾素吸收多会影响其他矿质元素的吸收，这与氮、磷肥的效应不同。

表 6-21　氮、磷、钾肥对灰分含量的影响

处理	方程	R^2	*F* 值	*P*
N	$Y=1.289-0.029X+0.022X^2$	0.998	252.648*	0.044
P	$Y=1.3+0.09X$	0.999	567.000*	0.030
K	$Y=1.35-0.013X-0.001X^2$	0.999	547.000*	0.030

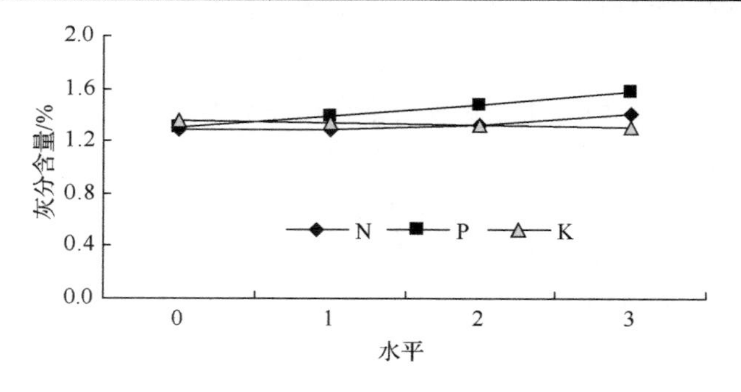

图 6-17　氮、磷、钾肥对籽粒灰分含量的影响

建立氮（X_1）、磷（X_2）、钾（X_3）与玉米籽粒灰分含量（Y）的回归方程如下：

$$Y = 1.1664 - 0.250X_1 + 0.125\,70X_2 + 0.197\,162X_3 + 0.014\,26X_1^2 + 0.0134X_2^2 + 0.011\,76X_3^2 + 0.081X_1X_2 + 0.034\,46X_1X_3 - 0.159X_2X_3$$

F 值=6.796*，P 值=0.0403，决定系数=0.939，方程拟合很好。同样进行降维分析互作效应（固定在零水平）。由图 6-18 可以看出，氮磷间、氮钾间互作不明显，灰分含量主要受到磷肥或钾肥的影响，而磷钾间存在明显的互作效应，高点出现在高磷低钾或高钾低磷时，低点出现在低磷低钾或高磷高钾，表现为“中间低两头高”的现象。

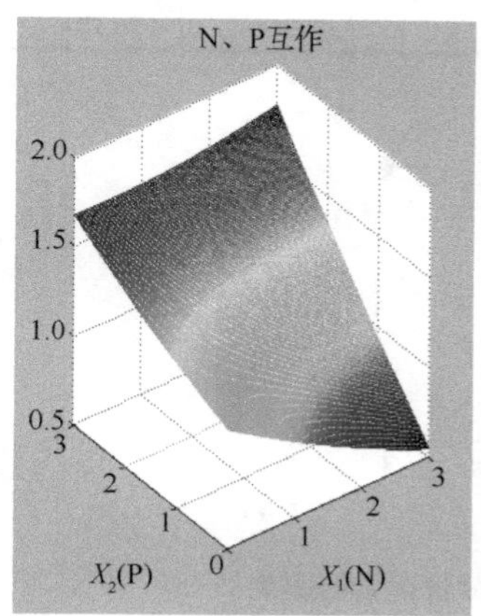

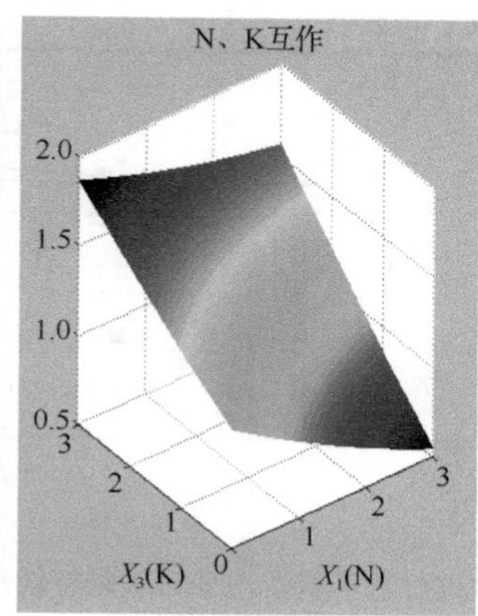

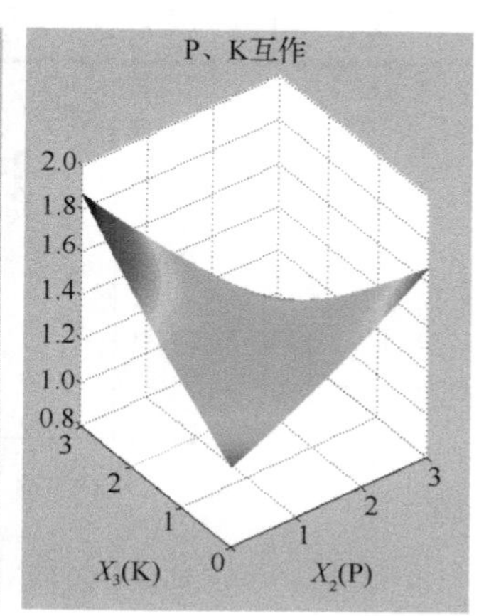

图 6-18　氮、磷、钾肥对籽粒灰分的互作效应

6.4.9　测定方法对玉米品质指标的影响

近红外线法具有简便快速的优点，正日益广泛地用于各种作物品质的检测，但仍存在测定不准的问题。下面运用 3 种化学法（何照范快速比色法、张宪政联合测定法、何照范双波长法）和近红外线法（Foss 公司的 Infratec TM 1241 谷物分析仪）进行比较，采用二次曲线方程可以较好地拟合氮素水平对 4 种测定方法得到的玉米籽粒淀粉含量的影响，决定系数为 0.985～1.000，对前 3 种比色法测定结果的拟合方程进行的 F 检验达到显著，表明拟合很好，而近红外线法的结果未达到 5%显著水平（表 6-22，图 6-19）。从方程和曲线可以看出，在 4 种方法中，前 3 种的二次项系数为正值，曲线呈反抛物线状，即淀粉含量随施氮肥的增大而逐渐降低到最低点，当氮素水平进一步提高时，淀粉含量出现上升趋势；而近红外线法的结果相反，显示淀粉含量随氮素水平提高先升后降，有一个最高点。在 3 种化学法的结果中，方法 2 的测定值偏大（常数项为 77.102），而方法 3 的测定值偏小（常数项为 73.624），方法 1 和方法 2 的差异较小，而方法 3 的差异稍大（二

次项系数明显大于前二者）。3 种方法测定的结果中，淀粉含量最高点均在零水平，即不施氮肥处理，而最低点均出现在接近 2 水平的位置（1.78、1.76 和 1.61）。相关分析表明，3 种比色法测定结果高度相关（$R_{12}=0.99^{**}$、$R_{13}=0.95^{*}$、$R_{23}=0.96^{*}$），结果可靠，而近红外线法明显不能真实反映氮肥影响。

表 6-22　不同测定方法的玉米籽粒淀粉含量氮效应曲线方程

方法	方程	R^2	F 值	P
1	$Y=75.881-2.254X+0.632X^2$	0.999	619.8*	0.028
2	$Y=77.102-2.582X+0.732X^2$	0.999	1283.3*	0.020
3	$Y=73.624-3.896X+1.210X^2$	0.999	4312.6*	0.011
4	$Y=71.471+0.520X-0.250X^2$	0.985	32.156	0.124

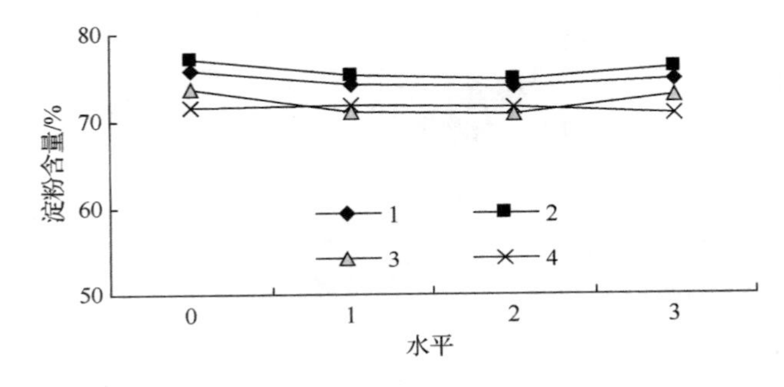

图 6-19　不同测定方法下氮素水平对玉米籽粒淀粉含量的影响

同样地，二次曲线方程可以拟合钾素水平对玉米籽粒淀粉含量的影响，决定系数为 0.026～0.999，其中 3 种化学法的 F 值达到显著，表明拟合很好，而近红外线法的结果拟合极差（表 6-23，图 6-20）。从方程和曲线可以看出，前 3 种的二次项系数为正值，曲线呈反抛物线状，即淀粉含量随施钾肥的增加而逐渐降低到一个最低点，当钾素水平进一步提高时，淀粉含量出现上升趋势；而近红外线法的结果相反。3 种化学法测定的结果中，淀粉含量最低点均在 0 和 1 水平间（0.77、0.53 和 0.57），而最高点均出现在 3 水平的位置。方法 3 与前两种比较结果偏小。相关分析表明，3 种比色法测定结果高度相关（$r_{12}=0.99^{**}$，$r_{13}=0.99^{**}$，$r_{23}=1.00^{**}$），结果可靠。

从本研究结果看，3 种比色法测定的淀粉含量相关性均达显著或极显著水平，表明测定结果可靠。而近红外线法的淀粉含量结果中氮、钾效应与化学法相反，完全不能利用，由此说明该方法不适于栽培措施对品质影响的研究。

表 6-23　不同测定方法的玉米籽粒淀粉含量钾效应曲线方程

方法	方程	R^2	F 值	P
1	$Y=73.003-1.697X+1.105X^2$	0.999	412.62*	0.035
2	$Y=72.799-1.116X+1.043X^2$	0.998	231.58*	0.046
3	$Y=68.222-1.534X+1.348X^2$	0.999	411.72*	0.035
4	$Y=70.713+0.212X-0.062X^2$	0.026	0.013	0.987

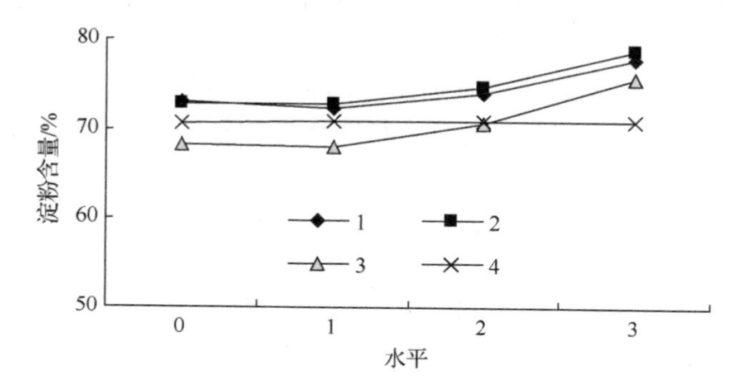

图 6-20　不同测定方法下钾素水平对玉米籽粒淀粉含量的影响

6.5　关于玉米品质研究综述

6.5.1　玉米籽粒品质形成规律

Röhlig 等（2010）利用气相色谱/质谱分析发现玉米籽粒含有约 300 种代谢物，其中 167 种已经确认。这些代谢物中淀粉含量约占 70%，粗蛋白含量约占 10%，粗油分含量约占 4.5%，灰分含量约占 1.46%。在成熟的玉米粒中，蛋白质主要存在于胚和胚乳中，其中胚乳中占 76.2%，胚中占 20.4%。玉米淀粉可分为直链淀粉和支链淀粉，二者分别占总淀粉含量的 23%和 77%左右。98%的淀粉存在于胚乳中。玉米的油分 80%存在于胚中，17.3%存在于胚乳中，其脂肪酸包括棕榈酸（8.0%～12.7%）、硬脂酸（1.0%～2.0%）、油酸（24.4%）、亚油酸（60%～65%）和亚麻酸（1.0%～1.5%）（张泽民等，1997）。

玉米籽粒品质首先受基因型的控制，不同基因型间品质性状差异很大。普通玉米主要营养品质性状的遗传受种子 2 倍体胚、3 倍体胚乳、细胞质和 2 倍体母体植株 4 套遗传体系的控制（兰海等，2006）。籽粒的蛋白质、油分、淀粉等性状大多受多个微效基因控制，属数量性状范畴，因此玉米品质形成的机理十分复杂。利用近红外线法对全国 7000 余份品种资源的分析显示，玉米籽粒粗蛋白质含量为

6.61%～24.61%，粗脂肪含量为 2.41%～13.77%，总淀粉含量为 24.41%～75.75%（顾晓红，1998）。对“十五”期间收集的逾千份玉米材料的分析显示，北方春播玉米区粗蛋白含量变异最大（11.89%），黄淮海夏播玉米区粗油分、粗淀粉含量变异最大（分别为 30.61%、6.392%），西南山地玉米区赖氨酸含量变异最大（17.27%）（张晓芳，2006）。可见，不同地区来源玉米的品质性状由于受遗传和环境的双重影响，具有不同的特质。

从培育品种看，20 世纪 60～80 年代华北地区大面积种植的普通玉米品种籽粒中蛋白质和脂肪的含量都有明显的下降趋势（张泽民等，1997）。20 世纪 80～90 年代的 20 年，吉林省审定的普通玉米品种品质性状表现为粗淀粉含量逐步提高、粗蛋白含量呈下降趋势、粗油分含量变化比较稳定（岳尧海等，2010）。这表明华北和东北玉米主产区玉米籽粒的蛋白质都有下降的趋势。但是何代元等（2007）通过将 2003～2006 年国家审定品种的品质性状与 1978 年的数据对比，认为蛋白质和淀粉含量略有增加，而脂肪含量略有降低，普通玉米品质整体没有根本改变。这与前述的报道有所不同，可能与没有种植当年的品种，而是引用 1978 年的数据做对照有关，即 1978 年的分析方法和当年的气候条件都可能影响其结论。

6.5.2　玉米籽粒营养品质的生理基础与相关关系

玉米籽粒中淀粉合成途径十分复杂，主要包括 4 个酶促反应。第 1 个是尿苷二磷酸葡萄糖（UDPG）转葡萄糖苷酶催化的由蔗糖转化淀粉的反应，可能是胚乳发育早期合成淀粉的主要途径。第 2 个是腺苷二磷酸葡萄糖（ADPG）转葡萄糖苷酶将 ADPG 与引子（麦芽糖、麦芽四糖或小分子淀粉）结合形成淀粉，这是玉米合成淀粉的主要途径。第 3 个是淀粉磷酸化酶（P-酶），玉米籽粒中至少有 3 种淀粉磷酸化酶，PI 催化淀粉的磷酸解，PII、PIII催化合成淀粉。第 4 个是 Q 酶催化支链淀粉的合成（李建生，1998）。参与淀粉合成的酶还有淀粉合成酶（进一步分为颗粒束缚态 GBSS 和可溶性 SSS）和去分枝酶 SDBE 等。

玉米油分在早期主要积累于胚乳中，中后期主要积累于胚中。籽粒内油分合成是磷酸甘油在酰基转移酶的催化下与两个分子的脂酰辅酶 A 作用，形成甘油磷脂酸。甘油磷脂酸再与脂酰辅酶 A 结合，形成甘油三酯，即油分。脂肪酸是在线粒体、微粒体上合成的。乙酰辅酶 A 是呼吸作用的产物，磷酸甘油是由碳水化合物转变而来。此外，植物体内脂肪合成过程中需要大量 NADPH，其中有 60%的 NADPH 由磷酸戊糖循环提供，因此脂肪合成需要消耗大量光合产物。

含氮化合物是以氨基酸、酰胺的形式从营养器官进入发育的籽粒，并在籽粒中合成蛋白质，合成部位是粗糙内质网，在内质网的膜囊末端形成蛋白体。从铵态氮到氨基酸的过程需要光合产物来提供碳骨架，同时氮素同化过程还需要碳水化合物作为能源，在增加后期植株氮素吸收和同化的情况下，会消耗大量光合产物。蛋白质沉积耗能较多，比合成等量的淀粉至少多 1 倍，但是，籽粒淀粉和蛋白质沉积速率及持续时间长短是互相独立进行的，并由不同因子影响和控制。

由于蛋白质和脂肪合成过程与淀粉合成存在原料和能量的竞争，因此相互含量间存在密切的关系。对逾千份玉米材料的分析显示，粗蛋白含量与粗脂肪含量和粗淀粉含量呈极显著正相关（0.256**）和负相关（−0.566**），粗脂肪含量和粗淀粉含量呈极显著负相关（−0.207**）（张晓芳，2006）。对自交系及其 F_1 代的分析显示，粗蛋白含量与粗脂肪含量间是不显著的正相关（蒋基建等，1997）。施肥导致玉米籽粒蛋白含量增加，淀粉含量降低，因此蛋白质含量与淀粉含量之间呈负相关关系（贺竟赪等，1988；黄艳胜，2002）。

王忠孝等（1990）对高赖氨酸玉米、甜玉米、糯玉米及普通玉米的籽粒灌浆期间的淀粉、可溶性糖、蛋白质、赖氨酸和维生素 C 的变化进行了研究，提出淀粉、蛋白质含量均可用倒数方程 $Y=(a+bt)/t$ 表示，单粒淀粉及蛋白质积累均符合逻辑斯谛方程。我们对普通玉米、高赖氨酸玉米、高油玉米和高淀粉玉米的研究结果表明，不同品种玉米籽粒的淀粉和脂肪含量变化均符合抛物线方程 $Y=a+bt-ct^2$，而蛋白质含量与王忠孝等（1990）的结果相同，单粒淀粉、蛋白质和脂肪积累均符合逻辑斯谛方程；玉米在授粉后 20d 内营养积累较慢，20～50d 淀粉积累较快，30～50d 蛋白质、脂肪积累较快。籽粒形成过程中，淀粉、蛋白质、脂肪酸的积累以糖为共同碳源，在籽粒中合成淀粉、蛋白质、脂肪酸的积累在时空上存在明显差异（王艳玲等，2008）。

玉米籽粒品质是在基因型与环境互作下，植株个体内部有机营养物质合成转化分配的结果，因此也受到作物源库关系的影响。Borrás 等（2002）利用粒重和蛋白质含量不同的两个品种结合 2 个密度和 3 种授粉方式的研究表明，花后源库比解释了单粒成分含量对植株的籽粒数和种植密度上的调整响应。在两个基因型中，淀粉、蛋白质和含油量在同一花后源库比（DJ664 为 420mg/粒，DK752 为 570mg/粒）达到最大化。源库比的下降超出特定临界值时会促使蛋白质相对含量的降低和淀粉相对含量的提高，而含油量与花后源库比没有任何关系。李明等（2006）对 4 个玉米品种的减源限库研究表明，在限库处理后，源库比值增大，蛋白质含量明显增加，淀粉含量明显降低，脂肪含量增加或基本不变，这从反面支持了 Borrás 等的结果。减源处理后，源库比值减小，蛋白质含量基本不变或略有增加，淀粉含量明显增加，脂肪含量变化在类型间不同，平展型增加，而紧凑型不变或略有下降。对其变化原因，有待于进一步研究。

6.5.3　环境条件对玉米籽粒品质形成的影响

不同生态区对玉米籽粒品质形成影响较大。刘淑云（2002）在山东、新疆两地对玉米籽粒的营养品质形成进行了对比研究。结果表明，环境条件不改变各品质指标形成趋势，但山东的蛋白质含量变幅较小，而新疆的变幅较大，且新疆始终高于山东；两地玉米的淀粉含量变化幅度差异不大；新疆的籽粒粗脂肪含量积累变化缓慢，山东的籽粒粗脂肪含量高于新疆，表明环境因素对玉米籽粒不同品质指标的影响不同。

生态环境对玉米不同品种籽粒品质的影响有差异（边秀芝等，2006）。在 8 个不同环境下对河南省主推的玉米品种粗蛋白、粗淀粉和粗脂肪含量的分析表明，各性状在品种间、地点间和品种与地点互作间的差异均达到极显著水平（赵博等，2005，2006；库丽霞等，2006）。海拔与品种的互作对玉米品质影响的研究表明，不同株型玉米品种的蛋白质和脂肪的含量差异达到极显著，淀粉含量差异达到显著；海拔对蛋白质和淀粉含量的影响达到极显著，而对脂肪含量影响不显著；品种与海拔互作对蛋白质和脂肪含量的影响达到极显著，而对淀粉含量影响不显著（吕学高，2008）。我们对黑龙江省气象因子与品质关系的研究显示，较多的积温、降水和日照时数不利于淀粉的积累，而有利于蛋白质的积累。

显然，由于不同地域间的环境差异，特别是不同海拔、不同纬度地区的光照、温度、降水等差异较大，对玉米营养品质的形成产生很大影响。但是由于环境差异是综合的，已有报道缺乏对个别因素的深入分析，而相关的研究更多是对单因素的模拟。

1. 水分对玉米籽粒品质形成的影响

开花期是玉米水分的临界期，花期干旱不仅影响玉米的授粉，还会导致玉米最大灌浆速率出现时间推迟、籽粒平均增长速率和最大灌浆速率降低，最终使玉米显著减产。干旱胁迫显著缩短了干物质线性积累期和干物质稳定增长期，从而显著缩短了籽粒发育期，也减少了每个发育阶段的籽粒干物质积累，也就是说干旱胁迫既会影响同化物的运输（顾慰连等，1990；张维强等，1993），又会使胚乳失水干燥提早成熟（Zinselmeier et al.，1995），这样玉米籽粒积累的干物质不够充足，同时同化物的运输受阻，势必会影响产量与品质。玉米苗期在中度干旱胁迫下，玉米籽粒粗蛋白质含量及赖氨酸含量均显著增加，而且蛋白质的品质得到改善（马兴林等，2006）。玉米孕穗期、开花期、灌浆期干旱胁迫（6d 中度）均使籽粒蛋白质含量和脂肪含量提高，而对淀粉含量影响不明显。孕穗期干旱胁迫使籽粒中必需氨基酸含量下降，灌浆期干旱胁迫使氨基酸含量提高，开花期干旱胁迫对籽粒氨基酸含量影响不大，认为干旱胁迫在降低籽粒产量的同时，提高了籽粒的有效养分含量（王鹏文等，1997）。低水分条件下胁迫作用使籽粒的防御性蛋白含量提高（邵国庆等，2008）。而杨恩琼等（2009b）报道在干旱胁迫下，高油玉米籽粒粗蛋白、粗脂肪和粗淀粉含量分别比正常供水的处理下降 1.59%、1.7% 和 9.42%。尽管试验使用的品种不同，但是蛋白质含量降低这个结果显然与前述结果相矛盾。结果出现几种主要内容物的相对含量都降低，且高油 115 的含油率在 5%左右，与该品种的正常含油率相比明显偏低，因此结果似存在问题。

渍水对玉米品质的影响报道很少，任佰朝等（2013）报道，淹水胁迫降低了籽粒可溶性总糖、蔗糖和淀粉含量，淹水胁迫后籽粒粗蛋白含量和淀粉支/直比值也显著降低，而粗脂肪含量显著提高。成熟期渍水导致糯玉米品质变劣，黏度下降，回生增加（刘鹏等，2016）。

2. 光照对玉米籽粒品质形成的影响

玉米是喜光作物，又是典型的 C4 植物，光饱和点高，生长发育和品质形成都需要充足的光照。张吉旺（2005）、张吉旺等（2009）在不同生长时期对玉米进行遮阴处理，结果显示苗期遮阴对玉米籽粒品质没有显著影响；穗期和花粒期遮阴使玉米籽粒的粗蛋白含量显著升高，粗脂肪、淀粉含量显著降低。随着光照强度的减小，对籽粒品质的影响加剧；不同时期遮阴对玉米籽粒品质的影响显著地大于不同遮阴程度的影响。但是也有研究认为在花粒期遮光会通过降低淀粉合成关键酶的活性来降低淀粉含量，提高蛋白质、脂肪含量，并且在不同花粒期遮光品质变化不同，对花粒中期弱光反应敏感，花粒中期遮光提高粗脂肪的含量，降低了籽粒淀粉含量（贾士芳等，2007）。以上两个结论在脂肪含量变化上的不同，可能与各自遮光的时间及强度不同有关，有待进一步研究。

3. 温度对玉米籽粒品质形成的影响

高温会使作物淀粉合成受阻，导致粒重下降，蛋白质含量相对提高（Campbell et al.，1981），但其绝对量基本没有变化（Berry et al.，1980），可能与蛋白质合成对高温的反应不如淀粉合成敏感有关（Sofield et al.，1977）。也有研究认为，高温既影响淀粉和蛋白质的合成速率，又影响它们的持续时间。温室盆栽条件下在玉米开花后 33.5℃/25℃（昼/夜）处理，与 25℃/20℃处理相比，使玉米单个籽粒中淀粉、蛋白质和脂肪的绝对数量都降低（Wilhelm et al.，1999）。全生育期高温降低了籽粒中淀粉含量，蛋白质和脂肪含量变化存在品种间差异；不同时期高温对品质性状的影响不同，苗后 0～28d 高温提高了淀粉含量，但蛋白质和脂肪含量降低，苗后 29～62d 和苗后 63～96d 高温，淀粉和脂肪含量降低，蛋白质含量增加。蛋白质和脂肪含量的增加说明蛋白质和脂肪合成受高温的影响比淀粉合成受高温的影响小，并不能说明高温一定能够促进蛋白质和脂肪的合成（张保仁，2003）。张吉旺等（2007）研究发现，在大田条件下增温（3℃）使夏玉米籽粒粗蛋白含量提高、粗脂肪含量降低、淀粉含量降低。籽粒建成期高温胁迫增加了糯玉米籽粒蛋白质含量，抑制了淀粉的积累，并通过增加淀粉平均粒径和淀粉中长链比例影响淀粉糊化和热力学特性（杨欢等，2017）。

关于低温对玉米籽粒品质的影响报道极少。灌浆期低温处理 5d 严重影响籽粒的物质代谢，处理结束时的玉米籽粒蛋白质含量和淀粉含量明显低于对照（张毅等，1994）。Buchey 曾报道，霜冻导致玉米籽粒淀粉含量增加而蛋白质含量减少，特别是贮藏蛋白含量明显减少。

6.5.4 栽培措施对玉米籽粒品质的调控

栽培措施通过调整环境条件间接或直接影响玉米生长发育过程，对玉米籽粒品质产生影响，其中肥料特别是氮、磷、钾肥的影响较大，也是人们研究较多的方面，其他栽培措施的影响研究较少。

1. 氮肥对玉米籽粒品质的影响

关于施肥对玉米籽粒品质中蛋白含量的影响，国外学者发现随着施肥量的增加，玉米产量和籽粒蛋白质含量均表现增加趋势（Cromwell et al.，1983；Kniep et al.，1989；Mason et al.，2002；Thomison et al.，2004）。我们的研究在肯定前人结果的同时指出，氮肥过多则蛋白质含量降低，氮肥的影响可以用抛物线表示，这个结果也得到其他学者的支持（阮培均等，2004；王雁敏，2009；王洋等，2006；孙桂芳，2003）。张智猛等（2005a）发现充分供氮使玉米籽粒中的谷氨酰胺合成酶、谷氨酸脱氢酶活性维持较高水平，蛋白质合成正常进行；缺氮条件下 2 种酶活性迅速降低，这可能是玉米籽粒中蛋白质的生物合成受阻、蛋白质含量降低的原因。目前关于氮肥过量导致蛋白质含量降低的原因尚未阐明。

氮肥对蛋白质的不同组分含量影响程度不同，清蛋白和球蛋白含量不易受氮肥影响，而玉米醇溶蛋白含量及其在粗蛋白中所占的比重随着施氮量的增加明显提高（李金洪等，1995）。氮肥对醇溶蛋白和谷蛋白含量影响大，对白蛋白和球蛋白影响较小（张智猛等，2005a）。如果玉米籽粒蛋白质含量达 14%以上，每增加 1%的蛋白质含量，则玉米醇溶蛋白增加的比例平均高达 5.2%。玉米醇溶蛋白随施氮肥量的提高（直到 201kg/hm^2）而增加，赖氨酸含量减少，但是没有格外下降，并不减少种子中蛋白质的营养质量，这是胚大小的增加和胚乳中非醇溶蛋白轻微增加的共同结果。施氮肥使高赖氨酸玉米籽粒的谷蛋白增加，如果施氮量超过 135kg/hm^2，则蛋白质含量会下降（李金洪等，1995）。研究表明施氮能增加高油和高淀粉玉米籽粒蛋白质、醇溶蛋白和清蛋白含量（黄绍文等，2004b）。

随施氮量的增加，油分含量有逐渐增加的趋势（刘毅志等，1985；索全义等，2000；陆景陵，1994；王璞，2000；王洋等，2006），有利于脂肪酸品质的改善，过量施氮明显降低籽粒油分、不饱和脂肪酸、亚油酸和油酸含量（黄绍文等，2004a；邵继梅等，2008）。油分生物合成和积累与非 PPi 的转化酶如己糖激酶、磷酸果糖激酶和乙酰 CoA 合成酶等酶的活性有关（唐湘如等，1997），充分供氮可能提高了这些酶的活性并维持较高水平，使籽粒中积累更多的脂肪。缺氮条件下，玉米叶片制造较少的光合产物，降低了碳素代谢酶及脂肪合成中一系列酶的活性（Doehlert，1990），减少了脂肪酶蛋白的合成，阻碍了碳水化合物向脂肪的转化，导致脂肪积累数量较少，含量降低。但是侯鹏（2005）的研究表明，高油玉米籽粒含油量随氮肥增加而提高，普通玉米的含油量则降低。Thomison 等（2004）报道，3 年中仅 1 年施氮量对籽粒油分含量有影响。我们对普通玉米油分含量的研究显示氮肥效应呈反抛物线变化。

淀粉含量随施氮量的增加而增加，过量施氮则其含量下降（张智猛等，2005b），增施氮肥使玉米籽粒淀粉含量增高，其中直链淀粉含量下降而支链淀粉含量提高，这就意味着增施氮肥有利于淀粉积累和品质改善。也有报道施氮对籽粒中淀粉含量的影响并不明显（索全义等，2000）；普通玉米的淀粉含量随氮素水平的增加而增加，高油玉米则降低（侯鹏，2005）。刘鹏（2003）报道氮素对总淀粉含量的影响因玉米品种而异，施氮提高了糯质型和普通型玉米总淀粉含量，降低了甜质型和爆裂型玉米总淀粉的含量。施氮后，4 种类型玉米直链淀粉含量均提高；而糯质型、普通型的支链淀粉含量提高，甜质型和爆裂型则降低。我们研究认为淀粉含量随氮素增加呈反抛物线变化，这也得到邵继梅等（2008）的支持。张智猛等（2005b）报道增施氮肥可提高玉米淀粉高速积累时期叶片 SS、SPS 活性的作用，可制造更多的蔗糖向籽粒运转，同时玉米籽粒 ADPG-PPase、UDPG-PPase 活性达到峰值时间延长，SSS、GBSS 活性峰值也显著高于不施氮处理。Doehlert（1997）发现在离体培养中，氮浓度由 0 提高到 14.3mM，促进了 *Shrunken*、*Waxy*、*Aldolase* 基因的表达，而 *Shrunken*-2 和 *Brittle*-2 基因不受影响，籽粒的 ADPG-焦磷酸化酶、蔗糖合成酶活性增加，单粒淀粉量增加；进一步增加氮浓度，ADPG-焦磷酸化酶增加，而蔗糖合成酶不增加，淀粉积累量明显降低。

氮肥如果同时促进蛋白质和淀粉含量的提高，则二者应该是正相关关系，这与前人的研究相悖。有报道称，在一定范围内氮肥可以同时提高籽粒淀粉、蛋白质、粗脂肪等含量（阮培均等，2004；金继运等，2004），甚至还有可溶性糖、氨基酸含量等（谢瑞芝等，2003；杨恩琼等，2009）。这种观点从生理基础上并不成立，需要进一步验证。

2. 磷肥对玉米籽粒品质的影响

前人关于磷肥对玉米籽粒品质的影响结论矛盾之处甚多。对蛋白质含量的影响有多种观点：①磷肥能使籽粒中蛋白质含量提高（王雁敏，2009；刘开昌等，2001）；②磷肥对蛋白质含量的影响呈抛物线状（何萍等，2005b）；③磷肥的用量对粗蛋白含量影响不明显（王洋等，2006）；④磷肥与蛋白质含量呈负线性关系（邵继梅等，2008）；⑤磷肥对蛋白含量影响因品种而异，且与类型无关，如鲁黑糯 1

号是高磷处理＞中磷处理＞无磷处理，鲁白糯 1 号、鲁单 50 和高油 115 是中磷处理＞高磷处理＞无磷处理，掖单 22 和高油 298 是无磷处理＞中磷处理＞高磷处理（赵海军，2003）。抛物线状的前半段可以涵盖第一种观点，而第三种观点可能与其试验设计仅有 2 个磷肥水平有关。品种间差异可能与其对磷的需求多少及反应敏感程度有关，鲁黑糯 1 号可能需磷多，试验设计处于前半段，而掖单 22 和高油 298 可能相反，处于后半段。

磷肥对玉米籽粒油分含量的影响有 3 种观点。①随着施磷量的增加，籽粒油分含量增加（刘开昌等，2001）。在缺磷条件下，施磷肥 20kg/hm^2，籽粒含油量比对照提高了 30%。在一般条件下，施磷肥使籽粒含油率提高 1.9%～11.8%。②粗油分含量与施磷量没有关系（邵继梅等，2008）。③不同品种对磷素营养的反应不同，1 个品种随施磷量增加而增加，5 个品种呈反抛物线，但是有的无磷处理最高，有的高磷处理最高（赵海军，2003）。作者对普通玉米的研究显示，磷肥效应呈反抛物线。

磷肥对淀粉含量的影响有 3 种观点。①随着施磷量增大，籽粒中淀粉含量下降（刘开昌等，2001；李建奇，2008a），二者呈负相关（邵继梅等，2008）。②磷肥对淀粉含量的影响呈反抛物线状，其前半段可以涵盖第一种观点。③磷肥对籽粒淀粉含量的影响与品种有关，据赵海军（2003）的研究，3 个品种随施磷量线性增加，2 个品种呈反抛物线状，1 个品种呈正抛物线变化。

3. 钾肥对玉米籽粒品质的影响

籽粒蛋白质的积累主要来源于叶片中蛋白质的周转，其合成受叶片氨基酸输出库的底物限制，钾处理对籽粒灌浆过程中蛋白质的积累具有促进作用（冯献忠等，1997）。适量施钾肥能增加粗蛋白含量（赵利梅等，2000b）。过量施钾肥会导致蛋白质含量降低，钾肥对玉米籽粒粗蛋白的影响为抛物线状。施用钾肥可以提高糯质型、爆裂型和普通型玉米籽粒的蛋白质相对含量和绝对含量，但是降低了甜质型玉米籽粒的蛋白质含量（刘鹏，2003）。

施钾肥增加了籽粒中脂肪及其组分含量，钾肥对玉米籽粒油分含量影响与品种有一定的关联（何萍等，2005a），籽粒油分含量随钾肥用量的增加而增加，超出一定范围继续增加钾肥用量则会导致籽粒油分含量的下降（史振声等，1994）。我们对普通玉米的研究显示，钾肥对油分含量的影响呈反抛物线状。

刘文成（2007）研究显示钾素对淀粉的积累没有促进作用，但也有研究证明钾素对淀粉的积累促进作用明显，钾能增强碳水化合物的合成和运转，当钾不足时，淀粉水解成单糖，从而影响产量，钾充分活化了淀粉合成酶等酶类，使单糖向合成蔗糖、淀粉方向进行，可增加贮藏器官中蔗糖、淀粉的含量。施用钾肥能显著提高籽粒中淀粉、还原糖、水溶性糖、蔗糖含量，成熟时，钾肥可明显提高各成分含量（赵利梅等，2000b）。邵继梅等（2008）认为钾与粗淀粉含量为负线性关系。施钾肥后，糯质型和普通型玉米的淀粉含量增加，而甜质型、爆裂型玉米的淀粉含量降低。施钾肥降低了糯质型和甜质型直链淀粉含量，而爆裂型和普通型则升高；糯质型和普通型玉米支链淀粉含量较对照增加，甜质型和爆裂型则降低（刘鹏，2003）。我们对普通玉米的研究显示，钾肥对淀粉含量的影响呈反抛物线状。

史振声等（1994）报道增施钾肥可提高甜玉米籽粒多种营养物质含量和茎秆含糖量，但过量施钾肥反而会产生抑制作用；籽粒淀粉含量的变化趋势与蛋白质、赖氨酸、脂肪和糖等相反，当前者含量较高时，后者含量较低；籽粒中不同营养物质的代谢对钾反应的敏感程度不同，其强弱的顺序为总糖＞赖氨酸＞脂肪＞蛋白质。

氮、磷、钾肥配合施用可明显提高籽粒蛋白质含量，避免单独施用氮肥对蛋白质的不利影响，提高氨基酸总量及必需氨基酸含量，并能大幅度提高含油量。赵利梅等（2000a）报道氮、磷、钾平衡施肥处理的玉米籽粒品质比对照明显改善，氮、磷、钾平衡施肥使籽粒粗脂肪、粗蛋白质、淀粉、还原糖、水溶糖、蔗糖含量分别提高 13.0%、22.5%、5.9%、42.9%、15.0%、24.2%。这种观点在理论上并不成立，需要进一步验证。

4. 中、微量元素、重金属元素对玉米籽粒品质的影响

施钙能够增加籽粒的蛋白质和油分含量，对淀粉含量的影响是先升后降（尹雪巍等，2020）。施硫能提高籽粒含油率和蛋白质含量，降低淀粉含量（谢瑞芝等，2003；刘开昌等，2002）。施用硫黄能降低淀粉含量（闫洪奎等，2010）。

施用硫酸锌降低了玉米籽粒淀粉含量（闫洪奎等，2010），锌能大幅度提高籽粒中赖氨酸、色氨酸含量及蛋白质与碳水化合物比值，在土壤有效锌含量为 0.75mg/kg 时，施硫酸锌 25kg/hm^2 和 50kg/hm^2，使籽粒赖氨酸含量分别提高 19.3 %、57.8%，使色氨酸含量分别提高 16.7%、47.9%（Orabi et al.，1982），并能提高籽粒中粗蛋白含量（董玉波等，1990）。在锌磷适宜的比例时，玉米的籽粒氨基酸和人体必需氨基酸含量明显增加（吴俊兰等，1988）。磷肥中添加锌，可提高玉米籽粒中赖氨酸含量和含油量，但是二者在吸收上存在拮抗作用。配合施用硫酸锌和硫酸锰可以提高玉米籽粒的蛋白质和油分含量（车丽等，2019），而高育峰等（2003）报道二者使籽粒粗蛋白含量、粗脂肪含量、粗淀粉含量、赖氨酸含量等均有不同程度的提高，且硫酸锌优于硫酸锰。锰肥使玉米籽粒中粗淀粉、粗蛋白和总糖含量分别提高 5.14%、1.49%和 0.65%（唐雪群，1991），明显提高籽粒含油量（李金洪等，1995）。施用锌铁微肥不影响籽粒油分含量，但是降低了蛋白质含量，且锌与铁作用相反，随着铁肥的增加，蛋白质含量降低（刘蓉等，2017）。

在缺铜土壤上对每公斤玉米种子用含铜 300mg 的硫酸铜粉末拌种，可以提高

籽粒蛋白质和淀粉含量（李金洪等，1995）。硼砂与淀粉含量为正的线性关系（闫洪奎等，2010）。施钼肥使玉米籽粒中蛋白质、赖氨酸和淀粉含量提高，而脂肪和糖分有所降低（杨利华等，2002）。稀土元素使玉米籽粒中蛋白质含量增加 37.2%、粗脂肪含量增加 5.5%（吴瑛，1988），稀土与锌配合可以增加蛋白质、油分和淀粉含量（文啟凯等，1990），而解占军等（2003）报道稀土导致籽粒蛋白质含量和淀粉含量的降低。玉米叶面喷施亚硒酸钠（37.5～600g/hm^2），可提高籽粒赖氨酸含量 24.33%～25.27%（王兴周等，1987），施用亚硒酸钠提高了籽粒蛋白质含量，并降低了镉、铅和汞的含量（黄丽美等，2017）。

施用不同含氯化肥的品种，其玉米籽粒中淀粉含量略有降低（1.41%～1.88%），而蛋白质的含量有较大幅度提高（2.11%～3.04%）（唐雪群等，1995）。随着氟处理浓度的提高，籽粒蛋白质含量呈现增加的趋势，而淀粉含量呈现先下降后上升的趋势（崔旭等，2011）。

在铅或镉的胁迫下，玉米籽粒蛋白质、脂肪含量变化均呈先升后降趋势，而淀粉含量变化与此相反（曹莹等，2005，石德杨等，2013）。有关重金属污染对玉米品质影响的研究有待加强。

5. 密度对玉米籽粒品质的影响

密度不同导致玉米个体的生长环境发生改变，因此玉米籽粒营养品质受密度的影响较大。有报道玉米籽粒蛋白质含量随密度的增加呈现先降低后升高的趋势（刘霞等，2007），也有研究证明玉米籽粒蛋白质含量随密度的增加逐渐降低（侯鹏，2005；李波等，2010；王晓梅等，2006）。还有随密度增加呈现抛物线变化，以及密度与蛋白质含量不相关的报道（王鹏文等，1996）。

淀粉含量随密度的增加逐渐升高，二者呈显著正相关关系（王晓梅等，2006），但也有报道随密度的增加先降低后升高（王鹏文等，1996；刘霞等，2007）。侯鹏（2005）在高油玉米中得到同样的结果，但是在普通玉米中随密度增加而降低，这可能与设计的密度有关，其试验最高密度为 5.7 万株/hm^2。也有报道密度对淀粉含量影响不明显（李波等，2010）。

关于密度对籽粒油分含量的影响各有不同的观点。有籽粒粗油分含量随密度增加而降低（李波等，2010）和先降低后升高（王鹏文等，1996；刘霞等，2007），侯鹏（2005）的试验结果，高油玉米符合前者，而普通玉米符合后者。也有报道籽粒脂肪含量受密度影响不大（郭宗学等，2007）。

造成上述结论不统一甚至矛盾的原因，可能是品种对密度变化响应的差异，如马兴林等（2005）报道种植密度对 3 个品种的影响各不相同；也可能受地域间环境差异的影响，如常强等（2004）报道在 3 个地点间密度对同一品种的影响各不相同，多表现为波浪形变化；还有试验中所设置的密度范围不同，以及测定方法不同等。因此，密度对玉米籽粒品质的影响还有待进一步研究。

6. 播期和收获期对玉米籽粒品质的影响

播期的影响应该归于玉米籽粒发育期间环境条件的差异。早播籽粒淀粉含量显著高于晚播，油分含量对播种期反应不敏感，早播玉米蛋白质含量显著低于晚播(张胜等,2000)，但也有研究认为玉米籽粒品质受播期影响不大(张桂花,2009)。延迟播种使籽粒的油分含量减低。我们在寒地利用早熟品种的研究显示，随着播期推迟，淀粉含量呈先降后升变化，而蛋白质油分含量均是先升后降。

收获期对玉米籽粒品质的影响应该归于籽粒发育成熟度的差异。吴建宇等（1994）报道 3 个玉米杂交种随着收获期推迟，玉米籽粒粗蛋白含量均逐渐下降，而玉米籽粒粗脂肪含量逐渐提高。马富裕等（1996）得到类似的结果，仅在蛋白质含量最高时乳线下降水平有所不同，可能与两地气候差异有关。也有报道黄土高原延迟收获 15d，可以增加蛋白质和油分的含量，降低淀粉的含量（臧逸飞等，2014）。

7. 保护地栽培对玉米籽粒品质的影响

保护地栽培的实质是改善土壤环境和微观小气候，加速玉米生育进程，对品质的影响是环境因素的综合作用。李建奇等（2004）、李建奇（2008b）报道地膜覆盖较裸露地能提高籽粒的灌浆强度，延长籽粒的灌浆时间，提高玉米的产量和水分利用效率，增加籽粒的粗淀粉含量，降低籽粒粗蛋白和脂肪的含量，对赖氨酸含量的影响较小。马青枝等（2000）认为覆膜能显著地提高籽粒淀粉、粗脂肪、粗蛋白质、还原糖、水溶性糖、蔗糖含量，但这个结果显然不尽合理。

8. 化控对玉米籽粒品质的影响

诸葛龙等（2008）利用 5 种生长调节剂处理对秋播超甜玉米进行研究，证明使用 5 种调节剂可以提高甜玉米籽粒可溶性糖含量。喷施健壮素降低了籽粒中的粗脂肪含量，但使籽粒中粗蛋白含量有所增加（李德强，2002）。生长调节剂通过影响相关酶的活性影响玉米籽粒的品质。师素云等（1999）研究指出，使用羧甲基壳聚糖处理玉米果穗和花丝，可使种子贮藏蛋白质总量均有不同程度上的提高，羧甲基壳聚糖处理玉米果穗后，谷氨酰胺合成酶、谷氨酰胺脱氢酶、谷丙转氨酶活性显著提高，蛋白水解酶活性降低，这些酶活性的变化将有利于玉米籽粒发育中氨基酸、蛋白质的积累。化控的实质是通过调节多种酶的活性来影响光合产物在不同器官中的分配，无论化控剂型归为哪类，其对玉米品质的影响都是间接的，受众多其他因素的干扰。

9. 菌剂对玉米籽粒品质的影响

接种丛枝菌根真菌或植物生长促进菌（荧光假单胞菌 Pf4）可以促进玉米生

长发育，其中丛枝菌根可以提高玉米籽粒蛋白质含量，尤其是醇溶蛋白含量，而植物生长促进菌增加了玉米籽粒淀粉含量，尤其可消化成分（Berta et al.，2014）。

6.5.5 关于玉米籽粒品质研究中的几个问题

玉米籽粒品质既受基因型的影响，也受环境因素的影响。在生产实践中，通过栽培措施的调控，改变作物生长的环境，使生长环境达到品种对环境的需求，但是栽培措施的调控是有限度的。由于不同地域间会有一些环境差异，特别是不同海拔、纬度地区，光照、温度、降水等差异很大，这些因素可能有主要因素影响籽粒品质，也可能是多个因素共同影响，同时不同品种对地域间环境差异的响应也不尽相同，因此必须承认前人研究结果的差异性有其合理的一面，但是差异性的背后必然有着统一的解释，否则不能称其为科学。分析前人的工作后，我们认为应从以下几个方面入手来探讨玉米籽粒品质。

1. 品种间的差异

玉米品种的遗传背景复杂，不同类型间某些品质性状的突变基因也早已明确，但是同一类型玉米籽粒品质在品种（品系）间仍存在明显差异，而玉米品种间对环境条件的利用也不相同，如品种间对氮素的吸收差异显著。有关不同玉米品种对肥料反应差异的报道不多。赵海军（2003）做的 6 个品种对磷肥反应的研究是一个很好的例子，品种间品质指标对磷肥水平变化的反应不完全一致，品种间某个品质指标对磷肥响应的拐点或者阈值不同很正常，但是对于出现截然相反的结果（如正反抛物线）很难给出合理的解释，不排除有试验误差的干扰，在这方面还有待进一步研究。

2. 环境间的差异

前人研究结果的不一致除了品种差异外，还与环境差异有着密切关系。刘淑云（2002）在山东、新疆两地做的试验即是一个例证，但是环境条件的差异如何导致品质的变化尚未有确切分析。环境差异还通过与栽培措施间的互作对玉米籽粒品质产生影响，如水肥互作，在干旱地区或需水阶段进行灌水可以提高肥料的利用效率，氮水互作效应最大（张智猛，2002）。有关氮、磷、钾肥对玉米品质影响的报道较多，但是结论多有矛盾，其中一个原因是各地区土壤类型不同，土壤养分状况不同，所以施用肥料的效果有很大的差异。例如，土壤中缺少磷元素，那么试验结果可能会是磷对品质的影响较大。目前有关玉米籽粒品质的肥料效应远没有达成共识，还有待进一步研究。至于其他栽培措施如种植密度、播期等多可从环境条件和水肥供应上加以分析。

3. 试验设计与分析上的问题

试验设计和分析方法是否科学合理对最终的结论是否准确有很大影响。有一些试验对研究的因素水平间设计范围偏小，往往是不足到适量，缺乏过量处理。当某个因素的范围偏小时，对某个指标的影响近似线性，但是当扩大范围后其影响很可能符合二次曲线，如氮肥对玉米籽粒蛋白质含量的影响就是如此。由于很多因素的影响符合二次曲线，但是没有经过认真的分析而片面地采用相关系数进行线性分析并不能真实反映客观规律。还有一些论文在讨论时未注意到绝对量与相对量的不同，以致多篇论文出现前文提到的所有营养物质的相对含量（百分比）因某个因素或措施均表现增加，那么哪些物质相对减少了呢？从作物生理代谢看，籽粒蛋白质、脂肪、淀粉的来源都是由光合作用产物碳水化合物转运到籽粒中，在籽粒中经过酶促反应合成，在光合作用产物一定的情况下，同时提高三者的百分含量，是不科学的；3 种营养物质的百分含量占籽粒干重的 85%左右，通过减少合成其他营养物质来增加三者的含量也是不可能的。其他禾谷类作物的众多研究也表明，淀粉含量和蛋白含量间是负相关关系，二者是籽粒中含量最多的两个内容物，因此一方增加，另一方必然减少。再有就是引用错误，如不止一篇论文引用姜东等（2002）在小麦上的结果（氮肥有利于单粒淀粉的积累）来支持自己玉米上的结果（氮肥有利于淀粉含量的增加）（杨恩琼等，2009；黄绍文等，2004b）。如果考虑到粒重增加比例，姜东等的试验中氮肥并不有利于淀粉含量增加。

4. 试验方法的问题

由于试验处理方法、数据分析方法、各种指标的测定方法不同，得到结论也可能不同。玉米的杂交种遗传复杂，个体间差异较其他作物略大，同时田间生长差异包括病虫害的影响，会因为取样数量少（3～5 穗）而导致误差。采用近红外光谱分析技术分析作物籽粒品质指标在育种领域得到广泛的应用（焦仁海等，2005）。由于该方法简便易行，也被一些栽培研究所采用，如不同地点间密度的影响（常强等，2004），得到的波浪形结果很难解释，似乎也反映了该方法并不妥当。我们利用该方法与常规方法比较，结果并不相符，因此在栽培试验中该方法并不一定能够满足对数据准确性的要求。事实上该仪器最初就是为了品质育种过程中对育种材料品质指标进行粗筛而设计的，尽管后人利用差异较大的各种品系来修正仪器的回归模型，并通过数学分析证明其可靠性，在预测一些极端指标时效果也很好，但是对于指标居中的众多材料其误差仍然较大，而栽培学研究中的材料恰恰是指标居中的一些品种，所以该方法并不能正确区分不同栽培措施对籽粒品质的影响。同时，一些论文的试验结果明显偏离正常值，恐怕也与品质指标的测定方法有关，如普通玉米籽粒淀粉含量在 60%左右（杨德光等，2008），高油 115

油分含量超 11%（宋海霞等，2008）或低于 5%（杨恩琼等，2009）等，这样的数据降低了结果的可信度。

5. 关于玉米品质研究的展望

目前，关于玉米籽粒品质研究多集中于环境条件或栽培措施对品质性状的影响，其中在氮、磷、钾肥的影响方面的研究最多，结果也多有矛盾，还有待进一步研究。对环境因素的互作分析，对籽粒形成过程中酶活性和基因表达等方面的研究较少。随着分子生物学的发展，玉米基因组和蛋白质组的研究日益深入，玉米籽粒的代谢组研究已经开始，如 Harrigan 等（2007）分析了田间灌水和干旱条件下玉米籽粒发育过程代谢物变化。今后有必要加强环境条件或栽培措施对相应酶活性、代谢物或基因表达的研究，从分子水平阐述玉米品质形成与调控的机理，特别是主要环境条件影响了哪些微效基因的表达进而涉及哪些代谢途径对玉米品质产生了影响，为作物品质生理奠定基础，同时揭示玉米品质形成的地域差异，找出适合各地生产的玉米类型，以指导玉米高产优质高效生产。

第 7 章　玉米的碱胁迫生理与改良剂的影响

土壤盐渍化是世界性的资源和生态问题。由于降水量有限，蒸腾量高，加之土壤和水分管理不善，盐胁迫已成为世界干旱和半干旱地区作物生产的严重威胁（Flowers et al.，1995；Munns，2002）。全球有盐渍土约 10 亿 hm^2，占全球陆地面积的 10%。中国盐渍土总面积约 0.36 亿 hm^2，占全国可利用土地面积的 4.88%。具有农业利用潜力的盐渍土面积约 1333 万 hm^2，占全国耕地面积的 10%。耕地中盐渍化面积达到 920.9 万 hm^2，占全国耕地面积的 6.62%（王佳丽等，2011）。东北盐渍土主要成分是苏打（碳酸钠和碳酸氢钠），与西北的硫酸钠和沿海的氯化钠两种中性盐不同，不仅有盐渍还有碱害，因此称为盐碱土。东北盐碱土主要分布在松嫩平原（占 90%以上）和呼伦贝尔草原，在松嫩平原的主体范围是东起黑龙江省肇东市（126° 24′E），西至内蒙古东部翁牛特旗（118° 48′E），北起黑龙江省齐齐哈尔市（48° 20′N），南至内蒙古自治区奈曼旗（42° 25′N）的东北—西南向近矩形区域。20 世纪 60 年代以来，松嫩平原盐碱化日益严重，盐碱地由 58.51 万 hm^2 增至 219.31 万 hm^2（张树文等，2010），若不采取有效措施，未来大量轻度盐碱地将向中、重度盐碱地转化，中度盐碱地将进一步向重度盐碱地转化（邹滨等，2009）。渗透胁迫、离子毒害和高 pH 值严重危害了作物的出苗和生长。松嫩平原是我国重要的商品粮生产基地，拥有我国主要的苏打盐碱土资源，选择耐盐碱品种，配合改良土壤，有效利用盐碱地对国家粮食安全意义重大。

7.1　盐碱对玉米发芽的影响与品种间响应的差异

7.1.1　盐碱胁迫对玉米发芽的影响

采用二次饱和 D 最优设计（206），对郑单 958 进行不同配比氯化钠（X_1）和碳酸钠（X_2）溶液处理，氯化钠浓度为 0～100mmol/L，碳酸钠浓度为 0～50mmol/L，获得回归方程 $Y = 26.21 - 18.18X_1 - 20.886X_2 + 8.3541X_2^2 + 19.71X^1X^2$，决定系数 $R^2 = 0.988$。通过降维分析，将一个因素固定在零水平或-1 水平，得到一元方程，如图 7-1 所示。随着氯化钠浓度增加，发芽率线性下降，每增加 10mmol/L 氯化钠，发芽率下降 7.6%；当有 25mmol/L 碳酸钠存在时发芽率几乎降低一半，但降低速率也下降到 3.6%。随着碳酸钠浓度的增加，发芽率近似线性下降，碳酸钠浓度每增加 10mmol/L，发芽率降低约 16.2%；当有 50mmol/L 氯化钠存在时发芽率降低更快，在 12.5mmol/L 时接近零。

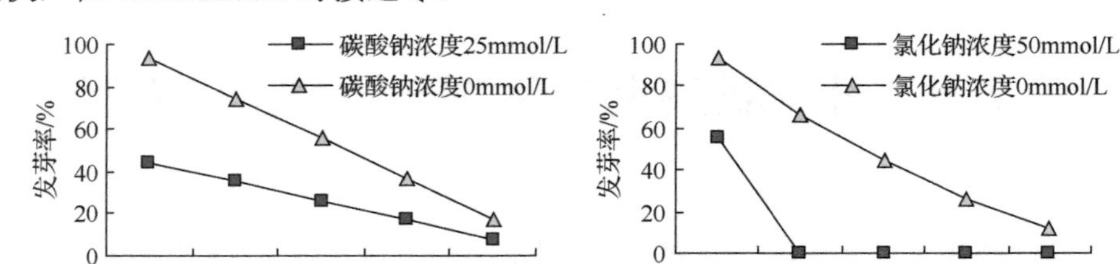

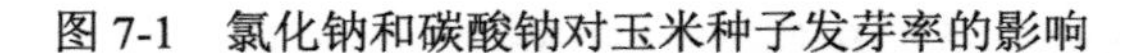

图 7-1 氯化钠和碳酸钠对玉米种子发芽率的影响

单独以钠离子含量为自变量与种子发芽率进行回归分析，得到指数方程 $Y=91.99e^{-0.0146}$，决定系数 $R^2=0.9309$。钠离子浓度为 0～60mmol/L 时下降速率很快，钠离子增加 10mmol/L，发芽率下降约 8.95%，在 60～150mmol/L 时下降速率明显趋缓（图 7-2）。

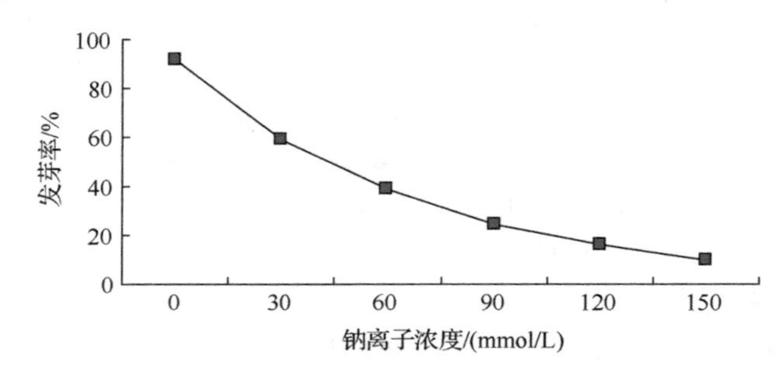

图 7-2 钠离子对玉米种子发芽率的影响

7.1.2 盐碱胁迫的品种间响应差异

选择 7 个自交系（郑 58、黄 C、B73、444、昌 7-2、178、Mo17）按 4×3 NC II 不完全杂交配制 12 个杂交组合，包括郑单 958、农大 108、SC704、四单 19 共 19 份材料（表 7-1）。每个材料分别在碱土条件（碱土取自哈尔滨市道里区立权村的碱斑，碱土与黑土以 5∶1 的配比充分混匀，pH 值为 9.95）和黑土条件（pH 值为 7.50）下进行盆栽，每盆播种 10 粒，设置 5 次重复。

表 7-1 7 个自交系的 NC II 设计及组合编号

品种	昌 7-2	178	Mo17
郑 58	郑单 958	郑 58×178	郑 58×Mo17
黄 C	黄 C×昌 7-2	农大 108	黄 C×Mo17
B73	B73×昌 7-2	B73×178	SC704
444	444×昌 7-2	444×178	四单 19

1. 玉米自交系对盐碱胁迫的响应

7 个自交系间的株高存在显著差异，最高的 178 比最低的昌 7-2 高 40.2%。盐碱胁迫使玉米自交系株高整体降低了 37.7%：其中昌 7-2 降低幅度最小，为 29.9%；Mo17 降低幅度最大，为 46.8%；碱土条件下 178 株高比 Mo17 高了 41.9%（表 7-2）。利用碱土下株高和株高降低幅度 2 个指标，经过标准化后进行动态聚类，将 7 个自交系分为 3 类：第 1 类是长势差但降低幅度小的昌 7-2；第 2 类是长势差且降低幅度最大的 Mo17；其他 5 个自交系归为第 3 类，即长势较好且降低幅度中等。

表 7-2　两种土壤条件下自交系的株高、叶面积、SOD 活性和 POD 活性

品种	株高/cm		叶面积/cm^2		SOD 活性/（U/mgFW）		POD 活性/（U/mgFW）	
	黑土	碱土	黑土	碱土	黑土	碱土	黑土	碱土
郑 58	44.6abc	27.9ab	94.1ab	40.3ab	126.4ab	129.7d	96.3c	123.6d
黄 C	46.2ab	29.4a	98.6ab	44.5a	132.8ab	148.5c	192.8a	214.6a
B73	48.0ab	29.7a	114.7a	40.4ab	120.9b	131.0d	148.6ab	150.5c
444	43.8bc	27.0ab	91.7b	31.9bc	121.4b	151.7bc	158.2ab	211.4a
昌 7-2	34.8d	24.4bc	68.0c	31.6bc	144.7a	148.7c	168.6ab	209.2a
178	48.8a	30.8a	111.1ab	39.9ab	130.5ab	156.5b	141.2b	188.7b
Mo17	40.8b	21.7c	94.6ab	27.2c	140.8ab	164.0a	188.9a	191.6e

注：表中不同字母代表 $P<0.05$ 水平差异显著，下同。

自交系间的叶面积也存在显著差异，最大的 B73 比最小的昌 7-2 高 68.8%。盐碱条件下玉米自交系的叶面积均有不同程度的降低，平均降低 61.5%：其中昌 7-2 降低幅度最小，为 53.4%；Mo17 降低幅度最大，为 71.2%。盐碱条件下黄 C 的叶面积最大，Mo17 的叶面积最小，黄 C 比 Mo17 高 63.2%。经过标准化后根据自交系碱土下叶面积和叶面积降低幅度 2 个指标进行动态聚类，将 7 个自交系分为 3 类：第 1 类是长势差但降低幅度小的昌 7-2；第 2 类是长势差且降低幅度大的 Mo17 和 444；其余品种为长势较好且降低幅度中等，归入第 3 类。

自交系的 SOD 活性间存在显著差异，最高的昌 7-2 比最低的 B73 高 19.8%。在盐碱条件下各自交系均有不同程度的升高，差级由 2 级增加到 4 级，显示品种间对盐碱胁迫的反应加大，平均增加 12.4%，其中 444 增加最多，为 24.9%，而郑 58 增加最少，为 2.6%。碱土条件下 Mo17 比郑 58 高 26.5%。经过标准化后根据自交系碱土下 SOD 活性和升高幅度 2 个指标进行动态聚类，将 7 个自交系分为 3 类：第 1 类是 SOD 活性较小且增加幅度小的郑 58 和 B73；第 2 类是活性较高但增加幅度小的黄 C 和昌 7-2；第 3 类是活性高且增加幅度大的 444、178 和 Mo17。

自交系间的 POD 活性存在显著差异，最高的黄 C 比最低的郑 58 高 100.2%。

在盐碱条件下各自交系均有不同程度的提高，差级由 3 级增加到 5 级，显示品种间对盐碱胁迫的反应加大，平均增加 19.1%，其中 178 和 444 增加最多，均为 33.6%，而 B73 增加最少，为 1.3%。碱土条件下黄 C 比郑 58 高 73.6%。经过标准化后根据自交系碱土下 POD 活性和升高幅度 2 个指标进行动态聚类，将 7 个自交系分为 3 类：第 1 类是 POD 活性中等但降低幅度较小的 B73 和 Mo17；第 2 类是降低幅度中等的郑 58、黄 C 和昌 7-2；第 3 类是活性中等但降低幅度较大的 444 和 178。

根据 4 个指标和其变化幅度经过标准化后做动态聚类，将 7 个亲本分为 3 类：第 1 类是相对敏感的 Mo17；第 2 类是中耐的黄 C、178、444、昌 7-2 和 B73；第 3 类是相对耐盐碱的郑 58。

2. 玉米杂交种对盐碱胁迫的响应

杂交种间的株高存在显著差异，444×Mo17 最高，而 B73×178 最低。盐碱胁迫使玉米杂交种株高平均降低 37.4%，盐碱条件下 B73×178 的株高最高（降低幅度为 21.30%），黄 C×178 的株高最低（降低幅度为 54.23%），前者比后者高 66.4%（表 7-3）。利用碱土下株高和株高降低幅度 2 个指标，经过标准化后进行动态聚类，将 12 个杂交种分为 3 类：第 1 类是株高较高且降低幅度较小的黄 C×Mo17、B73×昌 7-2、B73×178、B73×Mo17、444×昌 7-2；第 2 类是株高较矮且降低幅度较大的郑 58×昌 7-2、郑 58×178、郑 58×Mo17、黄 C×昌 7-2、黄 C×178 和 444×178；第 3 类是株高较高、降低幅度也较大的 444×Mo17。

表 7-3　两种土壤条件下杂交种株高、叶面积、SOD 和 POD 活性

品种	株高/cm		叶面积/cm^2		SOD 活性/（U/mgFW）		POD 活性/（U/mgFW）	
	黑土	碱土	黑土	碱土	黑土	碱土	黑土	碱土
郑 58×昌 7-2	52.0b	28.8b	113.8bcd	36.5d	131.8d	147.6c	158.4ab	169.1bc
郑 58×178	44.7d	28.6b	102.9cde	38.2d	135.3cd	151.8bc	152.8ab	155.3c
郑 58×Mo17	50.8bc	24.8c	111.5bcd	34.1d	130.4d	150.4bc	101.9c	118.5d
黄 C×昌 7-2	48.3bcd	28.6b	115.47bc	43.6d	143.7bc	149.0c	144.3b	199.8a
黄 C×178	46.1cd	21.1d	102.6cde	34.0d	143.2bc	160.8a	161.5ab	197.8a
黄 C×Mo17	48.0bcd	34.1a	104.9cde	56.9ab	157.9a	158.1ab	186.2ab	187.0ab
B73×昌 7-2	50.7bc	35.0a	129.3b	63.4a	137.1cd	150.6bc	181.3ab	183.9ab
B73×178	44.6d	35.1a	86.8e	51.5bc	129.3d	138.9d	157.3ab	157.3c
B73×Mo17	43.8d	30.0b	86.5e	38.5d	138.3bcd	143.5cd	151.5ab	155.4c
444×昌 7-2	44.4d	32.0ab	94.8cde	55.7ab	147.6b	147.8d	179.5ab	199.1a
444×178	46.2cd	28.6b	92.7de	48.7bc	144.4bc	145.7cd	155.3ab	177.1abc
444×Mo17	61.5a	35.0a	152.1a	61.8a	143.8bc	144.3cd	190.6a	176.0abc

杂交种间的叶面积存在显著差异，最大和最小的仍然是 444×Mo17 和 B73×178。盐碱胁迫使玉米杂交种的叶面积大幅度降低，平均降低 55.9%，盐碱条件下 B73×昌 7-2 的叶面积最大（与黑土相比降低幅度为 51.0%），黄 C×178 的叶面积最小（降低幅度为 66.9%），前者比后者多 86.4%。利用碱土条件下玉米苗叶面积和降低幅度 2 个指标，经过标准化后进行动态聚类，将 12 个杂交种分为 3 类：第 1 类是叶面积较大且降低幅度较小的黄 C×Mo17、B73×178、444×昌 7-2 和 444×178；第 2 类是叶面积较小且降低幅度较大的郑 58×昌 7-2、郑 58×178、郑 58×Mo17、黄 C×昌 7-2、黄 C×178 和 B73×Mo17；第 3 类是叶面积最大、降低幅度中等的 B73×昌 7-2 和 444×Mo17。

玉米杂交种的 SOD 活性在盐碱条件下增高，并且各杂交种间增加幅度不同，平均增加 6.5%，黄 C×178 的 SOD 活性最高（与黑土相比增加了 12.3%），B73×178 最低（与黑土相比增加了 7.4%），前者比后者的 SOD 活性高 15.8%。利用碱土下玉米 SOD 活性和升高幅度 2 个指标，经过标准化后进行动态聚类，将 12 个杂交种分为 3 类：第 1 类是活性较高且升高幅度较大的黄 C×昌 7-2、黄 C×Mo17、B73×Mo17、444×昌 7-2、444×178 和 444×Mo17；第 2 类是活性较低且升高幅度较大的郑 58×昌 7-2、B73×昌 7-2 和 B73×178；第 3 类是活性较低且升高幅度较小的郑 58×178、郑 58×Mo17 和黄 C×178。

盐碱胁迫使 POD 活性有不同程度的升高（除了 444×Mo17），平均升高 9%，品种间存在显著差异。黄 C×昌 7-2（比黑土升高 38.47%）的 POD 活性最高，郑 58×Mo17（比黑土升高 16.35%）的 POD 活性最低，前者比后者的 POD 活性高 68.61%。同样用碱土下玉米 POD 活性和升高幅度 2 个指标，经过标准化后进行动态聚类，将 12 个杂交种分为 3 类：第 1 类是活性最小且升高幅度较高的郑 58×Mo17；第 2 类是活性中等、升高幅度较小的郑 58×昌 7-2 等 9 个杂交种；第 3 类是活性较高且升高幅度最大的黄 C×昌 7-2 和黄 C×178。

用 4 个指标及其变化幅度做动态聚类，将 12 个杂交种分为 3 类：①敏感型，444×Mo17；②中耐品种，444×178、444×昌 7-2、B73×Mo17、黄 C×Mo17、B73×昌 7-2、B73×178 和黄 C×昌 7-2；③相对耐盐碱品种，郑 58×昌 7-2、郑 58×178、郑 58×Mo17 和黄 C×178。

7.1.3　玉米苗期耐碱胁迫的杂种优势与遗传分析

1. 玉米苗期耐碱胁迫的杂种优势

盐碱条件下 12 个杂交种的株高杂种优势均高于黑土下杂种优势，444×178 的株高在黑土和碱土下的杂种优势都是最高的，黑土下 B73×Mo17 的杂种优势最低，碱土下黄 C×178 的杂种优势最低（表 7-4）。

表 7-4　玉米苗期形态及生理指标的杂种优势　（单位：%）

品种	株高		叶面积		SOD 活性		POD 活性	
	黑土	碱土	黑土	碱土	黑土	碱土	黑土	碱土
郑 58×昌 7-2	24.54	36.49	39.45	45.86	−2.80	6.02	19.60	1.64
郑 58×178	6.67	33.49	13.67	30.30	5.27	6.07	28.69	−0.55
郑 58×Mo17	6.12	21.23	14.06	28.15	−2.37	2.44	−28.57	−24.82
黄 C×昌 7-2	22.06	22.24	41.79	72.53	3.54	0.26	−20.16	−5.70
黄 C×178	4.35	9.54	2.83	27.54	8.76	5.47	−3.34	−1.91
黄 C×Mo17	13.04	13.78	26.90	32.42	15.41	1.20	−2.47	−7.95
B73×昌 7-2	29.55	36.00	25.33	44.09	3.27	7.68	14.27	2.25
B73×178	4.26	32.13	23.44	46.01	2.87	−3.38	8.49	−7.23
B73×Mo17	0.55	20.66	7.01	39.16	5.68	−2.75	−10.25	−9.15
444×昌 7-2	33.60	50.52	50.31	96.42	10.95	−1.58	9.80	−5.32
444×178	43.88	68.03	57.21	96.06	14.61	−5.44	3.70	−11.46
444×Mo17	30.86	42.74	33.11	66.38	9.73	−8.55	9.75	−12.69

盐碱条件下玉米叶面积的杂种优势普遍增加，其中黄 C×178 在黑土和碱土下杂种优势均为最低，黑土下 444×178 的杂种优势最高，碱土下 444×昌 7-2 的杂种优势最高，其中黄 C×178 的杂种优势增加幅度最大，为 873.14%，郑 58×昌 7-2 的增加幅度最小，为 16.25%。

黑土下 SOD 活性的杂种优势最高的是黄 C×Mo17（15.4），杂种优势最低的是郑单 958（−2.8）。碱土下 B73×昌 7-2 是 SOD 活性杂种优势最高的品种（7.7），444×Mo17 是杂种优势最低的品种（−8.6）。碱土下郑 58×昌 7-2 的杂种优势升高幅度最大，为 315.0%，B73×178 的杂种优势降低幅度最大，为 217.8%。盐碱胁迫使玉米 SOD 活性的杂种优势多数降低。

郑 58×Mo17 为两种土壤下 POD 活性杂种优势均最低的品种。黑土下郑 58×178 的杂种优势最高（28.7），碱土下 B73×昌 7-2 的杂种优势最高（2.25）。碱土下杂交种黄 C×昌 7-2 的杂种优势的升高幅度最高，为 71.7%；444×178 的杂种优势在碱土下降低幅度最高，为 409.7%。盐碱条件使玉米 POD 活性的杂种优势普遍降低。

盐碱条件使玉米全部杂交种株高和叶面积的杂种优势均有升高，其中 444×178 和 444×昌 7-2 的杂种优势较高，黄 C×178 和 B73×Mo17 的杂种优势较低。盐碱胁迫使玉米 SOD、POD 活性的杂种优势降低。

2. 玉米的耐盐碱遗传分析

对 12 个杂交种各指标的遗传分析显示，玉米苗的叶面积和 POD 活性的环境方差较大，株高和 SOD 活性的环境方差较小（表 7-5）。POD 活性的一般配合力方差较大，但是特殊配合力方差最小。株高和叶面积的特殊配合力较大，一般配合力较小，它们的非加性效应大于加性效应。SOD 活性的特殊配合力略大于一般配合力。4 个性状的广义遗传力都在 70%以上，遗传力较高，可在早代进行选择，且狭义遗传力普遍低于广义遗传力，说明这些性状的非加性遗传的作用较突出。

表 7-5　不完全双列杂交配合力分析

指标	株高	叶面积	SOD 活性	POD 活性
环境方差	5.8	51.1	16.5	194.8
一般配合力方差/%	11.5	30.5	45.5	93.1
特殊配合力方差/%	88.6	69.5	54.5	6.9
广义遗传力/%	77.5	70.6	70.4	76.1
狭义遗传力/%	8.87	21.6	32.0	70.9

母本中 B73 和 444 株高的一般配合力较大，父本中昌 7-2 和 Mo17 的一般配合力较大（表 7-6）。在两个形态性状上 4 个亲本 B73、444、昌 7-2 和 Mo17 的一般配合力较为一致。母本中黄 C 的 SOD 活性的一般配合力较好，父本 SOD 活性的一般配合力均表现不好。母本中黄 C 和 444，以及父本中昌 7-2 的 POD 活性的一般配合力较高。在两个生理性状上，黄 C 的一般配合力表现较为一致。

表 7-6　亲本 4 个性状的一般配合力相对平均值

亲本	自交系	株高	叶面积	SOD	POD
父本	昌 7-2	3.2	6.2	−0.2	8.6
	178	−5.9	−8.1	0.2	−0.7
	Mo17	2.8	1.9	0.1	−8.0
母本	郑 58	−9.1	−22.7	0.6	−14.7
	黄 C	−7.3	−4.4	4.6	12.6
	B73	10.7	9.0	−3.2	−4.3
	444	5.7	18.1	−2.1	6.4

黄 C×Mo17、B73×178、郑 58×178 和 444×Mo17 株高的特殊配合力表现较好，而黄 C×178、B73×Mo17 和郑 58×Mo17 株高的特殊配合力较差（表 7-7）。黄 C×Mo17 叶面积的特殊配合力表现最好，郑 58×178、B73×昌 7-2、444×Mo17 和 B73×178 叶面积的特殊配合力也表现较好，而 B73×Mo17 和黄 C×178 叶面积的特殊配合力

较差。B73×昌 7-2 和黄 C×178 SOD 活性的特殊配合力较高，而黄 C×昌 7-2 和 B73×178 SOD 活性的特殊配合力较差。郑 58×178、郑 58×昌 7-2、黄 C×Mo17 和 444×Mo17 POD 活性的特殊配合力较好，郑 58×Mo17 和黄 C×昌 7-2 POD 活性的特殊配合力较差。

表 7-7　各组合 4 个性状特殊配合力的相对平均值

品种	株高	叶面积	SOD	POD
郑 58×昌 7-2	1.4	−5.6	−1.4	3.8
黄 C×昌 7-2	−0.95	−8.8	−4.5	−5.8
B73×昌 7-2	2.3	20.0	4.4	2.0
444×昌 7-2	−2.8	−5.6	1.5	0.1
郑 58×178	10.0	12.2	1.1	5.1
黄 C×178	−16.7	−14.9	3.1	2.4
B73×178	11.7	8.9	−3.8	−4.1
444×178	−4.9	−6.1	−0.3	−3.3
郑 58×Mo17	−11.4	−6.6	0.3	−8.9
黄 C×Mo17	17.7	23.7	1.4	3.4
B73×Mo17	−14.0	−28.9	−0.6	2.1
444×Mo17	7.7	11.7	−1.1	3.3

7.2　盐碱胁迫对玉米生长发育的影响及改良剂效果

选择 3 种改良剂并设置 11 个处理：CK（不施改良剂）；T1（48g 石膏/kg 土）；T2（200g 粉煤灰/kg 土）；T3（1gPAM/kg 土）；T4（24g 石膏+0.5gPAM/kg 土）；T5（100g 粉煤灰+0.5gPAM/kg 土）；T6（12g 石膏+0.75gPAM/kg 土）；T7（36g 石膏+0.25gPAM/kg 土）；T8（50g 粉煤灰+0.75gPAM/kg 土）；T9（150g 粉煤灰+0.25gPAM/kg 土）；T10（16g 石膏+67g 粉煤灰+0.33gPAM/kg 土）。每个处理 12 盆。随机区组设计，3 次重复。种植品种为郑单 958，每盆种植 10 株，在三叶、四叶和五叶期分别取样，未标注的数据均为四叶期取样测定所得。碱土取自哈尔滨市道里区立权村。

7.2.1　对玉米苗期生长影响及改良剂效果

在改良剂的作用下，各个处理下玉米的干重和鲜重都呈显著或极显著增加（表 7-8）。幼苗干重中 T7 处理增加最多，为 58.5%；T8 处理最少，为 12.1%。幼苗鲜重中 T7 处理也是增加最多的，为 58.5%；T9 处理增加最少，为 13.2%。各处理的株高相比对照均有所增加。其中 T7 处理增加最多，为 28.4%；T9 处理增加最少，为 4.7%；T6、T7 处理的幼苗株高与对照相比达到了显著差异。各处理的叶面积也有所增加，T7 处理增加最多，为 29.2%；T8 处理增加最少，为 4.5%，由于个体间差别较大，使处理间没达到显著性差异。

表 7-8　不同处理对玉米幼苗干鲜重、株高和叶面积的影响

处理	鲜重/（g/株）	干重/（g/株）	株高/cm	叶面积/cm^2
CK	5.682fG	0.387hG	42.3dC	86.6aA
T1	7.274cC	0.487deDE	45.3cdBC	102.2aA
T2	8.239bB	0.601bB	45.3cdBC	107.8aA
T3	7.093cdC	0.502cdCD	47.7bcdABC	100.1aA
T4	7.245cdC	0.519cdC	47abcABC	103.2aA
T5	6.923deCD	0.428fgEF	45.1cdBC	99.0aA
T6	8.956aA	0.642aA	51.7abAB	110.5aA
T7	9.007aA	0.644aA	54.3aA	111.9aA
T8	6.369fF	0.438gF	44.3cdC	90.5aA
T9	6.618efDE	0.445fgF	46bcdBC	91.2aA
T10	6.964cdCD	0.463efEF	45.7bcdBC	98.7aA

10 个处理在幼苗的三叶期、四叶期和五叶期的株高都高于对照处理，三叶期处理间差异较小，到四叶期处理间差异明显。T6 处理在各个时期都高于其他处理（除 T7 处理外），T7 处理在四叶期和五叶期高于其他处理（图 7-3）。

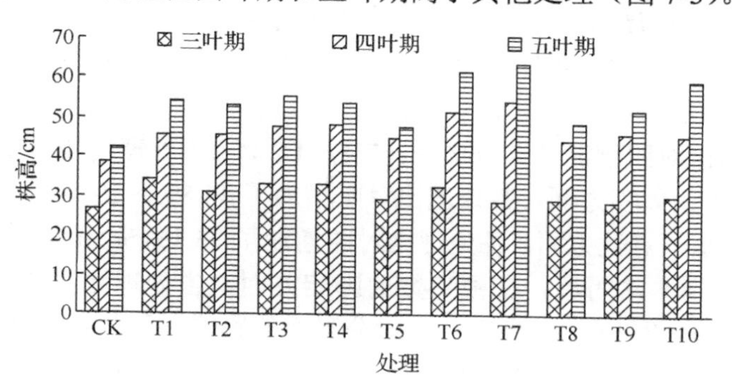

图 7-3　不同处理对玉米幼苗株高的影响

10 个处理在幼苗的三叶期、四叶期和五叶期的地上部鲜重都高于对照处理，三叶期到四叶期增加明显。其中，T6 处理在各个时期都高于其他处理（除 T7 处理外），T7 处理在五叶期的地上部鲜重高于其他处理（图 7-4，数据为 3 株重）。干重变化与鲜重一致（图 7-5）。

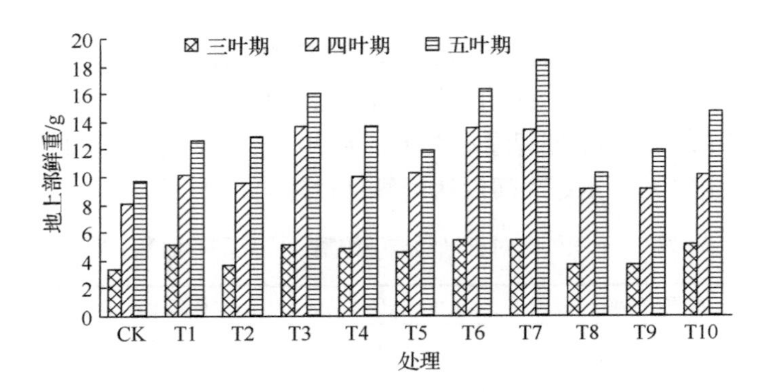

图 7-4　不同处理对玉米幼苗鲜重的影响

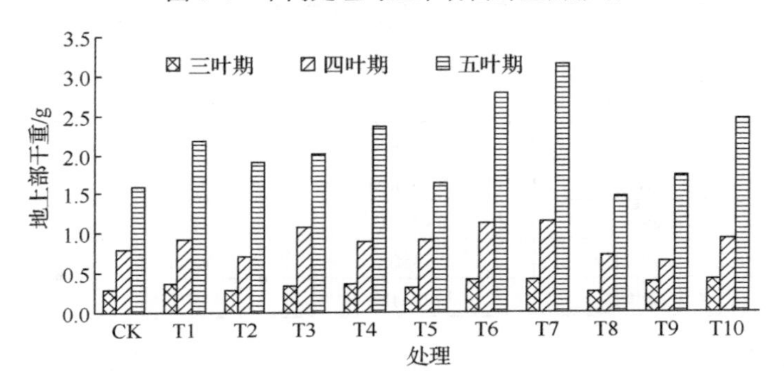

图 7-5　不同处理对玉米幼苗干重的影响

根系扫描数据显示，改良剂对三叶期所有根系形态指标都有显著改善作用(表 7-9)。在根长方面，各处理相比于对照的增加幅度为 10.5%～148%，其中 T6 和 T7 处理增加最明显，达到了 1.37 倍和 1.48 倍。在不同改良剂的调节下，各处理根的表面积比对照增加了 23.6%～167%，T6 和 T7 处理增加幅度分别为 167% 和 160%。在根系体积方面，各处理比对照增加了 45.5%～191%，其中 T6 处理增加最多。在根系节点数方面，各处理比对照增加了 35.1%～230%，T6 处理增加最多，处理间差别非常明显。在根尖数的影响方面，各处理比对照增加了 41%～149%，增加最多的仍是 T6 处理。在对分叉数的影响方面，各处理相比对照增加了 29.8%～284%，其中 T7 处理增加最多。在对根系各形态指标影响中，T6 处理在根长、表面积、体积、节点数、平均直径和根尖数增加最多，T7 处理在分叉数方面最好。

表 7-9　不同处理对玉米幼苗三叶期根系特征的影响

处理	长度/cm	表面积/cm^2	体积/cm^3	平均直径/cm	节点数/个	根尖数/个	分叉数/个
CK	87.6iH	24.9gG	0.98hH	0.94aA	286iI	125iI	131jI
T1	176.2cC	51.7bB	2.1cC	0.99aA	760cC	261bB	388cC

续表

处理	长度/cm	表面积/cm²	体积/cm³	平均直径/cm	节点数/个	根尖数/个	分叉数/个
T2	170.4cdCD	47.6cC	1.8dD	0.96aA	730dD	233fF	358dD
T3	128.6fgF	36.7eE	1.4fF	0.97aA	512fF	244cdCD	207gG
T4	158.47eE	46.9cC	1.7dDE	1.05aA	667eE	213gG	326eE
T5	134.3fF	40.1dD	1.6eE	1.04aA	513fF	237eE	208gG
T6	207.9bB	66.5aA	2.8aA	1.07aA	944aA	312aA	480bB
T7	217.8aA	64.8aA	2.5bB	1.03aA	924bB	249cC	503aA
T8	96.9hG	30.8fF	1.2gG	1.02aA	386hH	177hH	170iH
T9	126.6gF	39.6dD	1.7dD	1.11aA	492gG	242dD	201hG
T10	166.0dDE	50.5bB	2.1cC	1.04aA	672eE	259bB	306fF

四叶期的数据同样显示改良剂在所有根系形态指标上都有显著改善作用（表 7-10）。在根长方面各处理相比对照的增加幅度在 5.8%～188%，其中 T6 和 T7 处理增加最明显，达到了 1.5 倍以上。各处理根的表面积比对照增加了 31%～174%，T6 处理增加最多。各处理根系体积比对照增加了 48%～160%，T6 处理增加最高。各处理根系节点数增加了 28%～252%，T6 处理增加最多。各处理根尖数增加了 13%～135%，增加最多是 T6 处理。各处理分叉数相比对照增加了 38%～295%，T6 处理增加最多。

表 7-10　不同处理对玉米幼苗四叶期根系特征的影响

处理	长度/cm	表面积/cm²	体积/cm³	平均直径/cm	节点数/个	根尖数/个	分叉数/个
CK	158.8cB	37.1bA	1.16cB	0.8abAB	559hH	229bA	260jI
T1	314.1abcAB	71.2abA	2.13abAB	0.81abAB	1285cC	336abA	707bC
T2	301.4abcAB	73.8abA	2.46abcAB	0.87abAB	1130deDE	428abA	536fF
T3	261.5abcAB	61.8abA	2.1abcAB	0.81abAB	1099defDEF	419abA	509hG
T4	233.3abcAB	53.9abA	1.8abcAB	0.55bB	1029fEF	323abA	520gG
T5	265.1abcAB	65.4abA	1.9abcAB	0.86aAB	971fF	376abA	475iH
T6	458.0aA	101.5aA	3.0abAB	0.79bAB	1969aA	539aA	1030aA
T7	399.5abAB	92.1abA	2.9aA	0.81abAB	1690bB	665abA	792bB
T8	308.9abcAB	71.8abA	2.2abcAB	0.81abAB	1270cC	506abA	592eE
T9	183.8bcB	48.5abA	1.7bcAB	0.91aA	715gG	259bA	358jI
T10	289.9abcAB	72.9abA	2.4abAB	0.92aA	1199dCD	391abA	619dD

7.2.2　改良剂对玉米苗生理特性的影响

1. 改良剂对玉米幼苗中离子含量的影响

改良剂增加了玉米苗的 K^+含量，除 T7 处理外都达到了极显著水平（$P<0.01$）。

其中 T5 处理增加最多，为 22.4%；T7 处理最少，为 9.7%（表 7-11）。同时，改良剂明显降低了玉米苗的 Na^+含量，各处理与对照都达到了极显著差异（$P<0.01$），其中 T6 处理降低幅度最大，为 54%；T3 处理降低幅度最小，为 11%；T1、T4 和 T7 处理分别降低了 52%、51%和 51%。这表明石膏降低植株中钠离子的效果明显优于粉煤灰。在增加玉米幼苗中 Ca^{2+}的效果中，粉煤灰的作用要优于石膏，除 T1、T6、T7 和 T10 处理外都达到了极显著差异。其中 T2 处理含量增加最多，为 77.1%；T1 处理最少，为 5%；而 T10 处理含量与对照相似，但植株总含量要高于对照。

表 7-11　不同处理下玉米幼苗中 K^+、Na^+、Ca^{2+}含量

处理	K^+含量/%	Na^+含量/%	Ca^{2+}含量/%
CK	1.04cC	1.247aA	0.035fgF
T1	1.23abAB	0.598eE	0.037fgEF
T2	1.24abAB	0.673deDE	0.062aA
T3	1.25abAB	1.109bB	0.048bcB
T4	1.33aA	0.612eDE	0.043cdeBCDE
T5	1.3aA	0.857cC	0.049bB
T6	1.26abAB	0.574eE	0.038efgDEF
T7	1.15bcBC	0.612eDE	0.040defCDEF
T8	1.25abAB	1.008bB	0.045bcdBC
T9	1.32aAB	1.028bB	0.044bcdBCD
T10	1.28abAB	0.738dCD	0.034gF

各处理的 Na^+/K^+明显降低。其中 T6 处理效果最好，降低了 62%；T3 处理降低最少，为 26%。含石膏处理 T1、T4、T6 和 T7 降低量明显高于含粉煤灰处理 T2、T5、T7 和 T8（图 7-6）。

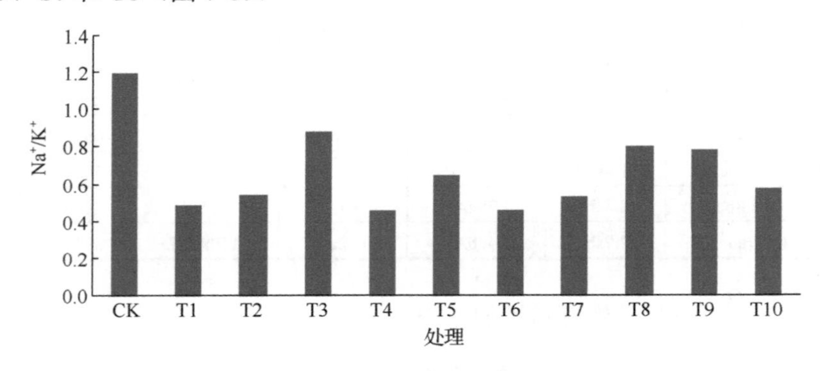

图 7-6　不同处理下玉米幼苗叶片 Na^+/K^+

各处理的 Na^+/Ca^{2+}也明显降低。其中 T2 处理效果最好，其含量降低了 69.5%；T9 处理降低最少，为 34.4%。含石膏处理的 T4、T6 和 T7 降低量明显高于含粉煤灰处理的 T5、T7 和 T8，施 PAM 处理的 T3 降低效果最差（图 7-7）。

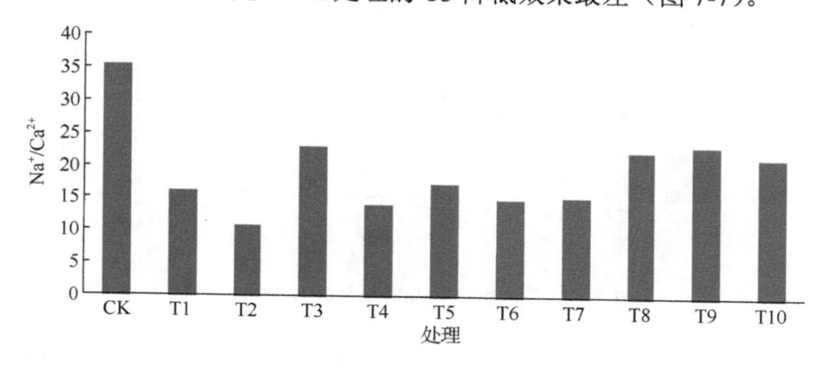

图 7-7　不同处理下玉米幼苗叶片 Na^+/Ca^{2+}的变化

2. 改良剂对玉米幼苗中抗氧化酶活性的影响

抗氧化酶 SOD、POD、CAT 是衡量作物受到逆境胁迫程度的重要指标。施入改良剂增强了玉米幼苗的 POD 活性。各处理中 T5 的 POD 活性增加了 19.8%，达到了显著差异（$P<0.05$）；T2 和 T8 处理也分别增加了 17.2%和 12.7%，但是未达到显著水平（图 7-8）。

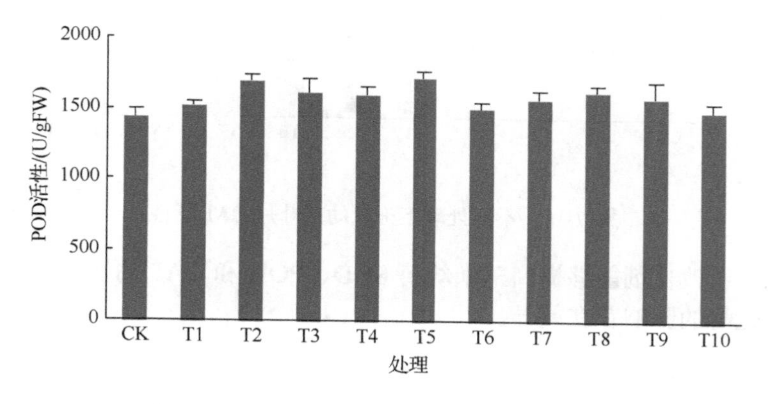

图 7-8　不同处理下玉米幼苗叶片 POD 活性

改良剂也增强了玉米苗的 SOD 活性，T1、T3 和 T8 处理的 SOD 活性增加了 124%、116%和 126%，达到显著水平，其余处理的 SOD 活性也明显增加（图 7-9）。

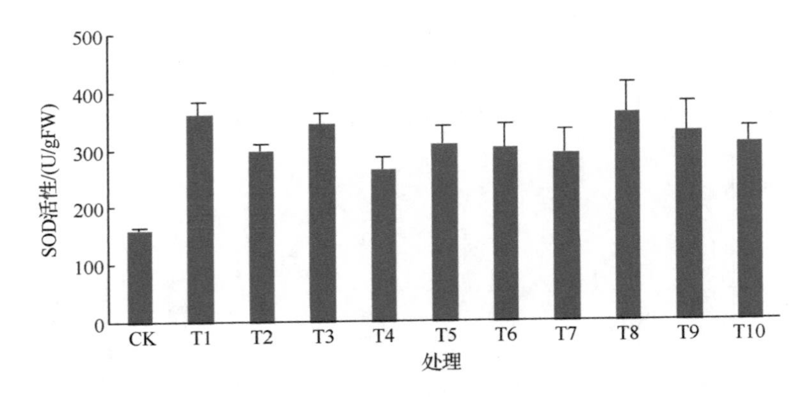

图 7-9　不同处理下玉米幼苗叶片 SOD 活性

玉米幼苗的 CAT 活性也受到改良剂的影响，T6、T7 和 T8 处理的 CAT 活性分别增加了 55.2%、54.3%和 39.6%，达到极显著水平（$P<0.01$），其余处理的活性也达到了显著水平（$P<0.05$）（图 7-10）。

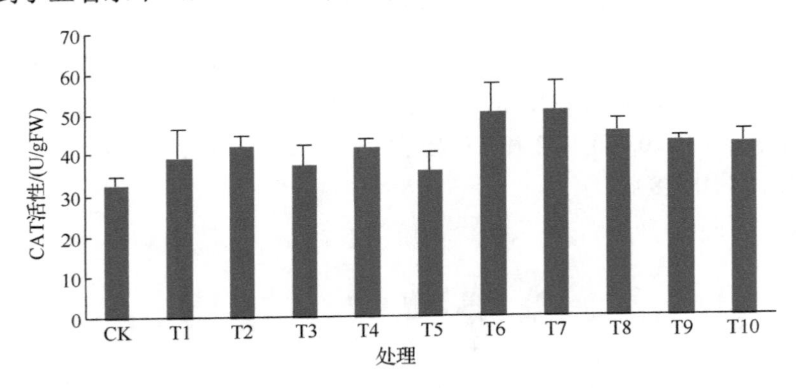

图 7-10　不同处理下玉米幼苗叶片 CAT 活性

结果表明改良剂能够提高玉米幼苗 SOD、POD 和 CAT 的活性，不同处理对不同抗氧化酶的影响存在差异。

3. 改良剂对玉米幼苗中可溶性物质含量的影响

丙二醛是膜脂过氧化作用的主要产物之一，其含量高低是反映细胞膜脂过氧化作用强弱的重要指标，可间接测定膜系统受损程度和植物的抗逆性。与对照相比，T2、T6、T7 处理都达到了极显著差异（$P<0.01$），含量分别降低 41%、49.5%和 57.8%；T1 和 T4 处理达到显著差异（$P<0.05$），含量分别降低 38.04%和 38.4%（图 7-11）。这表明适量的改良剂能有效降低玉米幼苗中丙二醛的含量，减弱膜系统受损害的程度。

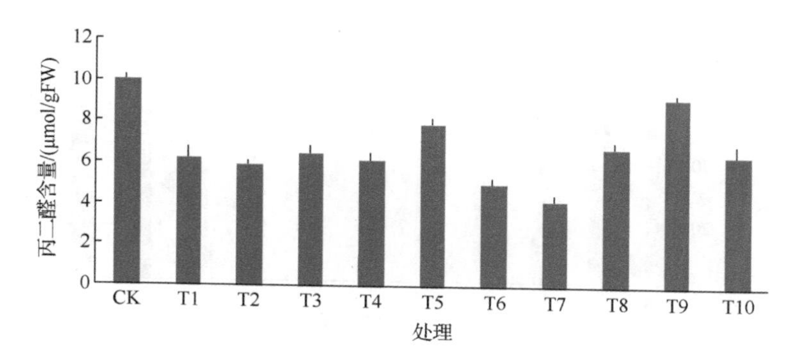

图 7-11　不同处理下玉米幼苗叶片丙二醛的含量

可溶性糖是反映作物抗逆生理的主要渗透物质之一，作物受到盐碱胁迫时可导致体内可溶性糖的含量增加。与对照相比，T2、T5 和 T7 处理玉米幼苗中可溶性糖含量达到了极显著差异（$P<0.01$），含量分别降低了 27%、28.7%和 23.8%；T3、T6、T10 处理达到了显著差异（$P<0.05$），含量分别降低了 23%、22.9%和 20.3%（图 7-12）。

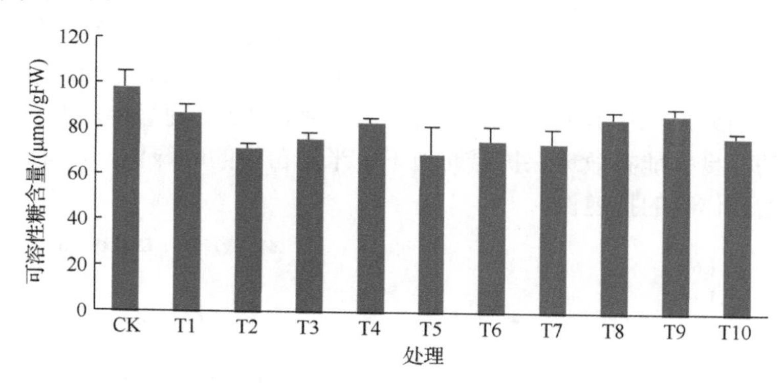

图 7-12　不同处理下玉米幼苗叶片可溶性糖的含量

逆境下植物通过脯氨酸的积累来抵御不良因素影响，施用改良剂缓解了盐碱胁迫程度，也降低了玉米叶片的脯氨酸积累，但是只有 T6 处理达到极显著差异（$P<0.01$），含量降低了 43.2%。T4、T5、T7 和 T9 处理达到了显著差异（$P<0.05$），含量分别降低了 35.1%、41.8%、41.7%和 35.2%（图 7-13）。结果表明，施加土壤改良剂可以有效地降低玉米幼苗叶片中脯氨酸、可溶性糖和丙二醛的含量，表明改良剂可以降低胁迫对玉米幼苗的伤害作用。

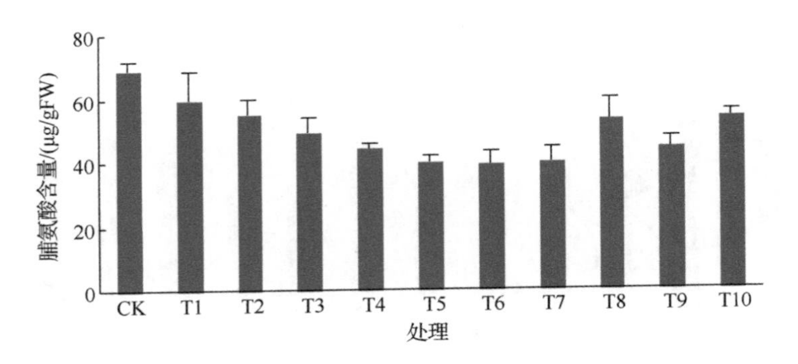

图 7-13　不同处理下玉米幼苗叶片脯氨酸的含量

4. 改良剂对玉米叶绿素含量和荧光参数的影响

施加改良剂后，玉米苗叶片的叶绿素含量相比对照都有所增加。T7 处理的改良效果最好，叶绿素含量增加了 33%；T6 和 T1 处理分别增加了 31.9%和 30.1%（图 7-14）。改良剂对叶绿素 a 的影响大于对叶绿素 b 的影响，玉米幼苗叶片的叶绿素 a 含量比对照有所增加，其中 T6 处理的叶绿素 a 含量与对照相比达到显著差异（$P<0.05$），含量增加了 54.9%。叶绿素 b 中 T1 处理的改良效果最好，含量比对照增加了 11%，但 T5 和 T8 处理相比对照则减少。在叶绿素 a/b 变化中，各处理相比对照均增加：其中 T6 处理最多，为 54.6%；T2 处理最少，为 5%。该结果表明适量的改良剂能有效地保护碱胁迫下玉米幼苗中的叶绿体，可促进植株的光合作用，增强作物的抗逆性。

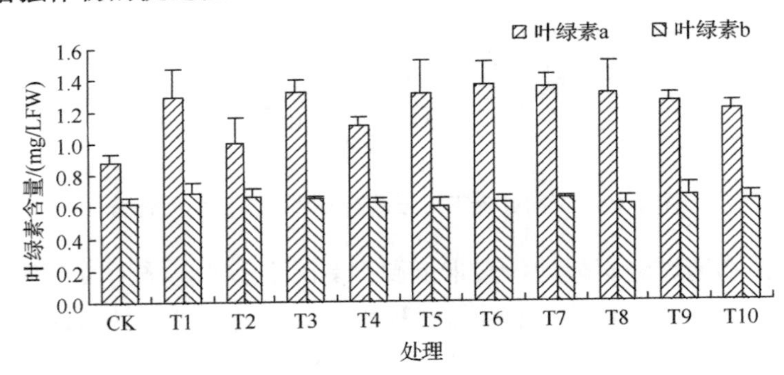

图 7-14　不同处理下玉米幼苗叶片叶绿素的含量

添加改良剂后各处理的初始荧光 F_0 和最大荧光产量 F_m 均有所改善，前者与叶绿素含量变化一致，且以 T6 处理最大（增加 27.9%），后者以 T7 处理最大（增加 23.1%），T1 和 T2 处理也很明显（表 7-12）。F_v 反映了 PS II 进行光化学反应的能力范围，添加改良剂后也得到改善，且 T7 处理最高，T2 和 T1 处理也较高。

F_v/F_0 反映天线色素吸收的光能向 PS Ⅱ 转化的潜力，F_v/F_m 反映 PS Ⅱ 反应中心的潜在最大光合速率，添加改良剂后并没有改善。

表 7-12　不同处理下玉米幼苗叶片叶绿素荧光参数

处理	F_0	F_m	F_v	F_v/F_0	F_v/F_m
CK	0.301	1.227	0.926	3.076	0.755
T1	0.364	1.491	1.127	3.096	0.756
T2	0.358	1.497	1.139	3.182	0.761
T3	0.332	1.350	1.018	3.066	0.754
T4	0.364	1.415	1.052	2.890	0.743
T5	0.341	1.331	0.990	2.903	0.744
T6	0.385	1.476	1.091	2.834	0.739
T7	0.368	1.511	1.143	3.106	0.756
T8	0.364	1.458	1.094	3.005	0.750
T9	0.352	1.443	1.091	3.099	0.756
T10	0.353	1.428	1.075	3.045	0.753

5. 生理生化指标与玉米苗生长的相关分析

K^+与 3 种抗氧化酶活性均是正相关关系，与 SOD 活性呈显著正相关；与叶绿素含量呈正相关；与丙二醛、可溶性糖和脯氨酸含量均为负相关，且与脯氨酸含量呈显著负相关；Na^+与 3 种抗氧化酶活性均是负相关关系，其中与 CAT 活性呈显著负相关；与叶绿素含量为显著负相关；与丙二醛、可溶性糖和脯氨酸含量均是正相关，且与丙二醛含量达极显著正相关。Ca^{2+}与 POD 和 SOD 活性为正相关关系，且与 POD 活性呈极显著正相关，与 CAT 活性、丙二醛、脯氨酸和叶绿素含量相关程度均不高，与可溶性糖含量是较高的负相关。3 种抗氧化酶活性与可溶性糖、脯氨酸和丙二醛含量均是负相关关系，且 POD 与可溶性糖达显著负相关，CAT 与丙二醛和脯氨酸含量分别是极显著和显著负相关；3 种抗氧化酶活性与叶绿素含量间均为正相关关系，其中 SOD 和 CAT 活性与叶绿素含量分别达到极显著和显著水平；丙二醛、可溶性糖和脯氨酸含量变化一致，彼此间为显著或接近显著的正相关关系，三者与叶绿素含量间为明显负相关（表 7-13）。

表 7-13　玉米盐碱逆境胁迫下生理生化指标间的相关分析

指标	Na^+	Ca^{2+}	POD	SOD	CAT	丙二醛	可溶糖	脯氨酸	叶绿素
K^+	−0.33	0.31	0.57	0.62*	0.17	−0.15	−0.47	−0.61*	0.52
Na^+		0.00	−0.08	−0.25	−0.60*	0.79**	0.50	0.44	−0.59*
Ca^{2+}			0.86**	0.25	−0.07	−0.08	−0.53	−0.15	−0.06
POD				0.43	−0.02	−0.11	−0.64*	−0.45	0.21

续表

指标	Na^+	Ca^{2+}	POD	SOD	CAT	丙二醛	可溶糖	脯氨酸	叶绿素
SOD					0.35	−0.40	−0.42	−0.35	0.76**
CAT						−0.72**	−0.35	−0.59*	0.63*
MDA							0.62*	0.46	−0.60*
可溶糖								0.66*	−0.56
脯氨酸									−0.69*

Na^+含量与玉米地上部和根系形态指标间呈很高的负相关关系，其中与干物质和叶面积达极显著负相关，与株高、根体积、根表面积、根长度、根尖数等达到显著负相关，而K^+和Ca^{2+}含量与这些指标间相关程度不高。CAT活性与玉米苗的各性状均是显著或极显著的正相关，SOD活性与玉米苗的生长有着中等程度的正相关，POD活性与玉米苗的生长相关程度较低。丙二醛、可溶性糖和脯氨酸含量与玉米苗的生长均是负相关关系，其中丙二醛含量与各生长指标的负相关均达到极显著水平，可溶性糖与叶面积的负相关达到极显著水平，与根体积、根表面积和根尖数均达到显著水平，与其他几个指标的相关程度达到中等水平。叶绿素含量与幼苗生长各指标间均是中等到极显著的正相关，其中与株高和根体积达到极显著，与根表面积、根长度和节点数均是显著的正相关（表7-14）。这些结果说明在盐碱胁迫下，玉米幼苗的Na^+含量、CAT活性、丙二醛含量和叶绿素含量与玉米的生长关系更密切。

表7-14 生理生化指标与玉米苗生长的相关分析

指标	Na^+	K^+	Ca^{2+}	POD	SOD	CAT	MDA	可溶性糖	脯氨酸	叶绿素
株高	−0.69*	0.23	−0.17	−0.14	0.35	0.78**	−0.84**	−0.54	−0.56	0.72**
干物质	−0.72**	−0.05	−0.35	−0.31	0.02	0.68*	−0.79**	−0.37	−0.47	0.54
叶面积	−0.84**	0.16	0.2	0.18	0.2	0.59*	−0.89**	−0.72**	−0.54	0.57
根体积	−0.70*	0.16	0.08	0.1	0.45	0.83**	−0.89**	−0.69*	−0.54	0.71**
根表面积	−0.70*	0.11	0.00	0.06	0.41	0.80**	−0.86**	−0.54*	−0.52	0.71*
根长度	−0.69*	0.05	−0.06	−0.01	0.37	0.79**	−0.86**	−0.57	−0.49	0.67*
节点数	−0.70*	0.07	−0.13	−0.07	0.37	0.82**	−0.88**	−0.52	−0.51	0.67*
根尖数	−0.46	−0.06	0.09	0.17	0.33	0.78**	−0.82**	−0.59*	−0.51	0.55

7.2.3 盐碱胁迫对玉米干物质积累分配及产量的影响

2014年5月在哈尔滨市道里区太平镇立权村盐碱地设置田间试验，由于盐碱地田间的异质性严重，选取不同的碱斑设置3个处理，重复2次。小区面积30～40m^2。玉米品种是郑单958，人工播种，株距25.6cm，行距65cm，密度为6万株/hm^2。处理1为石膏，每平方米表施2kg，石膏含量为96%。处理2为粉煤灰，每平方米表施8kg，粉煤灰取自华能热电厂。肥料为玉米专用肥，机械侧深施，并将改良剂与土壤进行混合。田间管理由农户按照一般生产田进行。

1. 改良剂对大田玉米叶绿素含量与光合特性的影响

利用 SPAD 仪对不同处理吐丝后玉米棒三叶的相对叶绿素含量进行比较，在对照、施石膏处理和施粉煤灰处理中，轻盐碱处理的叶绿素含量要远高于重盐碱地，其中对照处理中轻盐碱地比重盐碱地的叶绿素含量高 39.2%，显示盐碱胁迫导致叶绿素的降解（表 7-15）。施石膏处理后重盐碱土的叶绿素含量相比对照增加了 28.5%，与轻盐碱土的对照数值接近，轻盐碱土处理相比对照增加了 28.9%，接近非盐碱土的玉米叶绿素含量；施粉煤灰处理后重盐碱土的玉米叶绿素含量相比对照增加了 40.8%，轻盐碱土相比对照处理增加了 28.9%。结果显示，在保护叶绿素含量方面，两种改良剂均有良好效果，且粉煤灰处理略优于石膏处理。

表 7-15　不同处理对玉米吐丝期棒三叶叶绿素相对含量 SPAD 值的影响

处理	穗下叶	穗位叶	穗上叶	均值
CK 重	31.2	33.5	33.1	32.6
CK 轻	43.6	43.9	48.6	45.4
1 重	42.1	43.8	40.1	41.9
1 轻	58.1	55.9	61.4	58.5
2 重	47.9	43.6	46.2	45.9
2 轻	59.1	57.0	59.4	58.5

利用光合测定系统对玉米穗上叶中部测定表明，轻盐碱地玉米的净光合速率、蒸腾速率和细胞间 CO_2 浓度都高于重盐碱地（表 7-16），显示盐碱胁迫严重影响玉米的光合作用。经石膏处理后，轻盐碱地玉米的净光合速率、蒸腾速率和细胞间 CO_2 浓度都高于对照，分别增加 91.7%、48.3%和 108%，而重盐碱地玉米的净光合速率高于对照，蒸腾速率则低于对照，细胞间 CO_2 浓度持平。经粉煤灰处理后，轻盐碱地玉米的净光合速率、蒸腾速率和细胞间 CO_2 浓度都高于对照，分别增加 33.3%、8.8%和 12.8%，但重盐碱地玉米的蒸腾速率和细胞间 CO_2 浓度都低于对照，净光合速率略高于对照，原因可能是取样地区玉米盐碱地盐碱化程度比对照要严重。

表 7-16　不同处理对玉米光合特性的影响

处理	净光合速率/（μmol/m^2 · s）	蒸腾速率/（mmol/m^2 · s）	细胞间 CO_2 浓度/（mg/kg）
CK 重	20	3.53	70
CK 轻	24	3.73	86
1 重	30	2.89	71
1 轻	46	5.53	179
2 重	25	2.59	51
2 轻	32	4.06	97

2. 改良剂对大田玉米农艺性状的影响

添加改良剂后，玉米各时期株高和叶面积显著增加，且轻盐碱地明显高于重盐碱地（图 7-15，图 7-16）。苗期轻盐碱土中，处理 1 和处理 2 株高相比对照分别增加了 45%和 31.3%；叶面积则增加了 61.2%和 38.3%。重盐碱土中，株高比对照增加了 59.3%和 2.8%，叶面积增加了 165.2%和 42.9%。改良剂对重盐碱土的改良效果要好于轻盐碱土。到了吐丝期后，处理间差异明显缩小，相比对照处理的株高增加 1.2%～8.9%，叶面积增加 1.0%～5.2%。

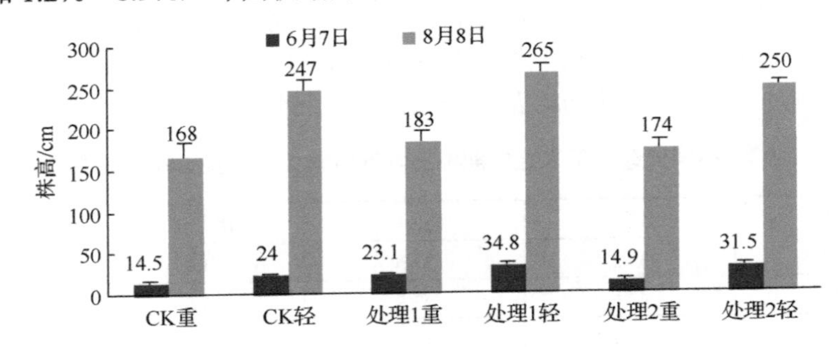

图 7-15　不同处理对不同时期玉米株高的影响

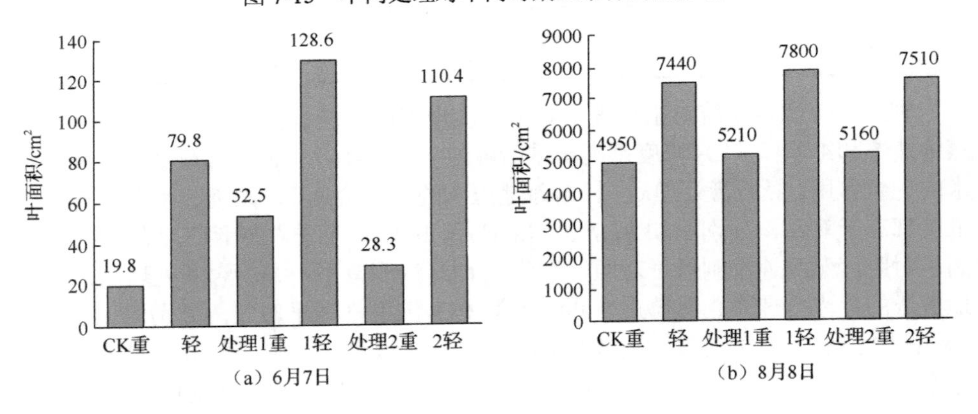

图 7-16　不同处理对玉米叶面积的影响

盐碱胁迫明显抑制玉米的生长和干物质的积累，重盐碱土玉米的干物质明显低于轻盐碱土玉米（表 7-17）。添加改良剂后，玉米干物质重明显增加。重盐碱地中添加石膏和粉煤灰后，玉米整个植株重分别增加了 32.9%和 18.7%，轻盐碱地玉米则相应增加了 30.9%和 12.7%。轻盐碱地收获指数明显高于重盐碱地。轻盐碱地块产量明显高于重盐碱地块。但改良剂对重盐碱地的改良效果要优于轻盐碱地。与正常条件下生长的玉米相比，重盐碱土的玉米生长较慢，吐丝期明显推迟。

表 7-17　不同处理下玉米完熟期单株干物质重

处理	茎/g	叶/g	苞叶/g	穗重/g	总重/g	收获指数/%
CK 重	84.6	66.1	37.1	147.32	335.12	31.2
CK 轻	114.6	73.5	34.1	263.52	485.72	43.4
1 重	119.2	74.0	36.7	215.74	445.64	37.0
1 轻	145.0	94.2	38.1	358.62	635.92	44.4
2 重	95.0	79.1	46.0	177.82	397.92	34.1
2 轻	139.9	87.3	41.7	278.54	547.44	40.8

添加改良剂后，玉米的穗长、穗粗、行粒数、行数、穗重、轴重及粒重都高于对照处理，轻盐碱地明显高于重盐碱地；但秃尖长度明显低于对照处理，且轻盐碱地低于重盐碱地（表 7-18）。单株穗重中，重盐碱地经石膏和粉煤灰改良后相比对照分别增加了 46.4%和 20.7%，轻盐碱地则相比对照分别增加了 36.1%和 5.7%。改良剂对重盐碱地的改良效果要优于轻盐碱地。

表 7-18　不同处理对玉米雌穗性状的影响

处理	穗长/cm	穗粗/cm	秃尖/cm	行粒数	行数	穗重/g	轴重/g	百粒干重/g
CK 重	15.8	15.1	4.30	23.4	14.2	147.3	42.90	25.2
CK 轻	17.2	16.8	0.38	37.6	15.2	263.5	52.56	27.8
1 重	16.5	15.8	1.20	33.0	14.0	215.7	50.78	27.6
1 轻	19.3	18.2	0.36	40.6	15.2	358.6	76.24	29.8
2 重	15.7	15.7	2.50	29.2	14.8	177.8	42.06	22.4
2 轻	18.0	16.9	0.90	39.2	14.8	278.5	54.96	29.0

第 8 章　寒地玉米产量潜力及实现高产的途径

8.1　玉米生产发展与贡献

8.1.1　世界与中国的玉米生产

玉米是过去 5 个世纪里生产发展最快的作物，自哥伦布将其带离美洲后，在欧洲、亚洲、非洲和大洋洲得到广泛种植。这一方面是由于玉米的适应性强，另一方面在于玉米产量高、品质好。20 世纪中叶，发达国家玉米生产逐渐转向以饲料生产为主要目的，但是目前在拉美及非洲，玉米仍然是主要的粮食。与此同时，随着化学工业的发展，以玉米淀粉为原料的系列化工产品得到开发，越来越多的玉米用于工业加工，使玉米成为一种经济作物，因此玉米被称为粮食—饲料—经济三元作物。随着石油能源的紧张，2005 年美国以立法的方式推动以玉米为原料生产车用乙醇，2008 年后美国拥有近 200 座乙醇精炼厂，每年生产 140 亿加仑乙醇（1 加仑≈3.79L），玉米已成为一种重要的能源作物，这也导致 2008 年世界粮食价格的飞涨，引起许多发展中国家的不满。正是由于玉米的价值不断被发掘，玉米的市场不断扩大，极大地促进了世界玉米生产和研究的快速发展。

世界主要玉米生产国是美国和中国，2018 年两国的玉米收获面积合计占世界的 38.8%，生产了世界 56.6%的玉米。在面积超过百万公顷的国家中，美国的单产水平最高，而世界单产最高的国家主要集中在中东的阿联酋、以色列、约旦、科威特等国（表 8-1）。2017 年世界主要玉米出口国是美国、巴西、阿根廷和乌克兰等，其中美国生产量的 21.1%（53 048 万 t）出口，占世界出口量的 32.9%，达到 95.6 亿美元。主要玉米进口国是日本、韩国、墨西哥、埃及和越南等，其中日本和韩国分别进口了贸易量的 9.79%和 9.27%。据联合国粮食及农业组织（Food and Agriculture Organization of the United Nations，FAO）的统计数据，我国过去十余年成为净进口国，但是数量有限，2017 年进口 283 万 t，出口 6.8 万 t。

表 8-1　2018 年世界玉米生产前 5 名国家

国家	产量/万 t	比例/%	国家	面积/万 hm^2	比例/%	国家	单产/（kg/hm^2）	超过百万公顷国家	单产/（kg/hm^2）
美国	39 245	34.20	中国	4 213	21.70	阿联酋	28 466	美国	11 864
中国	25 717	22.40	美国	3 308	17.10	圣文森特	27 838	加拿大	9 705
巴西	8 229	7.17	巴西	1 612	8.32	以色列	24 752	法国	8 908
阿根廷	4 346	3.79	印度	920	4.75	约旦	21 221	乌克兰	7 844
乌克兰	3 580	3.12	阿根廷	714	3.68	科威特	17 597	罗马尼亚	7 641

据 FAO 的统计数据，2018 年玉米、水稻、小麦占世界谷物总产量的百分比分别是 38.7%、26.4%和 24.8%。对 1961～2018 年的数据分析表明，谷物总产量的变化主要受三大作物的影响，决定系数高达 0.999，剩余通径系数仅是 0.034。对谷物产量影响大小（用直接通径系数表示）的顺序为小麦（0.485）＞玉米（0.430）＞水稻（0.101）。玉米的单产水平不断提高，进入 20 世纪 70 年代后稳定超过水稻名列第 1 位；玉米总产量于 1996 年首次超过水稻和小麦名列第 1 位；玉米的种植面积不断增加，2010 年超过水稻，但始终排在小麦后面名列第 2 位（图 8-1～图 8-3）。因此，玉米是单产和总产最高的作物，也是发展速率最快的作物。

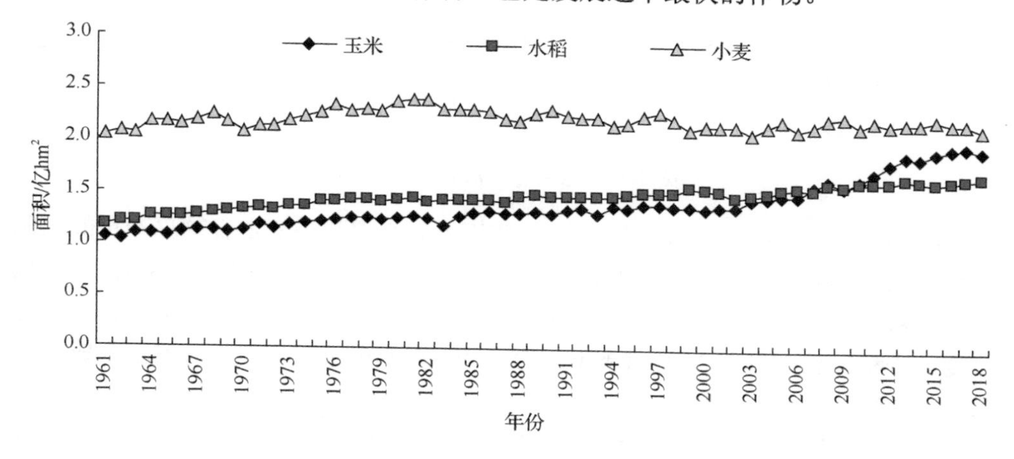

图 8-1　世界三大谷物种植面积变化

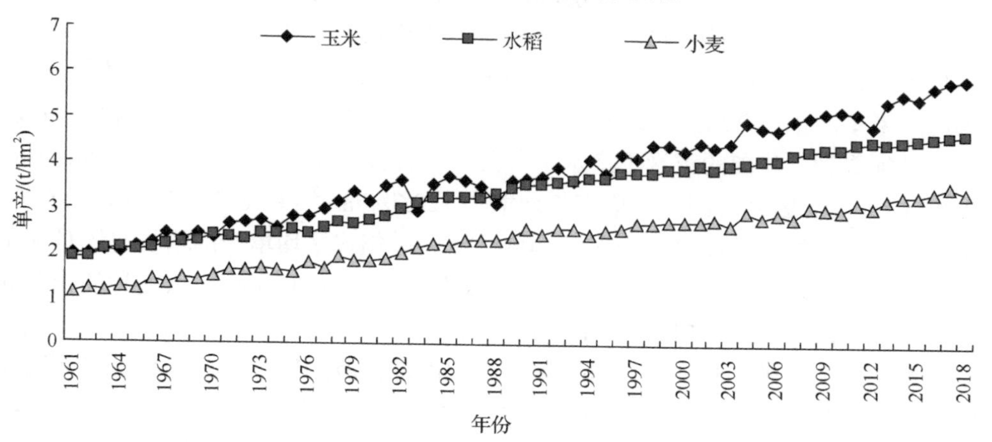

图 8-2　世界三大谷物单产变化

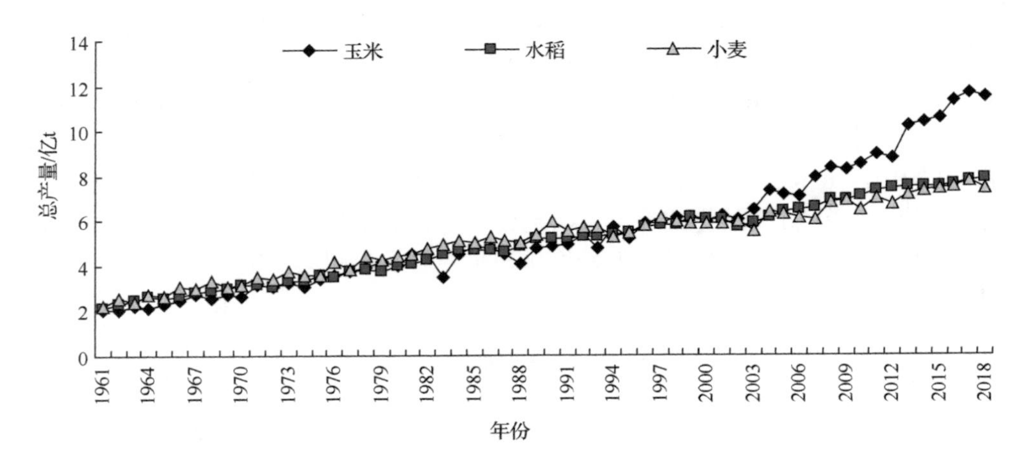

图 8-3　世界三大谷物总产量变化

我国的谷物生产与世界相似，2018 年玉米、水稻和小麦占谷物总产量的比例分别达到 42.04%、34.97%和 21.47%；三者种植面积占比分别为 41.98%、30.08%和 24.18%；玉米的单产始终高于小麦而低于水稻，种植面积在 21 世纪先后超过小麦、水稻，总产量在 1995 年超过小麦，在 2013 年超过水稻，目前玉米成为中国第一作物（图 8-4～图 8-6）。

过去半个世纪以来世界玉米单产不断提高，从 1961 年的产量 1.9t/hm^2 增加到 2018 年的 5.9t/hm^2，年均增长 66.9kg/hm^2，其增长可以用线性方程 $Y = 66.9X + 1797.2$ 表示，决定系数 R^2 高达 0.974。中国的玉米生产提高很快，单产由不到 1.2t/hm^2 增加到 6.1t/hm^2，增加了 4 倍，年均增加 89.1kg/hm^2，超过了世界单产增长速率，因此玉米单产也由 20 世纪 60 年代的低于世界平均水平，到 80 年代初稳定超过。但是必须看到，我国的玉米生产水平与美国还有很大差距，单产差距由 2t/hm^2 扩大到 5.7t/hm^2，因为美国玉米单产年均增加 120.7kg/hm^2（图 8-7）。值得关注的是，中国玉米单产的增长速率逐步降低，其中 70～90 年代平均单产的增长率还是高于美国同期，这与 60 年代玉米单产水平偏低有关，也与 70 年代后杂交种的推广和化肥的应用，以及 80 年代联产承包责任制的推广有关。但是进入 21 世纪后我国玉米单产增长率进一步降低，美国增长率却由降低改为增加，这就拉大了两国间的差距。其原因较为复杂，与我国自然灾害有关，更与当时粮食价格走低、投入不足有明显关系，同时美国在品种上取得新的突破。20 世纪初情况有所好转（图 8-8，图 8-9）。

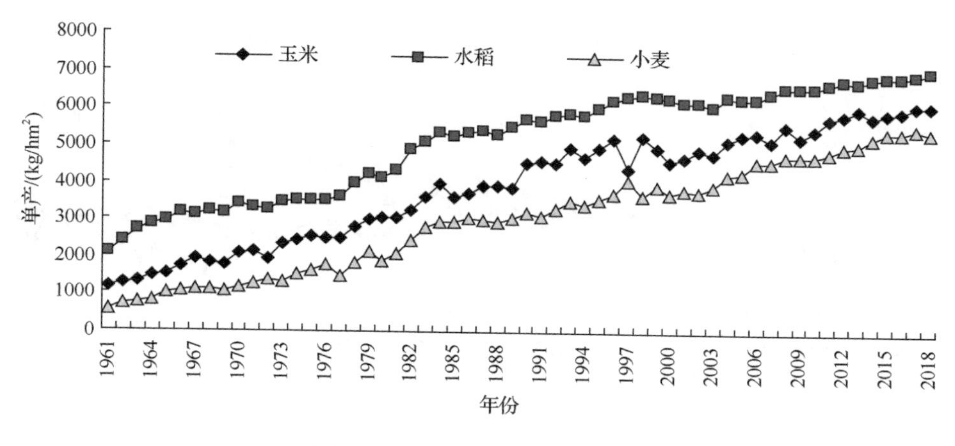

图 8-4　中国三大谷物单产变化

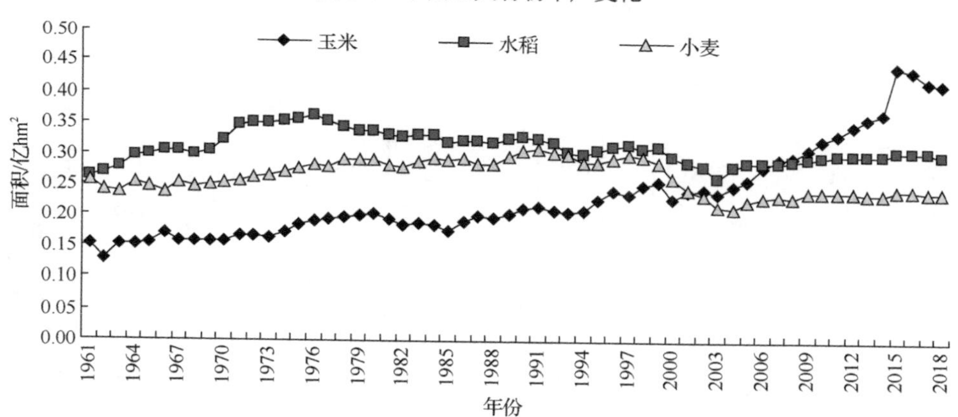

图 8-5　中国三大谷物种植面积变化

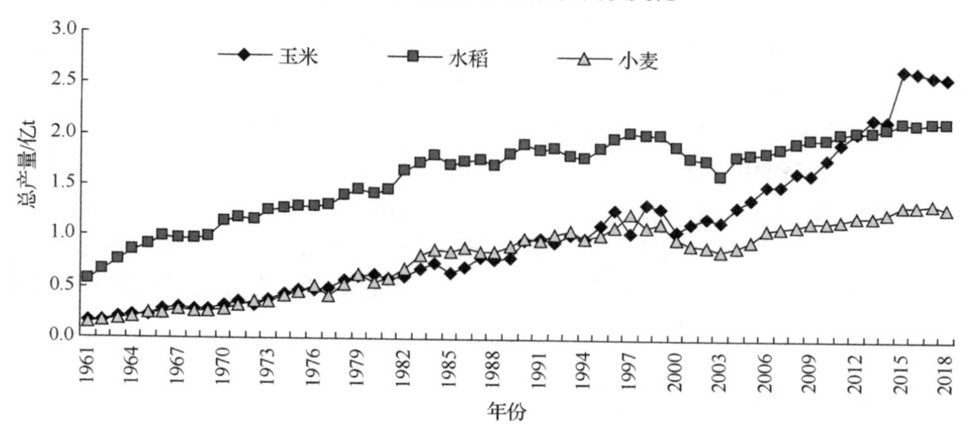

图 8-6　中国三大谷物总产量变化

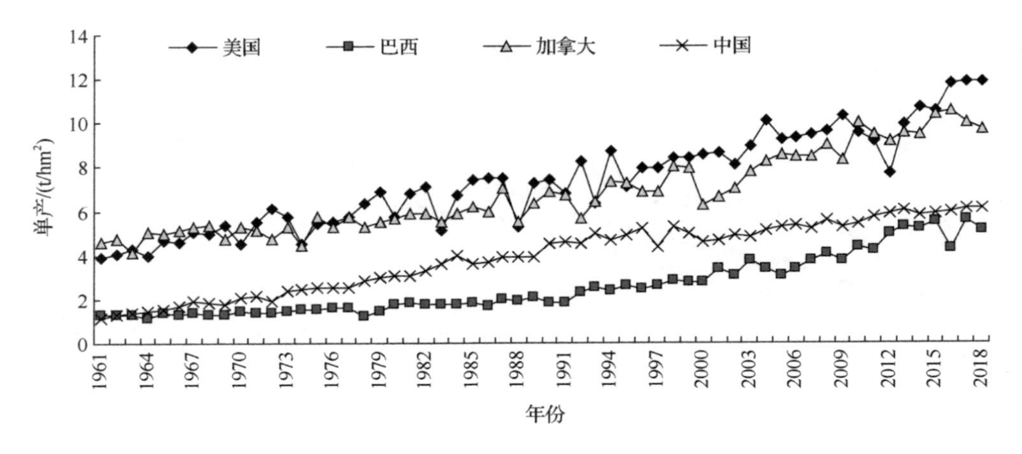

图 8-7　世界主要国家玉米单产变化

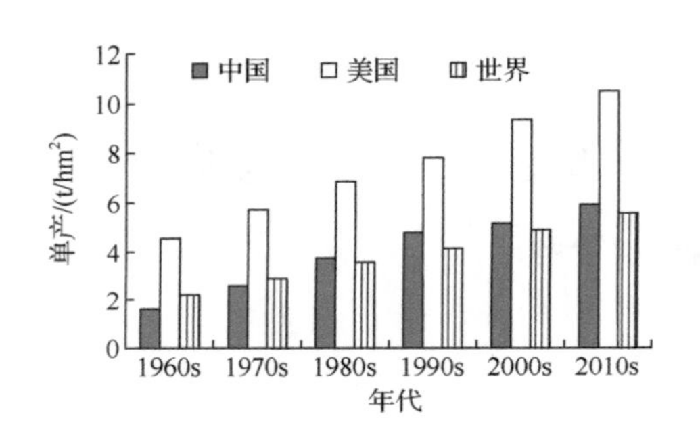

图 8-8　不同年代间平均单产变化情况

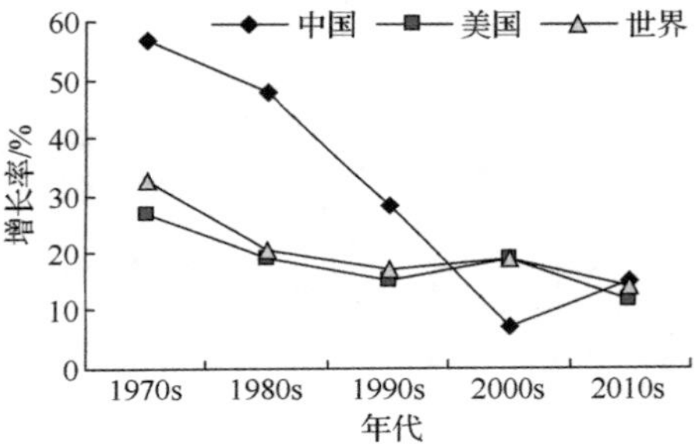

图 8-9　不同年代间单产增长率变化

用直接通径系数比例表示对总产量的贡献，过去 68 年世界玉米产量增加的35.9%来自单产提高，64.1%得益于面积的增加；而比较同期中美两个主要玉米生产国，美国的单产对总产量的贡献是 71.0%，而中国只有 29.0%。这也反映了中国玉米生产的落后，和今后提高单产的潜力与重要性。

玉米作为高产作物，Giloland（1985）推算的最高理论产量为 27t/hm^2，2014 年玉米单产最高的国家卡塔尔达到 59.7t/hm^2，超过 Giloland 的预测值 1 倍多。在气候条件与我国东北相似的加拿大和美国，2018 年的单产分别是 11.8t/hm^2 和 9.7t/hm^2。这些数据提示我们，玉米具有很高的产量潜力，特别是在光照充足、昼夜温差大的地区。而我国北方正是符合这样条件的地区，西北的灌溉区和东北地区是我国条件最好的玉米高产区域。

8.1.2　黑龙江省玉米生产与贡献

1949 年以后黑龙江省的玉米生产发生了巨大的变化。2007 年黑龙江省玉米播种面积名列全国第一位，2010 年黑龙江省玉米总产量名列全国第一位。近年来玉米种植面积占黑龙江省粮食播种面积的近一半，产量占黑龙江省粮食产量的一半以上，黑龙江省成为我国玉米的主产区和主要输出省，为黑龙江省的粮食增产和国家粮食安全做出重大贡献，也为黑龙江的农业增收作出了重大贡献。

1949～2014 年黑龙江省玉米总产量增长了 15.3 倍，但是发展的过程并不平坦，最近十余年出现了飞跃式发展。黑龙江省玉米总产量变化可以分为 5 个阶段：①1949～1963 年是平稳中略有降低阶段，用方程 $Y=-0.3571X+206.76$ 描述，平均每年减少 0.3571 万 t；②1963～1982 年是波动中增加阶段，用方程 $Y=13.844X+262.59$ 来描述，平均每年增加 13.844 万 t；③1982～1996 年是较快增长阶段，用方程 $Y=68.73X+267.79$ 描述，平均每年增加 68.73 万 t；④1996～2003 年是波动中显著下降阶段，用方程 $Y=-75.642X+1409.2$ 来描述，平均每年减少 75.642 万 t；⑤2004 年以后是迅速增长阶段，用方程 $Y=229.09X+763.15$ 来描述，平均每年增加 229.09 万 t（图 8-10）。

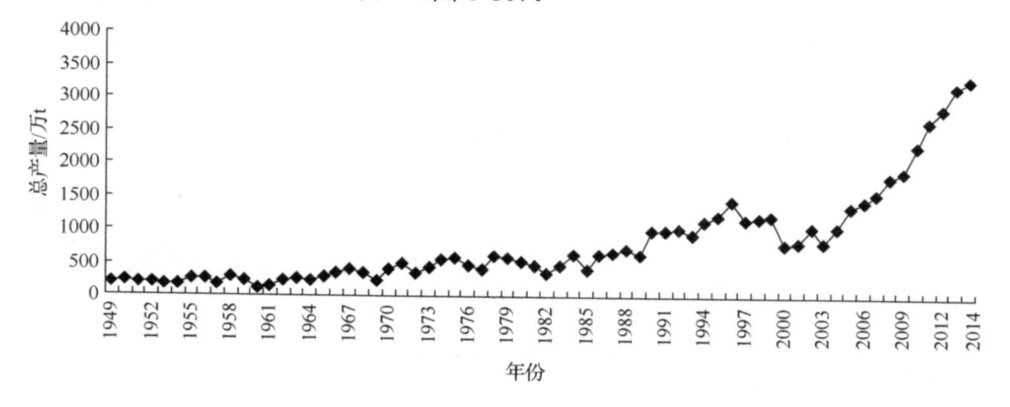

图 8-10　黑龙江省玉米产量变化（1949～2014 年）

注：原始数据引自《黑龙江统计年鉴》，下同。

1949～2014 年黑龙江省玉米播种面积增长了近 4 倍。种植面积的变化可以分为 3 个阶段：①1949～1980 年是波动中缓慢增加阶段，用方程 $Y=24.546X+1206.7$ 描述，平均每年增加 24.546 千公顷；②1980～2003 年是波动中较快增加阶段，用方程 $Y=33.335X+1610.5$ 描述，平均每年增加 33.335 千公顷；③2004 年以后是迅速增长阶段，用方程 $Y=325.65X+2273.1$ 描述，平均每年增加 325.65 千公顷（图 8-11）。

1949～2014 年黑龙江省玉米单产增长了近 5 倍。单产变化可以分为 4 个阶段：①1949～1965 年是波动中略有下降的阶段，用方程 $Y=-27.558X+1703.6$ 描述，平均每年减少 27.558（kg/hm^2）（剔除 1960 年的数据），显示当时生产水平较为低下；②1965～1994 年是波动中较快增长阶段，用方程 $Y=110.43X+1268.6$ 描述，平均每年增加 110.43kg/hm²，如果以 1982 年分界可以看出后一段比前一段增长更快，这个阶段的前期正是杂交种开始推广的时期，后一阶段是化肥开始推广的时期；③1994～2001 年是波动中减少阶段，用方程 $Y = -227.82X + 5854$ 描述，平均每年减少 227.82kg/hm²；④2001 年以后是恢复增长阶段，用方程 $Y = 116.6X + 4083.1$ 描述，平均每年增加 116.6kg/hm²。2014 年的单产与 1994 年相似，玉米单产出现了一个 V 形变化（图 8-12）。

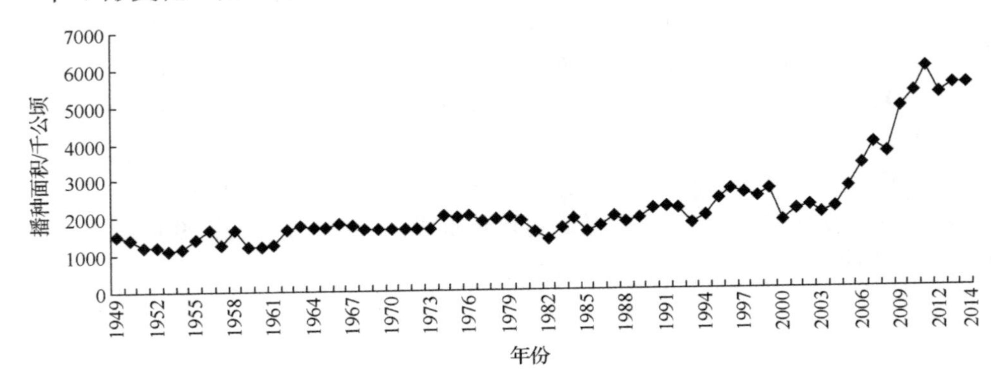

图 8-11　黑龙江省玉米播种面积变化（1949～2014 年）

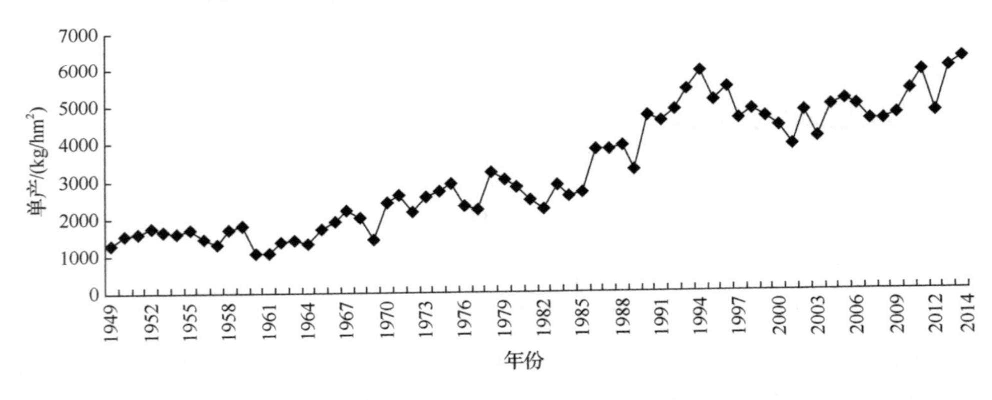

图 8-12　黑龙江省玉米单产变化（1949～2014 年）

综上可知，种植面积的增加和单产的提高都对玉米产量增长起到推动作用，对 1949～2014 年的数据进行通径分析，以直接通径系数相对占比代表其作用大小，结果显示，单产提高贡献了 41.4%，播种面积增加贡献了 58.6%，因此播种面积增加对产量的贡献大于单产的提高。

为了进一步分析不同时期单产和面积变化对玉米产量的影响，根据玉米总产变化的 5 个阶段分别进行通径分析。第 1 个阶段（1949～1963 年），单产的直接通径系数是-0.0584，面积的直接通径系数是 0.688，说明玉米产量的变化主要受种植面积的影响，单产的影响极小。在这个阶段，黑龙江省种植的品种都是传统的农家种，施用的肥料都是农家肥，种植管理比较粗放，单产水平很低，玉米生产仍然比较落后。第 2 个阶段（1963～1982 年），单产的直接通径系数是 0.861，面积的直接通径系数是 0.226，说明在此期间播种面积的贡献远小于玉米单产的影响。在这个阶段，黑龙江省开始推广杂交种和施用化肥，玉米单产明显提高，种植面积有所增加。第 3 个阶段（1982～1996 年），单产的直接通径系数是 0.569，面积的直接通径系数是 0.498，说明在此期间提高单产对玉米总产量的贡献略大于扩大播种面积。这个阶段玉米杂交种得到普遍应用，杂交种更新换代使单产水平提高，化肥取代农家肥得到广泛应用。同时由于畜牧业的发展使饲料的需求增加，也促进了玉米生产的发展。第 4 个阶段（1996～2003 年），单产的直接通径系数是 0.499，面积的直接通径系数是 0.596，说明在此期间玉米播种面积减少对总产降低的影响大于玉米单产降低的影响。这个阶段由于国家对农业重视不够，粮食价格逐年走低，严重影响了玉米生产，导致种植面积下降，投入减少，单产降低。第 5 个阶段（2003～2014 年），单产的直接通径系数是 0.433，面积的直接通径系数是 0.617，说明 2003～2014 年玉米播种面积的增加对总产量的贡献超过单产的贡献。2003 年以后国家重新重视农业生产，出台一系列政策，如种粮补贴、良种补贴、农机补贴、取消提留款和农业税等，特别是玉米临时收储政策，使玉米价格逐年走高，调动了农民的生产积极性，使黑龙江省玉米种植面积快速扩大，单产逐步恢复，玉米总产量迅速增长，成为国内玉米种植面积和总产量最大的省份。

根据黑龙江省统计局的数据，1949 年以来黑龙江省粮食总产量呈现逐年增加的趋势，从 1949 年的 577 万 t 增长到 2014 年的 6071 万 t，增长了 9.5 倍。玉米产量从 197.5 万 t 增长到 3216 万 t，增长了 15.3 倍。水稻产量从 20.5 万 t 增长到 2251 万 t，增长了 108.8 倍。小麦种植面积从 49.2 万公顷上升到 200 多万公顷，又下降到不足 14.5 万公顷。大豆种植面积也是先增加到近 500 万公顷，又下降到 300 多万公顷。显然，玉米和水稻是对黑龙江省粮食产量贡献最大的两大作物。对比 1949 年初期，玉米和水稻面积和产量上升更为明显。通过对黑龙江省 3 种禾谷类作物玉米、水稻和小麦产量与 1949 年以来的粮食总产量的通径分析发现：三者的贡献（以直接通径系数表示）是：玉米 0.4908、水稻 0.3788、小麦 0.1321。说明在 1949～2014 年玉米对黑龙江省的粮食产量贡献排在第一位。鉴于作物种植面积的变化较大，对 1980 年以来产量数据的通径分析发现，三者的贡献是：玉米 0.482、水稻 0.441、小麦 0.08，说明在 1980～2014 年玉米产量增加对黑龙江省粮食产量的贡献大于水稻产量的贡献（图 8-13）。

黑龙江省玉米生产得到快速发展的原因，可归纳为经济因素、科技进步和气候环境因素 3 个方面。经济因素主要体现在市场需求和政策扶持，科技因素主要体现在新的品种、密植、施肥、机械化，气候环境因素主要是气候变暖现象。

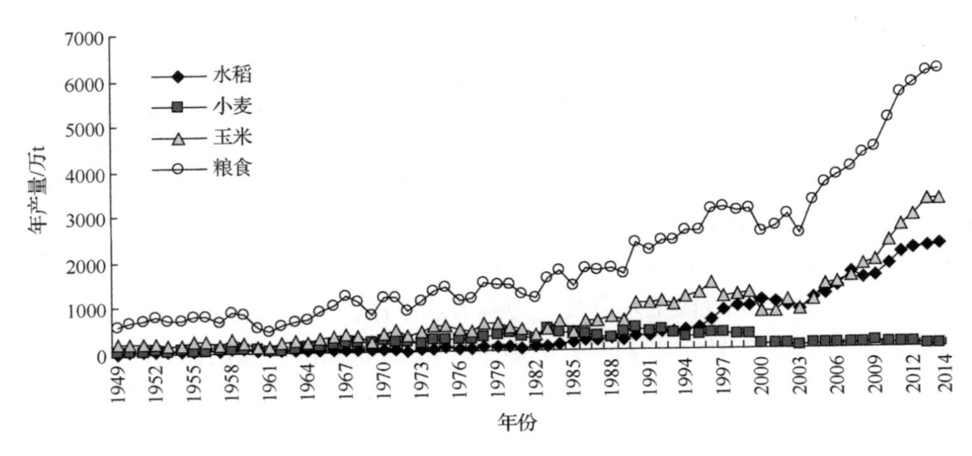

图 8-13　黑龙江省粮食及其主要作物产量变化

8.2　黑龙江省气候资源特点

玉米生产受气候波动的影响很大，特别是单产年度间变化受气候因素影响较大。例如，1957 年的洪水，1969 年夏季的低温冷害和秋季的早霜，1973 年、1977 年也均是由于低温冷害导致玉米减产。1982 年由于厄尔尼诺现象引起的前期干旱和中期低温冷害，导致减产。1985 年是由于降雨量大引发洪灾导致减产。厄尔尼诺现象引起 1997 年早霜和 1998 年多雨洪涝。2007～2008 年及 2010 年都是由干旱导致小幅减产。2012 年是由于布拉万台风带来的暴雨和大风造成玉米减产。

8.2.1　1949 年以来黑龙江省气候资源演变特点

选取黑龙江省主要积温带 10 个具有代表性站点的 20 世纪 50 年代、20 世纪 80 年代和 21 世纪 10 年代的气象数据，其中包括位于第一积温带的哈尔滨站，位于第一和第二积温带的齐齐哈尔，位于第二积温带的安达，位于第二和第三积温带的牡丹江、通河，位于第三积温带的鸡西、富锦、克山，位于第四积温带的海伦、嫩江。

这 10 个主要站点的生育期积温均呈现逐代上升趋势，其中处于第四积温带的嫩江地区增加趋势尤为明显（图 8-14）。20 世纪 50 年代哈尔滨、齐齐哈尔、安达、牡丹江、通河、鸡西、富锦、克山、海伦、嫩江的生育期积温分别为 2761℃、2708℃、2739℃、2597℃、2578℃、2574℃、2563℃、2445℃、2539℃、2318℃。到了 20 世纪 80 年代分别增长了 34℃、78℃、51℃、131℃、47℃、87℃、120℃、138℃、40℃、109℃。到了 21 世纪 10 年代再次增长了 186℃、129℃、119℃、92℃、148℃、89℃、86℃、156℃、125℃、189℃。经过半个世纪，积温累计增加 220℃、207℃、

170℃、223℃、195℃、176℃、206℃、294℃、165℃、298℃。平均增加 215℃，增加了 8.32%。有效积温的增加不仅使玉米种植区域北移东扩，也对晚熟高产品种的种植推广十分有利。

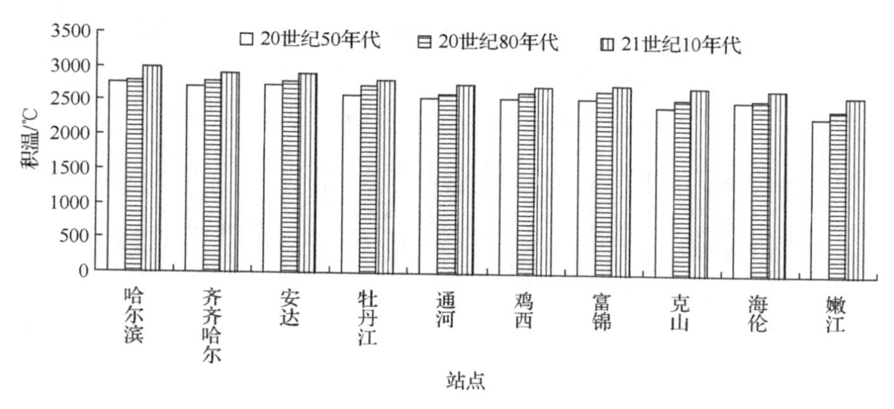

图 8-14　黑龙江省 10 个站点不同年代生育期积温

注：原始数据引自中国气象数据网（下同）。

哈尔滨、牡丹江、鸡西、富锦和嫩江地区的降水量呈先增加后减少变化，即在 20 世纪 80 年代达到最高降水量（图 8-15）。哈尔滨、牡丹江和鸡西地区 21 世纪 10 年代降水量小于 20 世纪 50 年代降水量；富锦和嫩江地区 21 世纪 10 年代降水量大于 20 世纪 50 年代降水量。齐齐哈尔、克山和海伦地区呈现降水量逐年代上升的趋势，在 21 世纪 10 年代达到最高降水量。安达地区呈现先减少后上升趋势，21 世纪 10 年代降水量超过 20 世纪 50 年代。通河地区呈逐年代减少趋势。从年代上看，全省平均增加 2.8%。从地域上看，黑龙江省西部相对干旱地区的降水量出现增加的趋势，对玉米的生长十分有利，而东部和中部相对降水量充沛的地区，降水量略有减少也不影响玉米的生长。

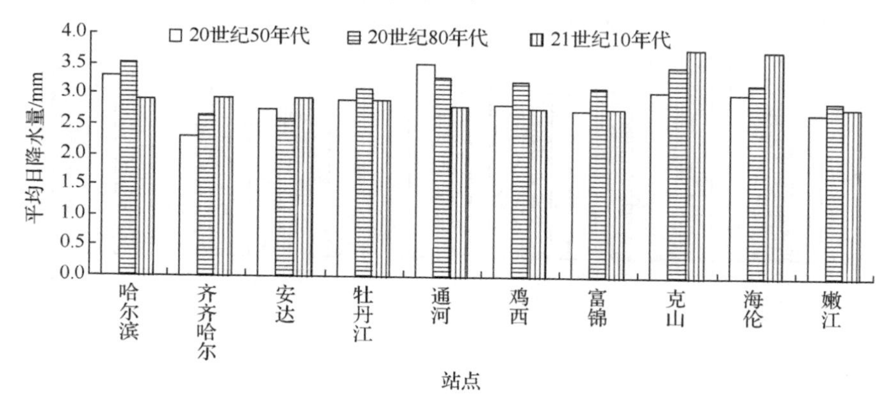

图 8-15　黑龙江省 10 个站点不同年代生育期平均降水量

10 个站点的平均相对湿度除牡丹江地区是逐年代递减以外，其他地区都呈先减少后增加的趋势（图 8-16）。20 世纪 80 年代平均相对湿度最小，21 世纪 10 年代出现回升，其中通河、鸡西和富锦地区平均相对湿度甚至超过了平均相对湿度较高的 20 世纪 50 年代，其他地区多低于 20 世纪 50 年代。平均相对湿度的变化与降水量不完全一致，但是变化幅度不大，对玉米生长影响较少。

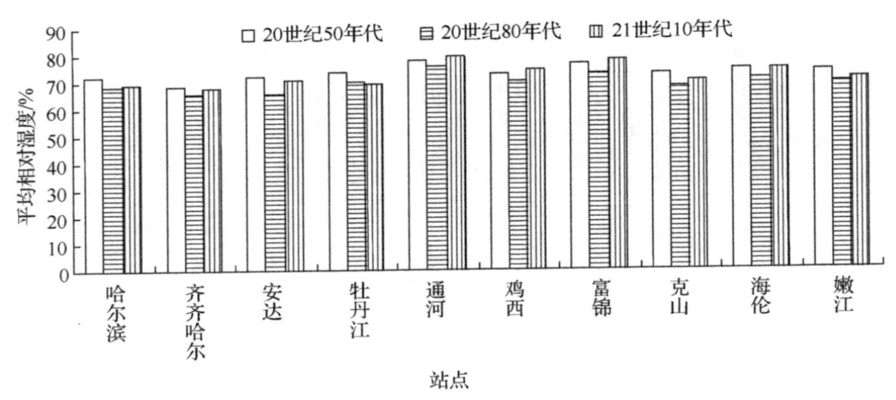

图 8-16　黑龙江省 10 个站点不同年代生育期平均相对湿度

10 个站点日照时数变化规律不明显，日照最充足的地区是齐齐哈尔，相对最不充足的地区是富锦地区（图 8-17）。除通河和鸡西 21 世纪 10 年代日照时数大于 20 世纪 80 年代以外，其他 8 个站点 21 世纪 10 年代相对于 20 世纪 50 年代和 20 世纪 80 年代日照时数减少。在 21 世纪 10 年代日照时数最少的地区是哈尔滨地区。从全省看，平均减少了 11.8%。日照时数的变化与空中云量变化相关密切，反映了直射光存在的时间长度，间接反映了日照强度的变化。在几个气象因素中日照时数的变化对玉米生长的影响较小。

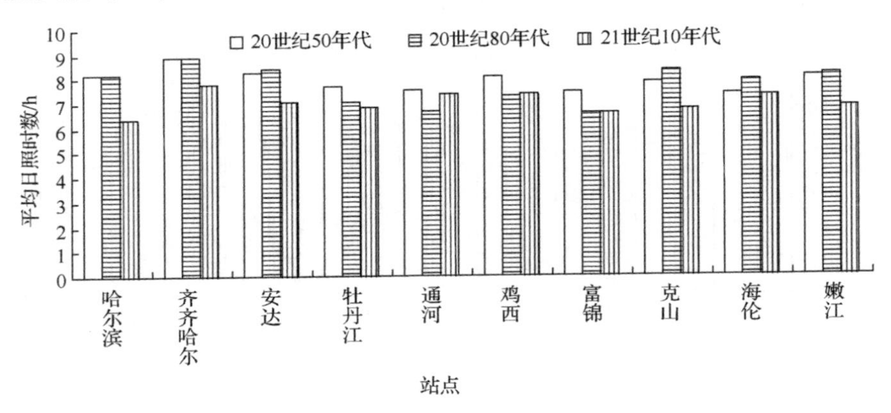

图 8-17　黑龙江省 10 个站点不同年代生育期平均日照时数

综上可知，黑龙江省不同积温带的温度随着年代的推移均有升高，积温平均增加了 213.3℃；日照时数呈现下降趋势，全省平均减少了 11.8%；而降水量呈现西部增加，中东部略有减少的趋势。

8.2.2 黑龙江省西南部玉米主产区丰产年份的气候特点

西南部是黑龙江省热量最多、产量最高的地区，以哈尔滨站点的气象数据进行分析。为了更好地认识丰产年份的气候特点，对过去 60 多年中产量相对较高的年份的气候数据进行统计分析，结合 1990 年中期以后气候变化明显的情况，1993 年之前的数据略去。20 世纪 90 年代以后的丰产年份中，5～9 月的积温值分别为 492.7℃、648.3℃、727.8℃、679.91℃、471.98℃，标准差分别为 43.7℃、34.1℃、17.5℃、26.38℃、23.64℃，变动最大的是 5 月，变动最小的是 7 月。与 1993 年以前相比，各月的有效积温都有所增加，5 月、6 月的波动增加，而 7～9 月的波动减小[图 8-18（a）]。

20 世纪 90 年代以后的丰产年份中，5～9 月的降水量分别为 50.9mm、98.03mm、181.16mm、93.76mm、40.43mm，标准差分别为 30.79mm、36.59mm、64.05mm、38.35mm、22.43mm，变动最大的是 7 月，变动最小的是 9 月。与 1993 年以前相比，5～7 月的降水增加，而 9 月的降水减少[图 8-18（b）]。

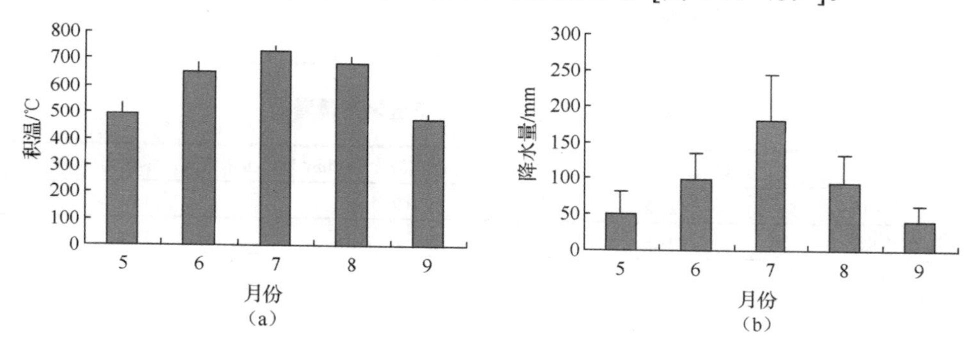

图 8-18　玉米丰收年份生长季平均月积温和降水量

20 世纪 90 年代以后的丰产年份中，5～9 月的日照时数分别为 229.05h、232.55h、203.8h、220.44h、226.24h，标准差分别为 44.13h、41.87h、30.44h、28.39h、30.07h，变动最大的是 5 月，变动最小的是 8 月。与 1993 年以前相比，5～8 月的日照时数均有所减少，其中 7 月减少得最明显（图 8-19）。

20 世纪 90 年代以后的丰产年份各项平均值中，生育期降水量为 452.17mm，全年降水量为 544.92mm，生育期积温为 2879.10℃，生育期日照时数为 1044.23h，标准差分别为 114.82mm、115.49mm、42.28℃、111.37h。今后一段时间，只要气候波动在这个范围内，大概率是玉米的丰收年份。

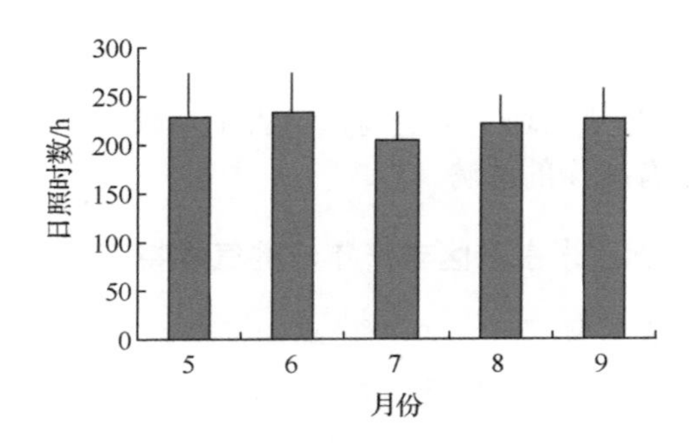

图 8-19　玉米丰收年份生长季月平均日照时数

8.3　产量潜力及主要环境限制因素

玉米是高产作物，但黑龙江省现有玉米单产水平不高，与同纬度的美国、加拿大等国产量差距很大。分析黑龙江省玉米产量潜力，明确影响产量的主要环境因素，有助于探索产量提升途径。光合产量是反映在温度、水分、养分等因素充分满足条件下主要受光辐射影响的可能产量。黑龙江省西部的光辐射较高，而东部较低，同时年度间也有波动变化。黑龙江省 10 个站点中，玉米光合产量最高的是安达，达 22.3t/hm^2，光合产量最低的是富锦，为 20.2t/hm^2（表 8-2）。

表 8-2　黑龙江省 10 个站点玉米产量潜力

站点	玉米光合产量/（t/hm^2）	玉米光温产量潜力/（t/hm^2）	玉米气候产量潜力/（t/hm^2）
哈尔滨	21.2	19.7	15.6
克山	21.5	17.8	11.8
海伦	21.0	17.1	9.6
鸡西	20.6	17.2	13.6
牡丹江	20.5	17.7	13.6
齐齐哈尔	21.9	19.7	17.4
嫩江	21.7	16.8	11.3
安达	22.3	20.0	17.2
富锦	20.2	17.0	10.8
通河	20.4	17.2	11.8

光温产量是指水肥条件适宜情况下受光照和温度影响的产量潜力，是在光合产量基础上考虑温度的影响，增加温度订正。黑龙江省 10 个站点的温度订正系数（2011～2015 年）见表 8-3，其中哈尔滨站最大，而嫩江最小，二者相差约 30%。玉米光温产量潜力最高的地区是安达，达 20t/hm^2；最低的地区是嫩江，为 16.8t/hm^2。

表 8-3　黑龙江省 10 个站点的温度订正系数（2011～2015 年）

站点	2011 年	2012 年	2013 年	2014 年	2015 年
哈尔滨	0.944	0.909	0.928	0.885	0.899
齐齐哈尔	0.877	0.886	0.894	0.876	0.858
克山	0.812	0.801	0.810	0.783	0.774
嫩江	0.726	0.746	0.729	0.711	0.734
鸡西	0.762	0.823	0.833	0.794	0.796
牡丹江	0.838	0.860	0.894	0.775	0.805
通河	0.787	0.853	0.822	0.797	0.809
安达	0.867	0.881	0.891	0.873	0.867
富锦	0.750	0.830	0.837	0.833	0.804
海伦	0.770	0.803	0.809	0.781	0.727

从年度上看，黑龙江省的 10 个站点中，玉米光温产量最高的为 2011 年的哈尔滨，达 20.1t/hm^2；光温产量最低的为 2011 年的富锦，为 15.1t/hm^2；最高和最低相差 5t/hm^2（表 8-4）。

表 8-4　黑龙江省 10 个站点玉米光温生产潜力（2011～2015 年）　（单位：t/hm^2）

地区	2011 年	2012 年	2013 年	2014 年	2015 年
哈尔滨	20.1	19.3	19.7	18.8	19.1
克山	17.4	17.2	17.4	16.8	16.6
海伦	16.2	16.9	17.0	16.4	15.3
鸡西	15.7	17.0	17.2	16.4	16.4
牡丹江	17.2	17.6	18.3	15.9	16.5
齐齐哈尔	19.2	19.4	19.6	19.2	18.8
嫩江	15.7	16.2	15.8	15.4	15.9
安达	19.3	19.7	19.9	19.5	19.4
富锦	15.1	16.8	16.9	16.8	16.2
通河	16.1	17.4	16.8	16.2	16.5

作物气候产量是指在养分条件适宜情况下受光辐射、温度和降水影响的产量，这个产量是在光温产量基础上增加考虑水分订正（表 8-5），与现实最高产量接近。在 2011～2015 年，黑龙江省 10 个站点中，玉米水分订正系数较高的为齐齐哈尔和哈尔滨，较低的为海伦和富锦，最高与最低相差 50%，说明黑龙江省不同年份不同地区间水分差异很大。气候产量潜力最高的地区是齐齐哈尔，达 17.4t/hm^2；最低的地区是海伦，为 9.6t/hm^2。

表 8-5　黑龙江省 10 个站点的水分订正系数（2011～2015 年）

站点	2011 年	2012 年	2013 年	2014 年	2015 年
哈尔滨	0.912	0.613	0.961	0.827	0.689
齐齐哈尔	0.819	0.987	0.852	0.895	0.964
克山	0.684	0.699	0.708	0.576	0.786
嫩江	0.642	0.948	0.724	0.557	0.694
鸡西	0.784	0.930	0.692	0.746	0.967
牡丹江	0.718	0.685	0.725	0.993	0.893
通河	0.895	0.667	0.550	0.527	0.928
安达	0.918	0.732	0.906	0.951	0.900
富锦	0.938	0.470	0.511	0.493	0.911
海伦	0.632	0.547	0.393	0.564	0.817

黑龙江省的 10 个站点中，玉米气候产量潜力最高的为 2012 年的齐齐哈尔，为 19.2t/hm^2；最低的为 2013 年的海伦，为 6.7t/hm^2；二者相差 12.5t/hm^2，说明气候产量因年份不同、地区不同而差异明显（表 8-6）。从因素上看，降水是主要环境限制因素，包括总量不足（多数年份）与过多（少数年份），特别是局部地区的严重季节分布不均，引起局地的严重季节干旱（西部地区）和渍涝（低洼地区）。

表 8-6　黑龙江省 10 个站点玉米气候生产潜力（2011～2015 年）

站点	2011 年	2012 年	2013 年	2014 年	2015 年
哈尔滨	18.3	11.8	19.0	15.5	13.2
克山	11.9	12.0	12.3	9.7	13.1
海伦	10.2	9.3	6.7	9.3	12.5
鸡西	12.3	15.8	11.9	12.2	15.8
牡丹江	12.3	12.1	13.3	15.8	14.7
齐齐哈尔	15.7	19.2	16.7	17.2	18.1
嫩江	10.1	15.3	11.4	8.6	11.0
安达	17.8	14.4	18.0	18.5	17.4
富锦	14.2	7.9	8.6	8.3	14.8
通河	14.4	11.6	9.2	8.6	15.3

8.4　影响寒地玉米高产的内在调控位点

玉米今后的主要发展方向就是通过提高单产来提高效益。自 Engledow 提出把产量分解为几个构成因素（群体产量=单位面积穗数×穗粒数×粒重）以来，产量构成因素分析逐渐成为探讨产量形成的重要手段。Watson 指出，产量构成因素间不是孤立的，而是存在相互的影响。因此，分析的方法也由简单的相关分析发展到通径分析。黑龙江省地处寒地，热量有限，分析有关各构成因素对高产玉米产量的影响，对进一步探讨高产的主攻方向非常必要。

利用 1999～2001 年的品种密度试验、肥料密度试验及减源限库试验的测产和考种结果进行分析。其中品种密度试验包括 8 个高产品种品系（本育 9、东农 9702、四密 21、农 3138、DH808、3801、3119、3334）和 3 种密度条件（4.5 万株/hm^2、6.75 万株/hm^2、9 万株/hm^2）；肥料密度试验包括氮（0～450kg）、磷（0～240kg）、钾（0～270kg）和密度（49 575～88 905 株/hm^2）4 个因素共 16 个处理，采用 3 年的试验结果（品种为高产紧凑型 DH808）；减源限库试验（吐丝期分别剪叶和套袋）选用 4 个品种品系（四单 19、本育 9，DH808，DH3672）和 2 种密度（5.25 万株/hm^2 和 7.5 万株/hm^2）。分析方法采用相关分析和通径分析。

8.4.1　基于品种试验的产量构成因素分析

对品种密度试验的考种结果进行产量构成因素的通径分析表明，穗数是影响产量的最主要因素，直接通径系数达 0.682，其次是穗粒数和粒重（直接通径系数分别为 0.405 和 0.210），三者对产量的贡献大小为穗数＞穗粒数＞粒重，而且穗数的贡献与后二者的和相当。因此，在寒地提高玉米产量的主要途径是适当增加密度以增加收获穗数，同时重视穗粒数对产量的贡献，考虑到穗数通过穗粒数对产量的作用是负值（−0.0268），要选择随穗数增加穗粒数减少较小的品种，即耐密性较好的品种。同时在考虑栽培措施时，要根据品种的特点确定适宜的密度，并要重视养分的平衡保证玉米雌穗的发育，避免空秆率的上升，减少籽粒败育，保证必要的灌浆速率，达到其应有的粒重（表 8-7）。

表 8-7　通径分析表

因素	相关系数	直接通径系数	间接通径系数		
			$X_1 \to Y$	$X_2 \to Y$	$X_3 \to Y$
X_1 穗数	0.684	0.682		−0.027	0.021
X_2 穗粒数	0.381	0.405	−0.045		0.021
X_3 粒重	0.344	0.210	0.094	0.041	

8.4.2　基于栽培试验的产量构成因素分析

在不同氮、磷、钾肥和密度条件下种植 DH808。对 1999 年得到的结果进行产量构成因素的相关分析表明，穗数与产量的单相关系数为 0.811，穗粒数与产量的单相关系数为 0.144，粒重与产量的单相关系数为−0.098。普通相关分析只是简单地估测了变量间的关系，而通径分析把简单相关系数进行了分解，分析自变量间的关系及消除这种关系来分析自变量对产量的影响（表 8-8）。

表 8-8　产量构成因素的相关与通径分析

年份	因素	相关系数	直接通径系数	间接通径系数		
				$X_1 \to Y$	$X_2 \to Y$	$X_3 \to Y$
1999	X_1 穗数	0.811	1.090		−0.010	−0.270
	X_2 穗粒数	0.144	0.078	−0.133		0.199
	X_3 粒重	−0.098	0.481	−0.611	0.032	
2000	X_1 穗数	0.390	0.925		−0.138	−0.397
	X_2 穗粒数	−0.121	0.266	−0.478		0.091
	X_3 粒重	0.068	0.621	−0.592	0.039	
2001	X_1 穗数	0.791	1.679		−0.684	−0.205
	X_2 穗粒数	−0.386	0.845	−1.358		0.127
	X_3 粒重	−0.498	0.297	−1.155	0.360	

1999 年的数据表明穗数对产量的直接作用最大（1.090），但由于通过穗粒数和粒重对产量的间接作用为负值（−0.010，−0.270），将直接作用抵消一部分，因此净剩的穗数对产量的作用减少，即单相关系数为 0.811。穗粒数对产量的直接作用很小（0.078），但穗粒数通过粒重对产量的间接作用为正值（0.199），因此对穗粒数对产量的直接作用有加大效应，但是穗粒数通过穗数对产量的间接作用为负值（−0.133），因此总的穗粒数对产量影响依旧很小，单相关系数为 0.144。粒重对产量的直接作用和通过穗粒数对产量所起的间接作用均为正值（0.481，0.032），但由于粒重通过穗数对产量的间接作用为负值（−0.611），因此粒重对产量的最终影响为负值，单相关系数为−0.098。

2000 年 3 个产量构成因素穗数、穗粒数和粒重对产量的直接通径系数分别为 0.925、0.266、0.621，因此对产量贡献的顺序为穗数＞粒重＞穗粒数。贡献顺序与 1999 年的结果相似。2001 年 3 个产量构成因素对产量的直接通径系数分别为 1.679、0.845、0.297，因此对产量贡献的顺序为穗数＞穗粒数＞粒重。肥料密度试验 3 年的结果略有不同，即穗数的贡献最大，但是穗粒数与粒重的贡献年度间有所变化，这与当年气候环境的影响有关。但是产量构成因素间的关系不变，即间接通径系数的符号没有改变，尤其是穗数与穗粒数和粒重间的关系是负的，而穗粒数与粒重间的关系是正的。

8.4.3　基于减源限库处理的产量构成因素分析

对 4 个品种在两种密度下的产量构成因素进行分析，结果表明对产量影响最大的因素是穗数，其次是穗粒数，最后是粒重。三者对产量的直接通径系数分别为 1.822、1.136、0.957，穗粒数和粒重对产量的贡献较为接近（表 8-9）。

表 8-9　不同处理产量构成因素的相关与通径分析

处理	因素	相关系数	直接通径系数	间接通径系数		
				$X_1 \to Y$	$X_2 \to Y$	$X_3 \to Y$
对照	X_1 穗数	0.452	1.822		−0.725	−0.646
	X_2 穗粒数	0.010	1.136	−1.162		0.035
	X_3 粒重	−0.230	0.957	−1.230	0.042	
限库	X_1 穗数	0.939	0.918		0.054	−0.032
	X_2 穗粒数	0.487	0.115	0.431		−0.059
	X_3 粒重	0.147	0.278	−0.106	−0.024	
减源	X_1 穗数	−0.048	0.756		−0.920	0.115
	X_2 穗粒数	0.348	1.475	−0.472		−0.656
	X_3 粒重	−0.177	0.854	0.102	−1.134	

限库处理下穗数、穗粒数和粒重对产量的直接通径系数分别为 0.918、0.115 和 0.278，表明限库处理导致穗粒数对产量贡献减小，使穗粒数小于粒重的作用，而穗数对产量贡献增大，三者作用大小顺序是穗数＞粒重＞穗粒数。

减源处理使各因素对产量的作用发生很大改变，影响大小的顺序为穗粒数＞粒重＞穗数，其中对产量贡献最大的是穗粒数（直接通径系数为 1.475），说明不同品种间和不同密度间穗粒数的变化最大，而粒重和穗数的贡献比较接近（直接通径系数分别为 0.854、0.756）。

综上所述，品种试验和肥料密度试验结果均表明，在玉米产量构成因素中，穗数对玉米产量的贡献最大，因为其直接通径系数最大。在品种试验中穗粒数和粒重对产量的贡献依次减小。而在 DH808 的肥料密度试验中，穗粒数和粒重对产量贡献的大小在年度间表现不同，其中在 1999 年和 2000 年的结果是粒重大于穗粒数，原因可能与气候不正常有关，导致穗粒数的差异小于粒重的差异，使粒重对产量的贡献提高。

限库处理降低穗粒数对产量的影响，使穗粒数和粒重对产量的贡献接近，而且粒重的作用超过穗粒数的作用，即穗数＞粒重＞穗粒数；减源处理不仅减少穗粒数和粒重，也改变了各因素对产量的贡献大小，穗粒数和粒重二者的贡献超过了穗数，三者的直接通径系数排序为穗粒数＞粒重＞穗数。

因此，在玉米育种中要选育耐密性好，随着收获穗数的增加穗粒数变化较小的紧凑型品种；在栽培上适当增加密度，增加收获穗数是提高玉米产量的重要途径。同时，注意通过增加施肥等措施保证源供应能力，减源处理导致穗数对产量的贡献小于穗粒数和粒重，如果源供应能力不足，将影响产量的提高。

8.5　寒地玉米高产调控技术比较

8.5.1　品种、密度和施肥对玉米产量的影响比较

为了分析过去 20 多年黑龙江省玉米单产提高的原因，选择了四单 19（平展型）和郑单 958（紧凑型），分别代表 20 世纪 90 年代和 21 世纪 00 年代黑龙江第一、第二积温带种植推广的玉米品种，在两个密度（适合平展型品种的 4.5 万株/hm^2 和适合紧凑型品种的 6 万株/hm^2）和两个施肥情况（不施肥和最佳施肥）下进行田间试验，试验土壤肥沃。

研究结果显示，郑单 958 平均单产（12.38t/hm^2）＞四单 19（11.74t/hm^2），品种改良增产 5%；最佳施肥情况下平均单产（12.80t/hm^2）＞无肥情况下平均单产（11.32t/hm^2），施肥增产 13%，6 万株/hm^2 的平均单产（13.12t/hm^2）＞4.5 万株/hm^2 的平均单产（11.01t/hm^2），密植增产 19%（图 8-20）。所以三者对单产提高的贡献顺序是密度＞施用肥料＞品种改良。如果是配方施肥与农民用肥比较，肥料的贡献会缩小。

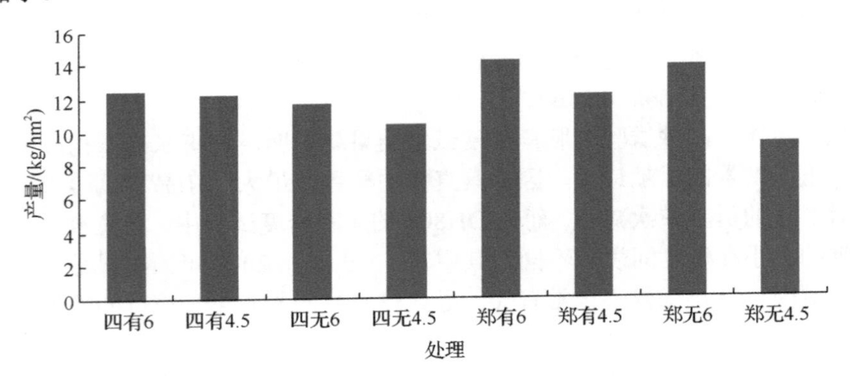

图 8-20　品种、密度、施肥对玉米单产的影响

四单 19 有肥情况的平均单产（12.4t/hm^2）＞四单 19 无肥情况的平均单产（11.07t/hm^2），增产 12%。郑单 958 有肥情况的平均单产（13.20t/hm^2）＞郑单 958 无肥情况的平均单产（11.57t/hm^2），增产 14%。这说明郑单 958 的肥料利用率较四单 19 更高。

四单 19 在 4.5 万株/hm^2 密度下平均单产（11.33t/hm^2）＜6 万株/hm^2 密度下平均单产（12.15t/hm^2），密植增产 7%。郑单 958 在 4.5 万株/hm^2 密度下平均单产（10.68t/hm^2）＜6 万株/hm^2 密度下平均单产（14.09t/hm^2），密植增产 31%。这说

明郑单 958 耐密性较好。

施肥和密植均可以增加玉米的叶面积指数。以抽雄期为例，四单 19 分别增加 5.45%、27%；郑单 958 分别增加 2.35%、24.65%，新品种比老品种平均增加 3.63%（表 8-10）。同时，新品种的光合速率也有所改善，吐丝期的测定显示郑单 958 穗上叶中部的光合速率为 22.2μmol/（m^2·s），比四单 19 的 16.9μmol/（m^2·s）增加了 31.4%。因此，新品种更耐密植，且肥料利用率更高，光合强度更大，叶片保绿性更好，衰老更慢。

表 8-10　不同处理叶面积指数

密度	4.5 万株/hm^2				6 万株/hm^2			
品种	四单 19		郑 958		四单 19		郑单 958	
施肥	施肥	无肥	无肥	施肥	施肥	无肥	无肥	施肥
抽雄期	3.80	3.49	3.78	3.81	4.63	4.61	4.67	4.85
蜡熟期	2.72	2.39	2.49	3.32	2.85	3.28	3.55	4.12

8.5.2　施肥、密度、行距和化控对玉米产量的贡献

2017～2019 年进行了不同技术组配（减因素）试验，2017 年进行了不同密度下的不同种植方式（80cm+50cm，CK 为 65cm）和化控有无（抽雄前使用金得乐）试验，品种均为郑单 958。试验结果显示，宽窄行种植比等行距增产 12.5%，8 万株/hm^2 密度比 6 万株/hm^2 增产 10.4%，化控比无化控增产 3.6%，施肥比无肥增产 0.5%，即宽窄行＞密度＞化控＞施肥。而 2018 年试验结果是肥料贡献最大，达到 20.7%，而其他 3 项措施都是略有减产。2019 年仍然是肥料贡献最大，其次是密度，化控是负效应，宽窄行是正效应（表 8-11）。后两年肥料的贡献增加与试验地更换有关，2017 年的基础肥力非常高，而后 2 年的基础肥力中等。同时各项技术贡献的变化与气候条件有密切关系。2017 年是典型伏旱年份，2018 年是典型春旱年份，2019 年是典型阴雨寡照年份。

表 8-11　4 项栽培技术对玉米产量的贡献比较　（单位：%）

项目	2017 年	2018 年	2019 年
宽窄行比等行距	12.5	−7.0	4.1
8 万株/hm^2 比 6 万株/hm^2	10.4	−16.1	16.7
化控比无化控	3.6	−5.9	−13.1
施肥比无肥	0.5	20.5	23.5

8.6　黑龙江省玉米生产经济系统分析

农业经济系统既是农业生产系统的子系统，又是社会经济系统的子系统，外界的需求、资金、物质、政策、价格、信息等的流入，对农业生产系统产生很大的影响。从黑龙江省玉米生产的历史看，社会需求是过去十余年玉米生产快速发展的重要前提，而国家政策扶持，特别是收储政策的价格托市，带来的较高收入是重要经济因素。应该看到技术进步也是重要因素，但是技术进步需要社会经济资源的支撑，所有技术都有物化的载体。

8.6.1　近年来国内外玉米价格走势比较

2001～2003 年，美国玉米价格小幅上升，2003～2005 年，美国玉米价格回落到 2001 年水平，2005～2007 年美国玉米价格增幅较大，而 2007～2009 年又有所下降，2009～2012 年又进入上升阶段，2012 年开始再次下降。从图 8-21 中可以看出，除了 2002 年和 2007 年以外，美国玉米价格均低于黑龙江省玉米价格。这在 2008 年之后表现得尤为明显，在美国玉米价格明显下降的情况下，黑龙江省玉米价格依然在稳步走高。2012 年以后，美国玉米价格下跌严重，黑龙江省玉米的价格还保持在较高水平，主要是因为国家收储政策对玉米的托市效果。2015 年秋，国家由于玉米库存过多，取消收储政策，玉米价格降低约 10%。2016 年国家明确提出在“镰刀弯”地区减少玉米种植面积，到 2020 年减少约 5000 万亩（1 亩≈667m^2，下同），这对玉米价格产生强烈的冲击。2016 年年底黑龙江省玉米价格仅为前两年最高点的一半，短时期的价格甚至仅为最高时的 1/4，这对 2016 年黑龙江省玉米种植户的收入影响巨大。

黑龙江省作为玉米主产区和主要输出地，地处东北加上运输成本，玉米价格是国内的洼地，越往南方价格越高。由于国内外玉米价格间存在明显落差，一些南方饲料企业热衷进口廉价的美国玉米来降低生产成本，这也是我国过去几年每年进口数百万吨玉米的原因之一。从经济角度看，美国玉米价格低廉的原因主要是政府的补贴，从技术角度看主要是较高的单产水平（比我国高 50%）。因此，如何降低成本、提高种植效益是今后黑龙江省玉米生产的努力方向。

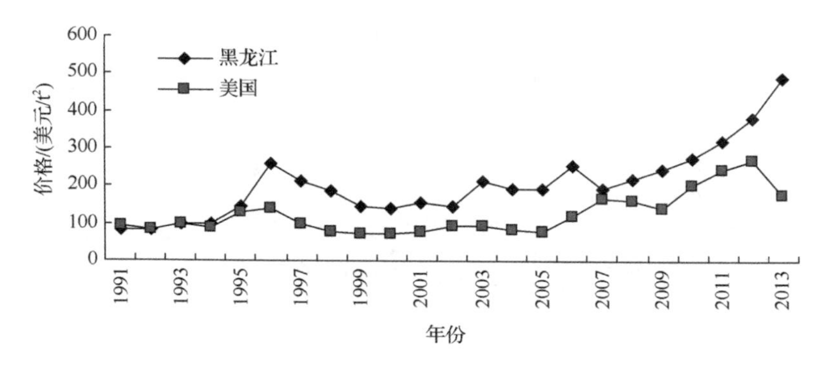

图 8-21　黑龙江销售和美国出口玉米价格走势　(1991～2013 年)

注：美国的原始数据来自 FAO。

8.6.2　黑龙江省玉米成本分析

玉米总成本主要由生产成本和土地成本两部分构成。从图 8-22 可以看出，2004～2014 年黑龙江省玉米成本呈现上升趋势。2004～2007 年总成本、生产成本和土地成本缓慢增长并且相互呈现较强的一致性，2008 年生产成本和总成本突增，2009 年略微放缓后，直到 2013 年呈现较快的增长速率，2014 年各个成本的增长速率再次放缓。

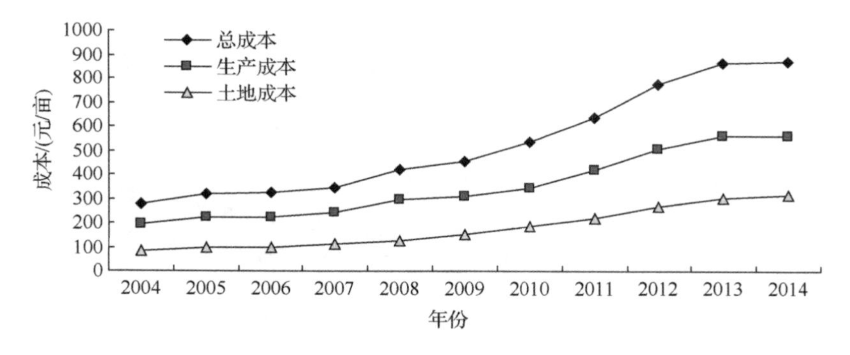

图 8-22　黑龙江省玉米生产成本（2004～2014 年）

玉米生产成本主要由物质投入和劳动力投入两部分构成。2004～2014 年黑龙江省玉米生产的物质费用和劳动力成本呈现逐年提高的趋势。2001～2003 年物质费用价格较为平稳，劳动力成本有所下降，导致了生产成本的下降（图 8-23）；2003 年以后，由于物质费用和劳动力成本的提高，生产成本也出现了缓慢的上升，2007 年物质费用增加明显，2010 年后劳动力成本和物质费用均大幅增加，使玉米的生产成本突增，直到 2014 年增速才明显放缓并且有回落的迹象，其主要原因是物质费用的下降，但是劳动力成本依旧稳中有升。

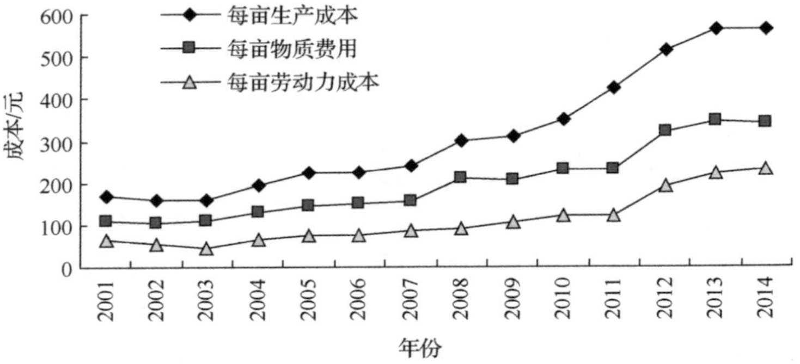

图 8-23　黑龙江省玉米每亩生产成本变化情况（2001～2014 年）

黑龙江省玉米生产物质费用包括种子费、化肥费和机械作业费 3 个部分。其中，种子费在 2001～2008 年呈现缓慢增长趋势，在 2008～2013 年呈现快速增长趋势，2014 年维持在较高位置不再增长（图 8-24）。而机械作业的费用在 2001～2007 年呈缓慢稳定增长，在 2008 年突增后进入较快增长阶段，这主要是玉米机械收获作业比例逐渐增加及油料价格上升所致。化肥费在 2001～2007 年缓慢增长，到 2008 年突增后，直到 2010 年有一定幅度的回落，在 2010～2012 年有所反弹，2012 年后费用再次降低。这与化肥使用量增加有关，也受化肥价格波动影响。

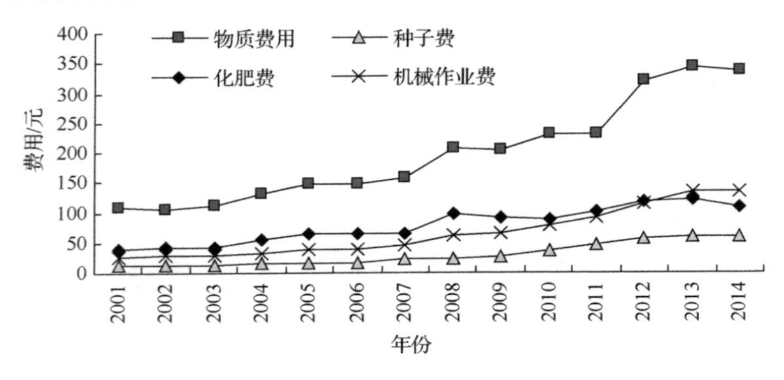

图 8-24　黑龙江省玉米每亩物质费用变化情况（2001～2014 年）

2014 年物质费用中机械作业费占比最大，达到每亩 135.39 元；化肥费仅次于机械作业费，排在第二位，达到 109.62 元；种子费排在最后，为 59.18 元。相比 2001 年，增幅最大的是机械作业费，增加了 4.2 倍；增幅排在第 2 位的是种子费，为 3.7 倍；增幅相对最小的是化肥费，仅增长了 1.8 倍。因此，今后降低成本的一个方向就是改进栽培技术体系，适当减少机械作业次数，降低机械费用成本；还有就是推广测土施肥技术，合理施用肥料，提高肥料利用率，减少肥料使用量。

通过比较化肥施用量和化肥费可以看出，在 2004～2007 年，两者上升趋势较为一致（图 8-25），也就是说黑龙江省玉米化肥费的提高是由于化肥施用量的提高所导致的。在 2007～2008 年，化肥费的提升幅度远远超过施用量的增加幅度，反映了当年化肥价格上涨较快，这也是 2011 年化肥施用量减少的重要原因。总的来看，化肥的价格上涨速率比化肥使用量的增长速率略快。

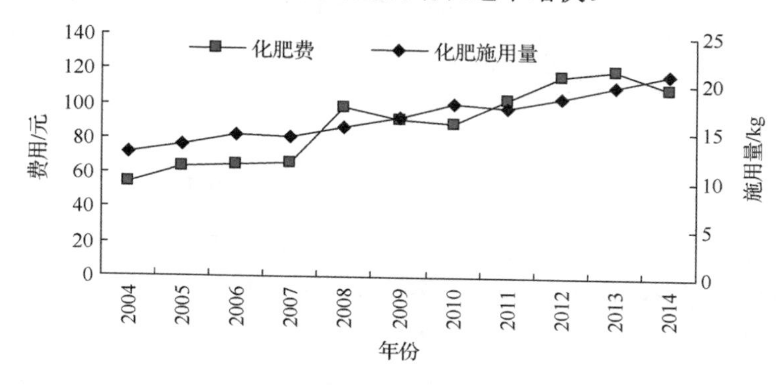

图 8-25　黑龙江省玉米每亩化肥施用量和化肥费（2004～2014 年）

对比 2001 年和 2014 年氮、磷、钾肥的施用情况，其中氮肥和磷肥施用量略有增加，分别由 61.35kg/hm^2、42.75kg/hm^2，增加到 82.35kg/hm^2、54.0kg/hm^2，分别增加了 34%和 26%。而钾肥的施用量 2014 年比 2001 年增加了 9.8 倍，从 2001 年的 1.65kg/hm^2 增加到 2014 年的 17.4kg/hm^2。黑龙江省玉米氮、磷、钾 3 种元素的比例由 1.00∶0.70∶0.03 变为 1.00∶0.66∶0.21（图 8-26）。从前面的试验结果看，氮、磷、钾肥的施用量有进一步增加的空间，特别是钾肥。

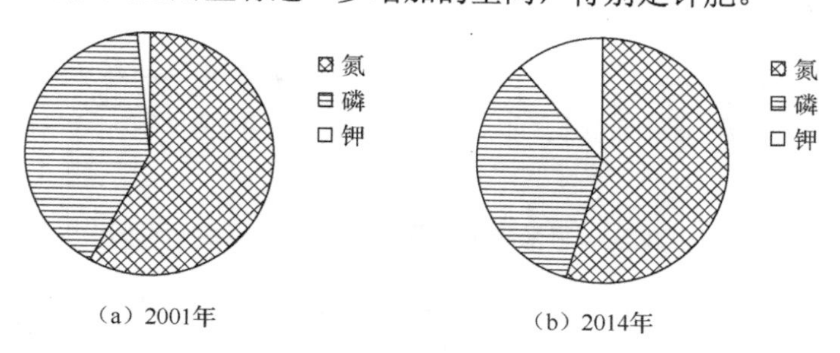

图 8-26　黑龙江玉米氮、磷、钾肥施用比例对比

8.6.3　黑龙江省玉米生产收益分析

黑龙江省玉米每亩总产值整体呈现上升趋势。2001～2006 年是第一阶段，2007 年有所回落，这与当年因干旱减产有一定关系，从 2008 年开始再次进入稳步上升阶段，主要是受到价格上升的影响，2012 年以后依然保持上升趋势，只是上升速率略有减缓（图 8-27）。

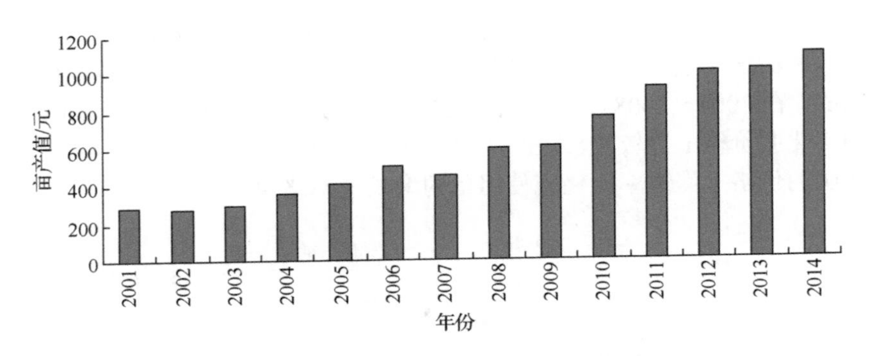

图 8-27　黑龙江省玉米每亩总产值变化情况（2001～2014 年）

每亩玉米成本的纯收益率是当年玉米收入和投入成本的比值，这一数值反映了投入的效率。在不同年份，纯收益率波动较大，差异较为显著，总的趋势是逐渐走低，说明随着近年来玉米生产投入的持续增加，玉米产值也增加，但是增加的速率小于投入增长速率，导致投入的回报减少，今后要适当控制投入量，改善投入结构，提高投入效率。从图 8-28 中可以看出，2006 年黑龙江省玉米成本收益率最大，达到 57.55%，2013 年最小，仅有 17.39%。

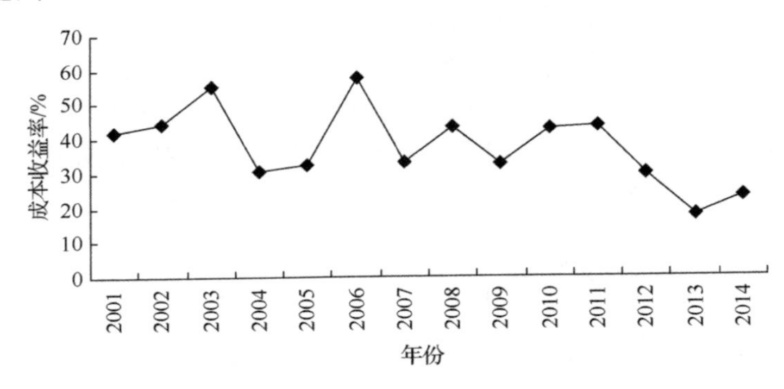

图 8-28　黑龙江省玉米成本收益率变化情况（2001～2014 年）

对比黑龙江省 3 种旱田重要粮食作物在 2006、2011、2013 年的成本和产值变化情况可以看出，2004～2013 年各种作物的生产成本均在上升，亩产值虽然也整体上升，但是相对增长速率较低，导致了成本收益率普遍下降，大豆甚至在 2013 年出现了负收益率，即农民种植大豆整体上是亏损的（表 8-12）。玉米的成本收益率相对于其他主要粮食作物都是最高的，这也就导致了农民倾向于种植玉米，是导致玉米播种面积不断上升的重要原因之一。

表 8-12　黑龙江省主要粮食作物成本收益

年份	玉米			大豆			小麦		
	亩总成本/元	亩产值/元	成本收益率	亩总成本/元	亩产值/元	成本收益率	亩总成本/元	亩产值/元	成本收益率
2006	322.84	508.64	0.58	264.68	312.36	0.18	280.99	297.95	0.06
2011	641.21	916.78	0.43	504.05	609.86	0.21	513.36	674.30	0.31
2013	867.19	1017.98	0.17	632.64	607.33	−0.04	544.96	610.65	0.12

根据《中国统计年鉴》的数据，对黑龙江省玉米等主要粮食作物的比较优势进行了计算，效率优势是黑龙江省单产与全国单产的比较，而规模优势是黑龙江省种植比例与全国比例的比较。对黑龙江省和全国 2010～2014 年的平均数据分析显示，黑龙江省的水稻和玉米的效率优势较大，而小麦和大豆较小；黑龙江省大豆的规模优势最大，其次就是玉米和水稻，小麦最小（表 8-13）。综合来看，玉米的综合优势最高，其次是水稻，大豆并不高，小麦最小。所以可以得出结论，在全国范围内，黑龙江省玉米相对于其他主要作物具有明显的种植优势。

表 8-13　黑龙江省主要作物比较优势

作物	效率优势	规模优势	综合优势
玉米	1.27	1.38	1.76
小麦	0.63	0.09	0.06
大豆	0.16	3.88	0.58
水稻	1.81	0.94	1.69

8.6.4　中国玉米进出口情况

1949 年以后我国玉米是多数年份微量进口，1979～1983 年进口量有所增加，1985 年以后由于联产承包责任制调动了农民的积极性，玉米产量增加，我国成为玉米出口国，一直持续到 2007 年。其中由于 1994 年粮食价格放开，1995 年进口玉米 500 多万 t，2010 年以后由于我国畜牧业的发展和工业加工所占比重大幅上升，需求总量上升显著，我国由玉米出口国变为玉米进口国，年净进口 300 万～500 万 t（图 8-29）。市场需求持续增加是我国和黑龙江省玉米生产迅速发展的根本动力。

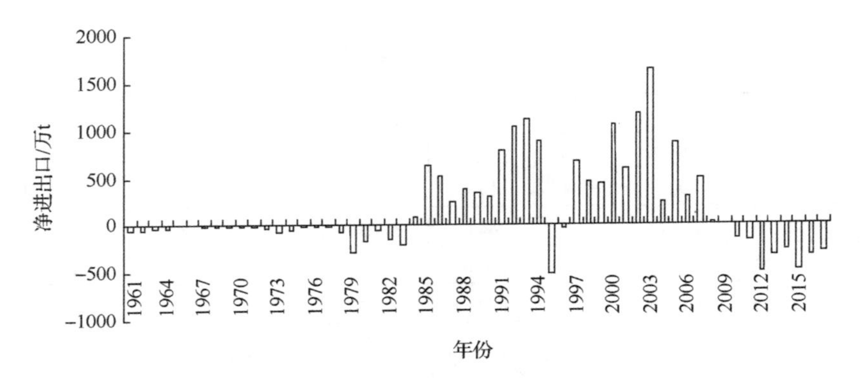

图 8-29　近年来中国玉米进出口量净值

注：原始数据引自 FAO 数据。

8.7　黑龙江省玉米生产的发展方向

玉米是高产作物，2015 年在美国弗吉尼亚州利用先锋 P1197AM 创造世界玉米单产纪录 32.9t/hm^2。另根据 FAO 统计数据，中东的卡塔尔、阿联酋、科威特、以色列等国家的玉米单产纪录多在 30t/hm^2 以上，2014 年卡塔尔 59.7t/hm^2、以色列 34t/hm^2，2013 年阿联酋 36.7t/hm^2。据媒体报道，在新疆奇台 2013 年创造 22.67t/hm^2 的春玉米国家纪录（在覆膜有灌溉条件下），在山东莱州 2005 年创造 21.02t/hm^2 的夏玉米国家纪录，在吉林桦甸 2014 年创造 18.24t/hm^2 的非灌溉春玉米高产纪录。但是我国和黑龙江省目前的单产水平还不高，都是 6t/hm^2 左右，与美国和加拿大的 10.7t/hm^2 和 9.3t/hm^2 差距明显。我们对黑龙江省的产量潜力估算显示，黑龙江省玉米光合产量最高可达 22.3t/hm^2，光温产量潜力最高可达 20t/hm^2，不同地区玉米气候生产潜力为 9.6～17.4t/hm^2，因此黑龙江省玉米单产有着巨大的提升空间。在今后压缩种植面积的情况下，黑龙江省玉米生产的主攻方向只能是在提高效益的前提下提高单产，通过单产的提高，来提高土地产出率、资源利用率和劳动生产率。

随着劳动力成本的不断提高，黑龙江省今后玉米生产必须采取全程机械化的少免耕栽培生产，这样才能解决劳动力短缺的问题和提高劳动生产率，降低机械作业成本，解决用地养地结合问题和秸秆焚烧带来的环境污染问题。因此，存在以下问题需要解决：①在品种方面，缺乏早熟、耐密、高产品种。玉米高产首先要密植，而早熟脱水好便于机械直收，目前玉米生产上多倾向于晚熟品种，普遍生育期偏长，造成籽粒脱水慢，含水量高，同时进一步提高种植密度很容易引起倒伏，缺少真正取代郑单 958 和先玉 335 的高产品种，育种上应该培育适应机械化收获需要的早熟、耐密、抗倒、高产品种。②在肥料施用方面，化肥施用量大、化肥报酬递减，带来严重的化肥污染。据中科院资料，我国单位面积施用量是美国、加拿大、俄罗斯的 2.42 倍、4.35 倍和 9.00 倍，我国氮肥利用率为 30%～40%，比发达国家低 20%～30%。要推广测土施肥技术，根据玉米发育的特点和土壤肥力，根据需求精准施肥，合理施肥。既能减少肥料的浪费，节约成本，也可以有效避免对土壤结构的损害和对环境的污染。③目前玉米秸秆还田比例较低，相当大部分焚烧处理，推广少免耕种植和适合少免耕的玉米耕种机，要改进推广玉米秸秆粉碎效果好的玉米直收机械，通过秸秆还田增加土壤有机质，改善土壤理化性质，实现种地养地结合，提高土地资源可持续性，降低机械成本和化肥成本，提高玉米生产效率。实践证明，过去 20 年的气候波动对黑龙江省玉米生产的影响利大于弊，有利方面就是积温增加，无霜期延长，晚熟高产玉米得以推广及玉米种植区域的扩大，不利的方面就是异常气候出现的频率增加，带来的旱涝灾害导致病虫害的发生。多数研究者根据地球二氧化碳持续增加带来的温室效应认为，未来我国东北地区仍然是向干热方向发展，对黑龙江省玉米生产利大于弊。但是也有少数研究者指出，太阳黑子活动进入休眠期，未来十几年地球将进入一个小冰河期，黑龙江省气候很可能向冷湿方向发展，这对黑龙江省玉米生产必然是弊大于利。因此，面对气候的波动，应做好气象预测工作，提早应对，减轻因气候波动造成不必要的损失。

综上所述，为了玉米产业的可持续发展，黑龙江省玉米生产未来的战略目标应该是控制种植面积，提高单产和经济效益。黑龙江省在玉米单产水平上还有着巨大的提升空间，在通过高产提高玉米种植效益的同时，还应降低生产成本，可以通过推广少免耕栽培方式，配合精准施肥降低机械成本和化肥成本，通过推广和创新发展机械化种植模式降低劳动力成本，全面提高玉米生产的资源利用率、土地产出率和劳动生产率，从而实现更加高效的玉米生产模式。在推行这个战略时，国家要出台相应的政策给予必要且有效的扶持，否则将很难实现。

参考文献

边秀芝，任君，刘慧涛，等，2006. 生态环境条件对玉米产量和品质的影响[J]. 玉米科学，14（3）：107-109.

曹靖生，1992. 玉米不同株型结构源库关系研究[C]//全国首届青年农学学术年会论文集. 北京：中国科学技术出版社.

曹显祖，朱庆森，1987. 水稻品种的库源特征及其类型划分的研究[J]. 作物学报，13（4）：265-271.

曹莹，黄瑞冬，蒋文春，等，2005. 重金属铅和镉对玉米品质的影响[J]. 沈阳农业大学学报，36（2）：218-220.

常强，马兴林，关义新，等，2004. 种植密度对不同地点玉米杂交种中单 9409 子粒品质的影响[J]. 玉米科学，1（4）：73-76.

车丽，韩彦青，杨丽，2019. 锌锰肥对春玉米产量及品质的影响[J]. 山西农业科学，47（11）：1980-1983.

陈德华，吴云康，1996. 棉花群体叶面积载荷量与产量关系及对源的调节效应研究[J]. 棉花学报，8（2）：109-112.

陈国平，1994. 玉米干物质生产与分配[J]. 玉米科学，2（1）：48-53.

陈国平，郭景伦，王忠孝，等，1998. 玉米源库关系的研究[J]. 玉米科学，6（4）：36-38.

崔旭，王晓东，樊文华，等，2011. 氟对玉米产量品质及土壤性质的影响[J]. 中国生态农业学报，19（4）：897-901.

董玉波，高鹤青，曹美洲，等，1990. 石灰性土壤施锌肥对玉米产量和品质的影响[J]. 土壤，20（6）：328-334.

冯献忠，郭蔼光，张惠，1997. 钾对夏谷灌浆过程中蛋白质周转的影响[J]. 西北农业学报，6（2）：61-63.

傅金民，张康灵，苏芳，等，1998. 大豆产量形成期光合速率和库源调节效应[J]. 中国油料作物学报，20（1）：51-56.

高松洁，王文静，刘建平，2000. 不同源库型小麦品种穗粒重的形成[J]. 河南职业技术师范学院学报，28（4）：4-7.

高育锋，王勇，王立明，2003. 喷施微肥对陇东旱塬地春玉米产量和品质的影响[J]. 甘肃农业科技，11：38-39.

顾慰连，沈秀瑛，戴俊英，等，1990. 玉米不同品种各生育时期对干旱的生理反应[J]. 沈阳农业大学学报，21（3）：6-10.

顾晓红，1998. 中国玉米种质资源品质性状的分析与评价[J]. 玉米科学，6（1）：14-16.

郭文善，封超年，1995. 小麦开花后源库关系分析[J]. 作物学报，21（3）：334-340.

郭宗学，何仪，王清秀，等，2007. 不同播期与密度对玉米粗脂肪含量的影响[J]. 山东农业科学，4：65-67.

何代元，何琴，刘经纬，等，2007. 我国普通玉米品种品质现状分析[J]. 杂粮作物，27（5）：329-330.

何萍，金继运，李文娟，等，2005a. 施钾对高油玉米和普通玉米吸钾特性及籽粒产量和品质的影响[J]. 植物营养与肥料学报，11（5）：620-626.

何萍，金继运，李文娟，等，2005b. 施磷对高油玉米和普通玉米吸磷特性及品质的影响[J]. 中国农业科学，38（3）：538-543.

何照范，1985. 粮油籽粒品质及其分析技术[M]. 北京：农业出版社.

贺竟赪，侯忠，1988. 施肥对不同玉米品种品质的影响[J]. 陕西农业科学，1：8-10.

侯鹏，2005. 氮肥及密度对高淀粉玉米（迪卡 1 号）、高油玉米（高油 907）产量与品质的影响[D]. 泰安：山东农业大学.

胡昌浩，董树亭，王空军，等，1998. 我国不同年代玉米品种生育特性演进规律研究 II 物质生产特性的演进[J]. 玉米科学，6（3）：49-53.

黄丽美，徐宁彤，曲琪环，2017. 硒对玉米产量及籽粒营养品质、重金属含量的影响[J]. 江苏农业科学，45（10）：59-61.

黄绍文，孙桂芳，金继运，等，2004a. 不同氮水平对高油玉米吉油一号籽粒产量及其营养品质的影响[J]. 中国农业科学，37（2）：250-255.

黄绍文，孙桂芳，金继运，等，2004b. 氮、磷和钾营养对优质玉米子粒产量和营养品质的影响[J]. 植物营养与肥料学报，10（3）：225-230.

黄艳胜，2002. 不同施肥量对春玉米品质与产量影响的研究[J]. 中国林副特产（2）：24-25.

黄育民，陈启锋，1998. 我国水稻品种改良过程库源特征的变化[J]. 福建农业大学学报，27（3）：271-278.

纪从亮，俞敬忠，刘友良，等，2000. 棉花高产品种的源库流特点研究[J]. 棉花学报，12（6）：298-301.

贾士芳，董树亭，王空军，等，2007. 玉米花粒期不同阶段遮光对籽粒品质的影响[J]. 作物学报，33（12）：1960-1967.
姜东，于振文，李永庚，等，2002. 施氮水平对高产小麦蔗糖含量和光合产物分配及籽粒淀粉积累的影响[J]. 中国农业科学，35（2）：157-162.
蒋基建，吴春花，郑大浩，1997. 玉米籽粒油分与蛋白质的相关及其通径分析[J]. 延边大学农学学报，19（1）：1-6.
焦仁海，孙发明，刘兴贰，等，2005. 近红外光谱仪分析玉米籽粒品质准确性的验证[J]. 农业与技术，25（2）：104-106.
金继运，何萍，刘海龙，等，2004. 氮肥用量对高淀粉玉米和普通玉米吸氮特性及产量和品质的影响[J]. 植物营养与肥料学报，10（6）：568-573.
库丽霞，吴连成，刘新香，等，2006. 环境对玉米杂交种品质性状的影响研究[J]. 玉米科学，14（6）：23-27.
兰海，谭登峰，高世斌，等，2006. 普通玉米主要营养品质性状的遗传效应分析[J]. 作物学报，32（5）：716-722.
李波，陈喜昌，张宇，等，2010. 密度对玉米品质及穗部性状的影响[J]. 黑龙江农业科学（4）：18-21.
李德强，2002. 生长调节剂在不同密度下对高油玉米产量和品质的影响[D]. 泰安：山东农业大学.
李建奇，2008a. 氮、磷营养对黄土高原旱地玉米产量、品质的影响机理研究[J]. 植物营养与肥料学报，14（6）：1042-1047.
李建奇，2008b. 地膜覆盖对春玉米产量、品质的影响机理研究[J]. 玉米科学，16（5）：87-92，97.
李建奇，黄高宝，牛俊义，2004. 覆膜及氮磷施用量对春玉米主要品质的调控[J]. 甘肃农业大学学报，5：516-519.
李建生，1998. 玉米淀粉品质遗传改良研究的进展[J]. 作物杂志（S）：114-118.
李金洪，李伯航，1995. 矿质营养对玉米籽粒营养品质的影响[J]. 玉米科学，3（3）：54-58.
李明，王刚，蒋慧亮，等，2006. 源库限制对寒地玉米产量及品质的影响[J]. 玉米科学，14（6）：17-22.
李少昆，1995. 关于提高玉米生产力的探讨：论玉米源质量性状的研究[C]//第五届全国玉米栽培学术研讨会论文集.
凌碧莹，关义新，佟屏亚，2000. 春玉米超高产群体源库关系研究[J]. 华北农学报（S）：71-77.
凌启鸿，杨建昌，1986. 水稻群体粒叶比与高产栽培途径的研究[J]. 中国农业科学，19（3）：1-8.
刘开昌，胡昌浩，董树亭，等，2001. 高油玉米需磷特性及磷素对籽粒营养品质的影响[J]. 作物学报，27（2）：267-272.
刘开昌，胡昌浩，董树亭，等，2002. 高油、高淀粉玉米吸硫特性及施硫对其产量品质的影响[J]. 西北植物学报，22（1）：97-103.
刘鹏，2003. 不同胚乳类型玉米籽粒品质形成机理及调控研究[D]. 泰安：山东农业大学.
刘鹏，陆卫平，陆大雷，2016. 结实期渍水对糯玉米籽粒产量和品质的影响[J]. 中国农学通报，32（15）：49-54.
刘蓉，叶宇萍，海丹，等，2017. 锌、铁微肥对夏玉米产量和品质的影响[J]. 西北农业学报，26（11）：1598-1605.
刘淑云，2002. 生态因素与玉米品质关系研究[D]. 泰安：山东农业大学.
刘文成，2007. 氮磷钾肥料配施对高淀粉玉米产量和品质的影响[D]. 郑州：河南农业大学.
刘霞，李宗新，王庆成，等，2007. 种植密度对不同粒型玉米品种籽粒灌浆进程、产量及品质的影响[J]. 玉米科学，15（6）：75-78.
刘毅志，张湫茗，李新政，1985. 氮磷钾化肥对高产夏玉米籽粒品质的影响[J]. 山东农业科学，2：31-33.
陆景陵，1994. 植物营养学（上）[M]. 北京：北京农业大学出版社.
吕学高，2008. 不同株型玉米在不同海拔地区籽粒产量、品质差异及其生理机理研究[D]. 重庆：西南大学.
马富裕，吕新，胡晓棠，等，1996. 不同收获期对春玉米掖单 12 号产量和品质的影响[J]. 石河子农学院学报（S1）：1-4.
马青枝，赵利梅，赵继文，等，2000. 地膜覆盖对春玉米籽粒建成和品质形成影响的研究[J]. 内蒙古农业大学学报（S1）：21-25.
马兴林，崔震海，陈杰，等，2006. 玉米苗期干旱胁迫对籽粒粗蛋白质和赖氨酸含量的影响[J]. 玉米科学，14（2）：71-74.
马兴林，关义新，逄焕成，等，2005. 种植密度对 3 个玉米杂交种产量及品质的影响[J]. 玉米科学，13（3）：84-86.
满为群，杜维广，张桂茹，1995. 大豆高光效种质与高产品种源库平衡研究[J]. 中国油料，17（2）：8-12.
任佰朝，张吉旺，李霞，等，2013. 淹水胁迫对夏玉米籽粒灌浆特性和品质的影响[J]. 中国农业科学，46（21）：

4435-4445.
荣湘民，刘强，朱红梅，1998. 水稻的源库关系及碳氮代谢的研究进展[J]. 中国水稻科学，12（增刊）：63-69.
阮培均，马俊，梅艳，等，2004. 不同密度与施氮量对玉米品质的影响[J]. 中国农学通报，20（6）：147-149.
山东省农业科学院玉米研究所，1987. 玉米生理[M]. 北京：农业出版社.
邵国庆，李增嘉，苏诗杰，等，2008. 氮水耦合对玉米产量和品质及氮肥利用率的影响[J]. 山东农业科学，9：29-32.
邵继梅，曹敏健，佟伟，等，2008. N、P、K 对高淀粉玉米产量及营养品质的影响[J]. 玉米科学，16（2）：115-117.
师素云，薛启汉，刘蔼民，等，1999. 羧甲基壳聚糖对玉米籽粒氮代谢关键酶和种子贮存蛋白含量的影响[J]. 植物生理学通讯，25（2）：187-191.
石德杨，李艳红，董树亭，2013. 铅胁迫对夏玉米淀粉粒度分布特性及子粒产量、品质的影响[J]. 玉米科学，21（4）：72-76.
史振声，张喜华，1994. 钾肥对甜玉米籽粒品质和茎秆含糖量的影响[J]. 玉米科学，2（1）：76-80.
宋海霞，杨亮，李国，等，2008. 氮素用量对春玉米籽粒脂肪及其产量的影响[J]. 东北农业大学学报，39（11）：6-10.
孙桂芳，2003. 氮磷钾对优质玉米籽粒产量及品质影响[D]. 海口：华南热带农业大学.
索全义，赵利梅，迟玉亭，等，2000. 氮肥对春玉米籽粒建成及品质形成的影响[J]. 内蒙古农业大学学报，21（S）：30-33.
唐湘如，官春云，1997. 作物产量和品质的碳氮代谢及脂肪代谢调控的研究进展[J]. 湖南农业大学学报，23（1）：93-103.
唐雪群，1991. 锰肥对作物籽实品质影响的研究初报[J]. 辽宁农业科学，4：29-31.
唐雪群，葛鹏，金安世，1995. 含氯化肥中的氯在旱田土壤中的积累及对玉米产量和品质的影响[J]. 辽宁农业科学，4：25-30.
王夫玉，黄丕生，1997. 水稻群体源库特征及高产栽培策略研究[J]. 中国农业科学，30（5）：26-33.
王鹏文，戴俊英，魏云鹏，1997. 干旱胁迫对玉米产量和品质的影响研究[J]. 玉米科学，7（S）：102-106.
王鹏文，载俊英，赵桂坤，等，1996. 玉米种植密度对产量和品质的影响[J]. 玉米科学（4）：43-46.
王璞，2000. 高油玉米 298 高产综合配套栽培技术示范 2000 年工作总结[C]. 北京：高油玉米 298 综合技术体系试验示范 2000 年年会.
王晓梅，崔坤，宋利润，2006. 不同密度与玉米生长发育及品质相关性的研究[J]. 吉林农业科学，31（3）：3-6.
王兴周，丁岚峰，1987. 叶面喷硒提高玉米籽实多种氨基酸含量的研究初报[J]. 黑龙江农业科学（5）：33-34.
王艳玲，姚运生，2008. 不同播种期和收获期对高油玉米品质的影响[J]. 安徽农业科学，36（14）：5814-5815.
王雁敏，2009. 不同氮磷配施对土壤养分、春玉米营养吸收特性及产量和品质的影响[D]. 兰州：甘肃农业大学.
王洋，李东波，齐晓宁，等，2006. 不同氮、磷水平对耐密型玉米籽粒产量和营养品质的影响[J]. 吉林农业大学学报，28（2）：184-188.
王忠孝，杜成贵，王庆成，1990. 不同类型玉米籽粒灌浆过程中主要品质成分的变化规律[J]. 植物生理学通讯，1：30-33.
文啟凯，赖忠盛，聂文魁，等，1990. 稀土元素与锌肥配合施用对玉米产量及品质的影响[J]. 稀土，11（4）：56-61.
吴建宇，徐翠莲，任和平，等，1994. 玉米不同收获期的籽粒品质研究[J]. 河南农业大学学报，28（1）：92-94.
吴俊兰，陈阳，1988. 锌磷配合施用对玉米籽实和氨基酸组成和含量的影响[J]. 山西农业大学学报，8（2）：183-186.
吴瑛，1988. 施用稀土元素对墨西哥玉米和俄勒岗黑麦草及品质的影响[J]. 浙江农业科学，4：188-191.
谢瑞芝，董树亭，胡昌浩，等，2003. 氮硫互作对玉米籽粒营养品质的影响[J]. 中国农业科学，36（3）：263-268.
解占军，安景文，王成，等，2003. 复合肥与微量元素配施对玉米产量和品质的影响[J]. 杂粮作物，23（5）：294-296.
徐庆章，王忠孝，1994. 玉米增库保源及增穗保叶高产栽培理论与实践[J]. 玉米科学，2（2）：27-29.
闫洪奎，高志勇，2010. 硫磺、硫酸锌、硼砂施用量与玉米淀粉含量关系的研究[J]. 玉米科学，18（1）：116-120.
杨德光，牛海燕，张洪旭，等，2008. 氮胁迫和非胁迫对春玉米产量和品质的影响[J]. 玉米科学，16（4）：55-57.
杨恩琼，黄建国，何腾兵，等，2009a. 氮肥用量对普通玉米产量和营养品质的影响[J]. 植物营养与肥料学报，15（3）：509-513.
杨恩琼，袁玲，何腾兵，等，2009b. 干旱胁迫对高油玉米根系生长发育和籽粒产量与品质的影响[J]. 土壤通报，

40（1）：85-88.

杨欢，沈鑫，陆大雷，等，2017. 籽粒建成期高温胁迫持续时间对糯玉米籽粒产量和淀粉品质的影响[J]. 中国农业科学，50（11）：2071-2082.

杨利华，郭丽敏，2002. 钼对玉米吸收氮磷钾、籽粒产量和品质及苗期生化指标的影响[J]. 玉米科学，10（2）：87-89.

尹雪巍，张翼飞，杨克军，等，2020. 不同施钙水平对松嫩平原西部玉米干物质积累、产量及品质的影响[J]. 玉米科学，28（3）：155-162.

尹枝瑞，2000. 吉林省玉米超高产田的理论基础与技术关键[J]. 华北农学报，15（S）：196-200.

岳尧海，王敏，张洪伟，等，2010. 吉林省玉米品种品质现状分析[J]. 农业与技术，30（6）：17-22.

臧逸飞，郝明德，王忠有，等，2014. 不同耕作覆盖措施下延收对春玉米产量及籽粒品质的影响[J]. 干旱地区农业研究，32（6）：134-138.

张保仁，2003. 高温对玉米产量和品质的影响及调控研究[D]. 泰安：山东农业大学.

张桂花，2009. 不同播期、种植密度对先行 5 号玉米产量、品质和抗性的影响[J]. 山东农业科学，12：61-62.

张吉旺，2005. 光温胁迫对玉米产量和品质及其生理特性的影响[D]. 泰安：山东农业大学.

张吉旺，董树亭，王空军，等，2007. 大田增温对夏玉米产量和品质的影响[J]. 应用生态学报，18（1）：52-56.

张吉旺，吴红霞，董树亭，等，2009. 遮荫对夏玉米产量和品质的影响[J]. 玉米科学，17（5）：124-129.

张胜，郭新利，迟玉亭，等，2000. 春玉米吨粮田产量构成因素及其指标研究[J]. 内蒙古农业大学学报（自然科学版），21（S）：40-45.

张维强，沈秀瑛，戴俊英，1993. 干旱对玉米花粉、花丝活力和籽粒形成的影响[J]. 玉米科学，2：45-48.

张晓芳，2006. 玉米种质资源品质性状的鉴定与评价[J]. 玉米科学，14（1）：18-20.

张毅，戴俊英，苏正淑，等，1994. 低温胁迫对玉米生育中后期物质代谢的影响[J]. 沈阳农业大学学报，25（3）：352-353.

张泽民，于正坦，牛连杰，1997. 不同年代玉米杂交种籽粒营养成分的分析[J]. 中国农学通报，13（4）：11-14.

张智猛，2002. 氮水互作对不同类型玉米产量品质形成生理特性的影响[D]. 泰安：山东农业大学.

张智猛，戴良香，胡昌浩，等，2005a. 氮素对不同类型玉米蛋白质及其组分和相关酶活性的影响[J]. 植物营养与肥料学报，11（3）：320-326.

张智猛，戴良香，胡昌浩，等，2005b. 氮素对玉米淀粉累积及相关酶活性的影响[J]. 作物学报，31（7）：956-962.

赵博，刘新香，陈彦惠，等，2005. 不同生态环境对玉米蛋白质含量的影响[J]. 河南农业科学，6：43-53.

赵博，刘新香，陈彦惠，等，2006. 不同生态环境对玉米杂交种粗脂肪含量的影响[J]. 河南农业科学，12：24-30.

赵海军，2003. 磷素营养对不同类型玉米产量和品质的影响及生理基础[D]. 泰安：山东农业大学.

赵利梅，王贵平，高炳德，等，2000a. 氮磷钾平衡施肥对春玉米籽粒建成及品质形成影响的研究[J]. 内蒙古农业大学学报，21（S）：16-20.

赵利梅，赵继文，高炳德，等，2000b. 钾肥对春玉米籽粒建成及品质形成影响的研究[J]. 内蒙古农业大学学报，21（S）：11-15.

赵明，李少昆，王志敏，1998. 论作物源的数量、质量关系及其类型划分[J]. 中国农业大学学报，3（3）：53-58.

赵强基，郑建初，赵剑宏，1995. 水稻超高产栽培的双层源库关系的研究[J]. 中国水稻科学，9（4）：205-210.

赵全志，高尔明，黄丕生，1999. 水稻穗颈节伤流势与源库质量的关系研究[J]. 中国农业科学，32（6）：104-106.

郑华，屠乃美，2000. 水稻源库关系研究现状与展望[J]. 作物研究，3：37-44.

周凤兰，张吉川，陈泽光，等，1998. 玉米化控综合高产技术探讨[J]. 玉米科学，6（1）：46-48.

诸葛龙，周鑫群，徐毅，等，2008. 生长调节剂对秋播超甜玉米品质及产量的影响[J]. 江西农业学报，20（3）：98-99.

ABD-EL-GAWAD A A, 1998. Effect of source capacity on yield and yield attributes of maize[J]. Arab universities journal of agricultural sciences, 6(2): 423-436.

BARNETT K H, PEARCE R B, 1983. Source-sink ratio alteration and its effect on physiological parameters in maize[J]. Crop Science, 23: 294-299.

BERRY J, BJŎRKMAN O, 1980. Photosynthetic response and adaptation to temperature in higher plants[J]. Annual

Review of Plant Physiology, 31:491-543.

BERTA G, COPETTA A, GAMALERO, et al., 2014. Maize development and grain quality are differentially affected by mycorrhizal fungi and a growth-promoting pseudomonad in the field[J]. Mycorrhiza, 24(3): 161-170.

BORRÁS L, CURÁ J A, OTEGUI M E, 2002. Maize kernel composition and post-flowering source-sink ratio[J]. Crop Science, 42: 781-790.

CAMPBELL C A, DAVIDSON H R, WINKLEMAN G E, 1981. Effect of nitrogen, temperature, growth stage and duration of moisture stress on yield components and protein content of Manitou spring wheat[J]. Canadian Journal of Plant Science: 549-563.

CROMWELL G L, BITZER M J, STAHLY T S, et al., 1983. Effects of soil nitrogen fertility on the protein and lysine content and nutritional value of normal and opaque-2 corn[J]. Journal of Animal Science, 57: 1345-1351.

DAYNARD T B, TANNER J W, HUME D J, 1969. Contribution of stalk soluble carbohydrates to grain yield in corn (*Zea mays* L.)[J]. Crop Science, 9: 831-834.

DOEHLERT D C, 1990. Distribution of enzyme activities within the developing maize kernel in relation to starch, oil and protein accumulation[J]. Physiologia Plantarum, 78: 560-567.

DOEHLERT D C, DUKE E R, SMITH L J, 1997. Effect of nitrogen supply on expression of some genes controlling storage proteins and carbohydrate synthesis in cultured maize kernels[J]. Plant Cell, Tissue and Organ Culture,47: 195-198.

EVANS L T, 1975. The physiological basis of crop yield[M]//EVANS L T. Crop physiology. Cambridge: Cambridge University Press.

HARRIGAN G G, STORK L G, RIORDAN S G, et al., 2007. Metabolite analyses of grain from maize hybrids grown in the United States under drought and watered conditions during the 2002 field season[J]. Journal of Agricultural and Food Chemistry, 55(15): 6169-6176.

KNIEP K R, MASON S C, 1989. Kernel breakage and density of normal and opaque-2 maize grain as influenced by irrigation and nitrogen[J]. Crop Science, 29: 158-163.

MASON S C, D'CROZ-MASON N E, 2002. Agronomic practices influence maize grain quality[J]. Journal of Crop Production, 5: 75-91.

ORABI A A, ABDEL-AZIZ I M, 1982. Zinc-phosphorus relationship and effect on some biocomponents of corn (*Zea mays* L.) grown on a calcareous soil[J]. Plant & Soil, 69(3): 437-444.

RAJCAN I, TOLLENAAR M, 1999. Source: sink ratio and leaf senescence in maize: I. Dry matter accumulation and partitioning during grain filling[J]. Field crops research (60): 245-253.

RÖHLIG R M, ENGEL K H, 2010. Influence of the input System (conventional versus organic farming) on metabolite profiles of maize (*Zea mays*) kernels[J]. Journal of Agricultural and Food Chemistry, 58(5): 3022-3030.

SOFIELD I, Wardlaw I F, Evans L T, et al., 1977. Nitrogen phosphors and water contents during grain development and maturation in wheat[J]. Australian journal of plant physiology, 22: 207-220.

THOMISON P R, GEYER A B, BISHOP B L, et al., 2004. Nitrogen fertility effects on grain yield, protein, and oil of corn hybrids with enhanced grain quality traits[J]. Crop management, 3(1): 1-7.

TOLLENAAR M, AGUILERA A, 1992. Radiation use efficiency of an old and a new maize hybrid[J]. Agronomy Journal, 84: 536-541.

UHART S A, ANDRADE F H, 1991. Source-sink relationship in maize grown in a cool temperate area[J]. Agronomie, 11: 863-875.

WILHELM E P, MULLEN P E, KEELING P L, et al., 1999. Heat stress during grain filling in maize: effect on kernel growth and metabolism[J]. Crop science, 39(6): 1733-1741.

ZINSELMEIER C, WESTGATE M E, SCHUSSLER J R, et al., 1995. Low water potential disrupts carbohydrate metabolism in maize (*Zea mays* L.) ovaries[J]. Plant physiology, 107(2): 385-391.